数理科学特集一覧

63 年/7～19 年/12 省略

2020 年/1 量子異常の拡がり
/2 ネットワークから見る世界
/3 理論と計算の物理学
/4 結び目的思考法のすすめ
/5 微分方程式の《解》とは何か
/6 冷却原子で探る量子物理の最前線
/7 AI 時代の数理
/8 ラマヌジャン
/9 統計的思考法のすすめ
/10 現代数学の捉え方［代数編］
/11 情報幾何学の探究
/12 トポロジー的思考法のすすめ

2021 年/1 時空概念と物理学の発展
/2 保型形式を考える
/3 カイラリティとは何か
/4 非ユークリッド幾何学の数理
/5 力学から現代物理へ
/6 現代数学の眺め
/7 スピンと物理
/8 《計算》とは何か
/9 数理モデリングと生命科学
/10 線形代数の考え方
/11 統計物理が拓く数理科学の世界
/12 離散数学に親しむ

2022 年/1 普遍的概念から拡がる物理の世界
/2 テンソルネットワークの進展
/3 ポテンシャルを探る
/4 マヨラナ粒子をめぐって
/5 微積分と線形代数
/6 集合・位相の考え方
/7 宇宙の謎と魅力
/8 複素解析の探究
/9 数学はいかにして解決するか
/10 電磁気学と現代物理
/11 作用素・演算子と数理科学
/12 量子多体系の物理と数理

2023 年/1 理論物理に立ちはだかる「符号問題」
/2 極値問題を考える
/3 統計物理の視点で捉える確率論
/4 微積分から始まる解析学の厳密性
/5 数理で読み解く物理学の世界
/6 トポロジカルデータ解析の拡がり
/7 代数方程式から入る代数学の世界
/8 微分形式で書く・考える
/9 情報と数理科学
/10 素粒子物理と物性物理
/11 身近な幾何学の世界
/12 身近な現象の量子論

2024 年/1 重力と量子力学
/2 曲線と曲面を考える
/3 《グレブナー基底》のすすめ
/4 データサイエンスと数理モデル
/5 トポロジカル物質の物理と数理
/6 様々な視点で捉えなおす〈時間〉の概念
/7 数理に現れる双対性
/8 不動点の世界
/9 位相的 K 理論をめぐって
/10 生成 AI のしくみと数理
/11 拡がりゆく圏論
/12 使う数学，使える数学

2025 年/1 量子力学の軌跡

「数理科学」のバックナンバーは下記の書店・生協の自然科学書売場で特別販売しております

紀伊國屋書店本店（新宿）
くまざわ書店八王子店
書泉グランデ（神田）
三省堂本店（神田）
ジュンク堂池袋本店
丸善丸の内本店（東京駅前）
丸善日本橋店
MARUZEN 多摩センター店
丸善ラゾーナ川崎店
ジュンク堂吉祥寺店
ブックファースト新宿店
ジュンク堂立川高島屋店
ブックファースト青葉台店（横浜）
有隣堂伊勢佐木町本店（横浜）
有隣堂西口（横浜）
有隣堂アトレ川崎店
有隣堂厚木店
くまざわ書店橋本店
ジュンク堂盛岡店
丸善津田沼店
ジュンク堂新潟店
ジュンク堂大阪本店
紀伊國屋書店梅田店（大阪）
MARUZEN & ジュンク堂梅田店
ジュンク堂三宮店
ジュンク堂三宮駅前店
喜久屋書店倉敷店
MARUZEN 広島店
紀伊國屋書店福岡本店
ジュンク堂福岡店
丸善博多店
ジュンク堂鹿児島店
紀伊國屋書店新潟店
紀伊國屋書店札幌店
MARUZEN & ジュンク堂札幌店
ジュンク堂秋田店
ジュンク堂郡山店
鹿島ブックセンター（いわき）

――大学生協・売店――

東京大学 本郷・駒場
東京工業大学 大岡山・長津田
東京理科大学 新宿
早稲田大学 理工学部
慶応義塾大学 矢上台
福井大学
筑波大学 大学会館書籍部
埼玉大学
名古屋工業大学・愛知教育大学
大阪大学・神戸大学 ランス
京都大学・九州工業大学
東北大学 理薬・工学
室蘭工業大学
徳島大学 常三島
愛媛大学 城北
山形大学 小白川
島根大学
北海道大学 クラーク店
熊本大学
名古屋大学
広島大学（北 1 店）
九州大学（理系）

SGC ライブラリ-196

圏論的ホモトピー論への誘い

空間の代数的モデルへの探求

栗林 勝彦　著

サイエンス社

まえがき

本書は，圏論的ホモトピー論から，空間の代数的モデル（模型）へと誘う解説書である．ここで代数的モデルとは，例えば有理空間のホモトピー型を完全に決定するサリバン（Sullivan）極小モデルや，アイレンバーグ–ムーアスペクトル系列（Eilenberg–Moore spectral sequence（EMSS））の構成に現れる，特異コチェイン代数のトージョン積など，空間に付随して現れるコホモロジー環やホモトピー群等の不変量の「一歩手前」の代数的対象を考えている．一歩手前のほうが，より多くの幾何学的な情報を持ち合わせていると考える．これら代数的対象（代数的モデル）が作る圏上でホモトピー論を展開するための枠組みとして，1960年代後半，キレン（Quillen）により創始されたモデル圏やその亜種として考えられるバウエス（Baues）の（コ）ファイブレーションを用いるのである．

圏論的ホモトピー論というと上述のキレンのモデル圏がすぐに思い浮かぶ読者もいると思うが，本書では，モデル圏における射の類に関して「3分の2プラスα」の条件・情報を用い，適切な圏上でホモトピー論が展開できる枠組み，バウエスの（コ）ファイブレーション圏構造を用いて，まず圏論的ホモトピー論を展開する．その後にキレンのモデル圏を導入するという構成をとる．こうして抽象的なホモトピー論に一気に駆け上がり，後半の，有理ホモトピー論，ストリングトポロジーそしてディフェオロジーへの応用に繋げる．

本書の構成を以下説明する．第1章では，モデル圏の雛形である位相空間のホモトピー論を振り返る．第2章の前半，コファイブレーション圏については，筆者が大学院で行ってきた講義「代数的トポロジー」の講義ノートに基づいて圏論的ホモトピー論の入門を意識して書かれている（第2.1節）．第3章は，[126]を大幅に改訂，拡張して書かれている．ファイブレーション，接着空間，写像空間のモデルについては概説を与え，特に自由ループ空間のサリバンモデルの構成方法には詳しい解説を与えている（定理3.14）．第4章は，[127], [128]に基づいている．定理3.14の応用として，命題4.26では分類空間のストリング（余）積の性質を議論している．第5章は，筆者が担当してきた集中講義のノートに基づいて，ディフェオロジーの基礎と応用を木原によるディフェオロジカル空間の圏のモデル圏構造[62], [63]も概説しながらまとめている．また付録Aでは，2013年に開催された「第1回 代数的トポロジー信州春の学校」の講義原稿に基づいてEMSSとその計算の解説を行っている．ルレイ–セールスペクトル系列（Leray–Serre spectral sequence（LSSS））を解説する和書等は存在するが（例えば[131]など），EMSSに関するものは皆無ではなかろうか．そこで，そのスペクトル系列に関連する章を本付録に収録した．このように本書は，空間の代数的モデルという縦軸をもって筆者が今までに執筆した原稿の内容を再吟味し，まとめたものといって良いであろう．

本書は代数トポロジーに興味を持つ，大学院生を念頭に書かれている．近年，圏論についての解説書，教科書も和書で多く出版されている．そこで，本書では圏論の一般論についての詳細はかなり省いている．第 2.1 節にあるバウエスのコファイブレーション圏の基本性質には詳しい証明を与え自己充足的になるように努めている．しかし，有理ホモトピー論，ストリングトポロジー，ディフェオロジーの応用に関しては概説色が濃く，一部に略証*1) はあるものの，定理等にはほとんど証明を与えていない．証明に関しては関連する章で与える参考文献を参照していただきたい．圏論的ホモトピー論に慣れ親しみ，その使い方や応用に目をむけることを目標にした結果，このような構成になっている．ただし，ディフェオロジーに関しては解説されている和書は現在までほとんどないように思われる．そこで，ディフェオロジカル空間の基本性質に関しては第 5.1 節で詳しく説明を与えている．

本書における他の特徴的な部分としては，先に述べたように第 3.5 節で自由ループ空間のサリバンモデルの具体的な形を述べた点，第 2.2.3 節で可換次数付き微分代数の圏がモデル圏構造を持つことを丁寧に解説した点が挙げられる．また，自由ループ空間のサリバンモデルや接着空間の可換代数モデルが章を超えて利用されていることも強調したい．詳細は後述する各章の関連図が参考になるであろう．

コファイブレーション圏の性質における証明では，図式を多く用い「図式追跡」(diagram chasing) を採用している．条件に基づき図を描くのだが，そこにも「書き順」があることを意識してほしい．

モデル圏やコファイブレーション圏は一般に加法圏やアーベル圏とは限らない圏上にホモトピーの概念を定義しホモトピー圏を考察してその中で対象を扱い，不変量を考察している．一方，代数幾何学や代数の表現論に現れる，導来圏や三角圏は適切な加法圏やアーベル圏のホモトピー圏として振る舞い，いくつかの導来圏どうしを比べ，ベースにある環，代数，代数多様体を比較する．ホモトピー圏の「中で」仕事をするか，ホモトピー圏「どうし」を比べるかの違いはあるが，いずれにしてもホモトピー圏が重要な役割を果たしていることには変わりはない．ホモトピー圏の研究が，分野をそして言葉の壁を超えて発展していくことで，多くのインターラクションが生まれることを切に願う．

戸田宏先生，三村護先生の著書「ホモトピー論」[130] のあとがきの最後の一節に「…ホモトピー論はつねに，関連理論とともに発展し，孤立して発展しうべきものではないことを付言して，この稿を終えたい．」とある．本書により読者が，圏論的ホモトピー論を俯瞰し，解説した空間の代数的モデルを各人の研究のための「道具づくり」に役立てていただけるのであれば，筆者にとって望外の喜びである．

謝辞：本書の執筆・校正段階で貴重なご意見をいただいた，木原浩氏，共同研究者である内藤貴仁氏，若月駿氏，そして山口俊博氏にこの場を借りて感謝申し上げます．また，本書を執筆する機会を与えていただいたサイエンス社と本書を企画された「数理科学」編集部の後藤大和氏，丁寧に校正いただいた大溝良平氏に感謝いたします．

2024 年 8 月

栗林 勝彦

*1) 証明の一部に参考文献を挙げて解説しているものは「略証明」としている．その証明は本書内では残念ながら完結しないため，読み進めるときは注意してほしい．

各章の関連

本書を読み進めるために，各章の関連内容を図としてまとめておく．特に一目して章を超えて関連する定理等がわかるように，合わせて説明を加えている．

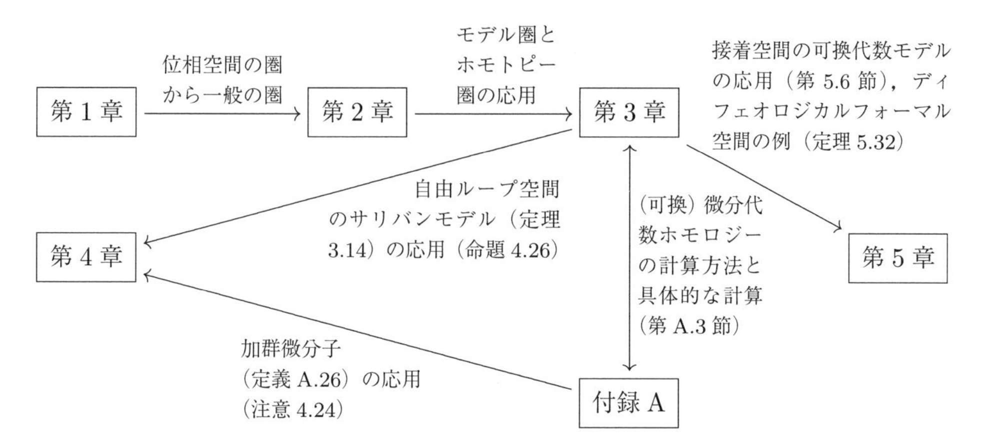

関連する結果，対比される結果のうち特筆できるものを以下でまとめる．

- 第 2.2.3 節で述べられるサリバン代数の概念を用いて，第 3 章の有理ホモトピー論が展開される．
- 単連結空間の自由ループ空間のサリバンモデルについて：ファイブレーションのモデルからの構成方法は定理 3.14 で述べられ，写像空間のモデルからの構成方法は例 3.24 で解説される．
- 分類空間の自由ループ空間の有理係数コホモロジー環について：定理 3.14 を利用した計算については第 4.2.3 節で述べられる．また，EMSS による計算は第 A.2 節の (A.5) で示される．
- 奇数次元球面の自由ループ空間のフォーマル性は例 3.15 での結果をもとに，注意 3.31 で述べられ，偶数次元球面の自由ループ空間の非フォーマル性は第 A.3 節で解説される．

目　次

第 1 章
位相空間のホモトピー論（レビュー）

モデル圏を定義する上で，まず，ファイブレーション，コファイブレーションそして弱ホモトピー同値写像と呼ばれる射の類の指定がある．この章では，モデル圏の典型例となる位相空間上でのそれらの射（クラス）を思い出す．また，モデル圏で展開されるように，馴染みのあるホモトピー関係をファイブレーション，コファイブレーションの概念から考察する．

1.1 ファイブレーション，コファイブレーション

コファイブレーションは CW 対の性質を一般化した概念であり，ファイブレーションは被覆空間，主バンドルやファイバーバンドルの持つ性質を一般化した概念と考えることができる．

定義 1.1 連続写像 $p\colon E \to B$ が**ファイブレーション**であるとは，次の実線の連続写像からなる任意の可換図式に対して，点線の連続写像 $\widehat{k}\colon X \times I \to E$ が存在して，それぞれの三角形を可換にすることである，すなわち，$p \circ \widehat{k} = k$ かつ $\widehat{k} \circ \iota_0 = l$ を満たす．

$$\begin{array}{ccc} X & \xrightarrow{\ l\ } & E \\ {\scriptstyle \iota_0}\downarrow & \overset{\widehat{k}}{\nearrow} & \downarrow{\scriptstyle p} \\ X \times I & \xrightarrow[k]{} & B \end{array}$$

ただし，ι_0 は $\iota_0(x) = (x, 0)$ で定義される．

被覆空間，一般にファイバーバンドル $p\colon E \to B$ はファイブレーションである*1)．以下，位相空間 X から Y への連続写像が作る写像空間 $X^Y := \mathrm{map}(X, Y)$ にはコンパクト開位相が与えられているものとする．

*1) これらの概念に関しては和書[129]もある．

定義 1.2　位相空間対 (X, A)（または包含写像 $i\colon A \to X$）が**コファイブレーション**であるとは，i が**ホモトピー拡張性質**を満たすこと，すなわち，次の実線の連続写像からなる任意の左側の可換図式に対して点線の連続写像 $\widehat{k}\colon X \to Y^I$ が存在して，それぞれの三角形を可換にすることである．すなわち，$p_0 \circ \widehat{k} = k$ かつ $\widehat{k} \circ i = h$ が成り立つ．

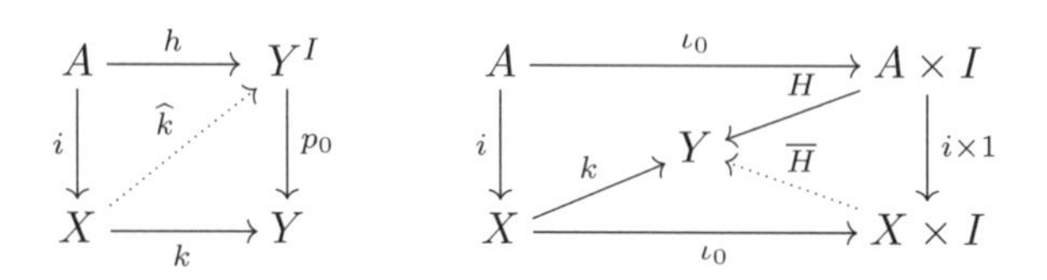

ただし，p_0 は $p_0(f) = f(0)$ で定義される．これは，写像の随伴を考えることで，任意の実線の連続写像からなる右側の可換図式に対して，点線の連続写像 $\overline{H}\colon X \times I \to Y$ が存在し，それぞれの三角形を可換にすることと同値である．

命題 1.3　位相空間対 (X, A) がコファイブレーションであるための必要かつ十分条件は押し出しで得られる位相空間 $X \times \{0\} \cup_{A \times \{0\}} A \times I$ が $X \times I$ のレトラクトになることである．

証明　位相空間対 (X, A) がコファイブレーションであることと，$A \times \{0\}$ で制限して一致する任意の写像 $k\colon X \times \{0\} \to Y$ と $H\colon A \times I \to Y$ に対して，写像 $(k, H)\colon (X \times \{0\}) \cup_{A \times \{0\}} (A \times I) \to Y$ の拡張 $\overline{H}\colon X \times I \to Y$ が存在することと同値である．

$$
\begin{array}{ccc}
(X \times \{0\}) \cup_{A \times \{0\}} (A \times I) & \xrightarrow{(k,H)} & Y \\
{\scriptstyle j}\downarrow & \overset{\overline{H}}{\nearrow} & \\
X \times I & &
\end{array}
$$

ただし，(k, H) は $A \times \{0\}$ で接着して定義される連続写像である．

写像 j のレトラクション $r\colon X \times I \to (X \times I) \cup_{A \times \{0\}} (A \times I)$ が存在するならば，$\overline{H} := (k, H) \circ r$ は (k, H) の拡張となる．逆に，位相空間対 (X, A) がコファイブレーションならば $Z := (X \times \{0\}) \cup_{A \times \{0\}} (A \times I)$ とし，$(k, H) = (id, id) = id_Z$ なる恒等写像を考えると，その拡張 $r\colon X \times I \to (X \times I) \cup (A \times I)$ はレトラクションとなる．　□

例 1.4　1) 包含写像 $\iota\colon B \amalg B \to IB := B \times I$ を考える．レトラクション $r\colon IB \times I \to (IB) \cup_{B \amalg B} ((B \amalg B) \times I)$ が適切なレトラクション $I \times I \to (I \times \{0\}) \cup (\{0, 1\} \times I)$ を用いて定義できる．したがって，命題 1.3 から j はコファイブレーションとなる．

2) 包含写像 $\iota_0\colon B \to IB$ はコファイブレーションである．実際，レトラクション $IB \times I \to IB \cup_B (B \times I)$ を適切なレトラクション $I \times I \to (I \times \{0\}) \cup (\{0\} \times I)$ を用いて定義できる．

3) A が X の閉集合であるコファイブレーション (X, A) に対して，包含写像を $i\colon A \to X$ とする．X が局所コンパクト，ハウスドルフであるとき，任意の位相空間 Z に対して定義される制限写像 $i^*\colon \mathrm{map}(X, Z) \to \mathrm{map}(A, Z)$ はファイブレーションである．実際，任意の実線の写像からなる左側の可換図式に対して，点線の連続写像が存在することと，

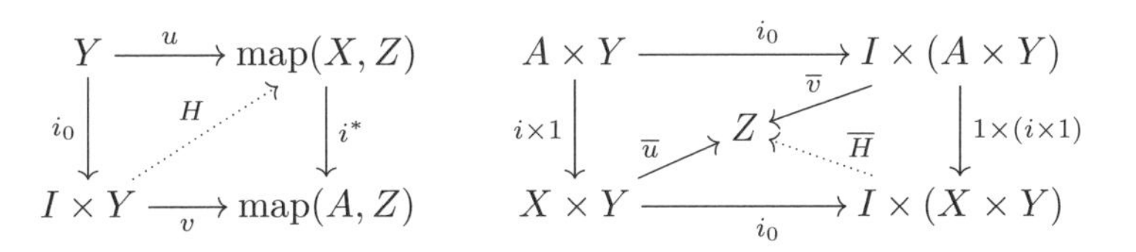

実線の写像からなる右側の可換図式に対して，点線の連続写像が存在することは同値である．ただし，u と $\overline{u}$，v と $\overline{v}$ はそれぞれ写像の随伴対を意味する．$(X \times Y, A \times Y)$ はコファイブレーションである*2) から，右側の図式に関する条件は成立し，結果として制限写像 $i^*\colon \mathrm{map}(X, Z) \to \mathrm{map}(A, Z)$ はファイブレーションになる．

包含写像 $\{1\} \to S^1$ は命題 1.3 からコファイブレーションであるから，評価写像 $ev_1\colon LX := \mathrm{map}(S^1, X) \to X$, $ev_1(\gamma) := \gamma(1)$ はファイブレーションである．

1.2 ホモトピー関係とホモトピー群，弱ホモトピー同値

2 つの連続写像 $f, g\colon X \to Y$ のホモトピー関係を導入する．まず折りたたみ写像 $\nabla\colon X \amalg X \to X$ の分解から得られる図式

$$X \overset{j_0}{\underset{j_1}{\rightrightarrows}} X \amalg X \xrightarrow{\nabla} X, \qquad X \amalg X \xrightarrow{\iota} X \times I \xrightarrow{\simeq} X$$

を考える．ただし j_t $(t = 0, 1)$ は $j_t(x) = (x, t)$ で定義される．このとき，シリンダー対象 $X \times I$ によるホモトピー（左ホモトピー）関係 $f \sim_l g$ は，連続写像 $H\colon X \times I \to Y$ が存在して，$H \circ (\iota \circ j_0) = f$, $H \circ (\iota \circ j_1) = g$ となることで定義される．ここで，ι はコファイブレーションであることに注意する（例 1.4 1) 参照）．また，対角写像 $\Delta\colon Y \to Y \times Y$ の分解から得られる図式

$$Y \xrightarrow{\Delta} Y \times Y \overset{p_0}{\underset{p_1}{\rightrightarrows}} Y, \qquad Y \xrightarrow{\simeq} Y^I \xrightarrow{ev} Y \times Y$$

*2) (X, A) は NDR 対となるから，積 $(X \times Y, A \times Y) = (X, A) \times (Y, \phi)$ も NDR 対となる（NDR 対の定義と共に [121, Chapter 1, 5] 参照）．

を考える．ただし，ev は $\gamma \in Y^I = \mathrm{map}(I, Y)$ に対して，$ev(\gamma) = (\gamma(0), \gamma(1))$ で定義される．このとき，パス対象 Y^I によるホモトピー（右ホモトピー）関係 $f \sim_r g$ は，連続写像 $K\colon X \to Y^I$ が存在して，$(p_0 \circ ev) \circ K = f$, $(p_1 \circ ev) \circ K = g$ となることで定義される．また，包含写像 $\{0,1\} \to I$ から $ev\colon X^I \to X \times X$ が得られるから，例 1.4 3) の考察と同様に ev はファイブレーションであることがわかる．

この 2 つの関係はともに同値関係であり，随伴を考えることで，$f \sim_l g$ であることと $f \sim_r g$ であることは同値であることがわかる．そこで，$f \sim_l g$（または $f \sim_r g$）を $f \simeq g$ と表し f と g は**ホモトピック**であるという．2 つの位相空間 X と Y が**ホモトピー同値**であるとは，連続写像 $f\colon X \to Y$ と $g\colon Y \to X$ が存在して，$g \circ f \simeq id_X$ かつ $f \circ g \simeq id_Y$ を満たすことである．

次に，このホモトピー関係を弱めた概念，弱ホモトピー同値を定義する．まず，ホモトピー群の定義を思い出す．基点付き空間 (X, x_0) に対して

$$\pi_n(X, x_0) := [(S^n, *), (X, x_0)] = \mathrm{Hom}_{\mathsf{Top}_*}((S^n, *), (X, x_0))/\simeq$$

$(n \geq 0)$ とホモトピー集合を定義する．ここで，$\simeq$ は基点を保つホモトピー関係である．簡約懸垂を用いて $S^n = \Sigma S^{n-1}$ と考えるとき，$\pi_n(X, x_0)$ の積が，$(x, t) \in S^{n-1} \wedge I = \Sigma S^{n-1}$ に対して，

$$(f \cdot g)(x, t) = \begin{cases} f(x, 2t), & 0 \leq t \leq \dfrac{1}{2}, \\ g(x, 2t-1), & \dfrac{1}{2} \leq t \leq 1 \end{cases}$$

と定義される．

定義 1.5　連続写像 $f\colon X \to Y$ に対して，任意の点 $x \in X$ および $n \geq 1$ に対して，$\pi_0(f)$ と $\pi_n(f)\colon \pi_n(X, x) \to \pi_n(Y, f(x))$ が全単射であるとき，f を**弱ホモトピー同値写像**という．

弧状連結位相空間 X のホモトピー群は基点の取り方によらずすべて同型となるから，以下では基点を省略して，X のホモトピー群を $\pi_n(X)$ と表記する場合があることに注意する．

弧状連結位相空間 X に対して，基本群 $\pi_1(X)$ の $\pi_n(X)$ への作用が次のように定義される．基点 $s_0 \in S^n$ に対して，包含写像 $i\colon \{s_0\} \to S^n$ はコファイブレーションであるから，$\alpha \in \pi_1(X)$ と $\xi \in \pi_n(X)$ に対して，

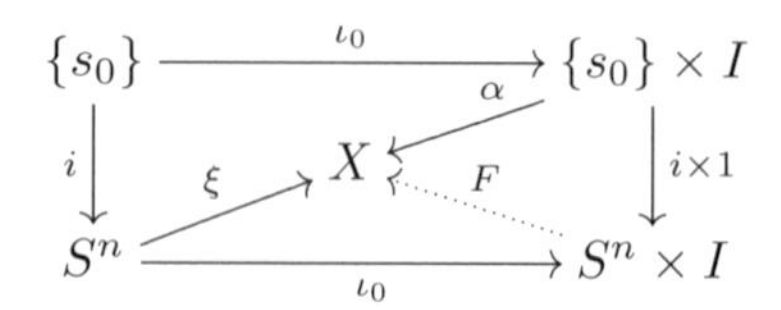

を可換にする，$F\colon S^n \times I \to X$ が存在する．そこで，α の ξ への作用 $\alpha\cdot\xi$ が $\alpha\cdot\xi := F(\ ,1)$ で定義される．

定義 1.6　弧状連結位相空間 X の基本群 $\pi_1(X)$ がベキ零群であり，$\pi_1(X)$ の $\pi_n(X)$ への作用がベキ零であるとき X を**ベキ零空間**という．

第 3 章で単連結空間 X（X は弧状連結かつ $\pi_1(X)=0$）の有理ホモトピー論を概説するが，一般にはベキ零空間の有理ホモトピー論が展開できる[9]．

1.3　文献案内・補遺

CW 複体，コファイブレーション，被覆空間，ファイバーバンドル，ファイブレーション，（位相空間の）ホモトピー論に関する参考文献としては [121], [130] があげられる．また以下の章で用いられるいくつかのスペクトル系列の一般論，構成方法，具体的な計算方法は [92], [123], [131] が参考になる．

本章における考察，例えば定義 1.1, 1.2 のファイブレーション，コファイブレーションの概念は「双対性」を持っているように思える．これらの概念は次章において弱（ホモトピー）同値を巻き込んでモデル圏として一般化され，その双対性が明確になる．

第 2 章
キレンのモデル圏とバウエスのコファイブレーション圏

この章では，キレン（Quillen）のモデル圏とバウエス（Baues）のコファイブレーション圏について解説する．特に，コファイブレーション圏の基本性質に関しては 2.1 節で詳細に解説する．モデル圏のある充満部分圏はコファイブレーション圏でもあるので（定理 2.43 参照），ここでの基本性質は一般にその充満部分圏でも成立する．モデル圏やコファイブレーション圏のホモトピー圏での考察研究が「圏論的ホモトピー論」といえる．モデル圏の参考文献は，例えば，メイ–ポント（May–Ponto）の本[91]，ドワイヤー–スパリンスキー（Dwyer–Spalinski）のサーベイ[26]およびホベイ（Hovey）のモノグラフ[55]がある．

第 1 章で思い出した弱ホモトピー同値は対称律が一般には成り立たないので，同値関係にはならない．よって一般に，空間の間の連続写像全体を弱ホモトピー同値で「割って」，ホモトピー同値写像のときのように，弱同値を同型射に変えることはできない．一般の圏に対しても同様の弱同値，例えばチェイン複体の圏における擬同型（後述），が与えられた場合，簡単にホモトピー圏を作ることができない．いわゆる圏の局所化でこの問題は回避できるが，二つの対象間の射全体（Hom-set）が一般には集合になるとは限らないので，こちらの問題が残る．そこでモデル圏やコファイブレーション圏を導入することで，これらの問題を同時に解決できる．まず，コファイブレーション圏の定義と基本性質を解説する．

2.1 バウエスのコファイブレーション圏

2.1.1 コファイブレーション圏の定義とホモトピー関係

押し出し図式の定義を述べることから始める．

定義 2.1 圏 $\mathcal{C}$ の射 $i\colon A \to B$ と射 $f\colon A \to Y$ に対して，実線からなる内部の可換四角図式が i と f の**押し出し**（pushout）であるとは，$v \circ f = u \circ i$ を

満たす $\mathcal{C}$ の任意の射 u, v に対して，$(u,v) \circ \overline{f} = u$, $(u,v) \circ \overline{i} = v$ を満たす射 $(u,v)\colon \overline{Y} \to Z$ が一意に存在することである（この性質を普遍性と呼ぶ）.

$$\begin{array}{ccc} A & \xrightarrow{f} & Y \\ {\scriptstyle i}\downarrow & & \downarrow{\scriptstyle \overline{i}} \\ B & \xrightarrow[\overline{f}]{} & \overline{Y} \end{array} \qquad Y \xrightarrow{v} Z,\ B \xrightarrow{u} Z,\ \overline{Y} \overset{(u,v)}{\dashrightarrow} Z \tag{2.1}$$

この普遍性から f と i の押し出しは存在すれば同型を除いて一意である．**引き戻し**（pullback）は定義 2.1 において射の向きを逆にすることで定義される.

コファイブレーション圏の定義を述べる．コファイブレーション圏は後述するモデル圏における射の類に関して「3 分の 2 と $+\alpha$」の構造を持っている*1).

定義 2.2 圏 $\mathcal{C}$ の射の類に対して 2 つの部分類，WE と Cof が指定されていて，どちらも同型射を含み，合成に関して閉じているとする．WE と Cof に属する射をそれぞれ**弱同値**，**コファイブレーション**と呼び，$\xrightarrow{\sim}$, $\rightarrowtail$ と表す．弱同値かつコファイブレーションである射を**自明なコファイブレーション**（trivial cofibration）という.

$\mathcal{C}$ の対象 R が**ファイブラント**とは任意の自明なコファイブレーション $i\colon R \overset{\sim}{\rightarrowtail} Q$ に対して $r\colon Q \to R$ が存在して，$r \circ i = id_R$ が成り立つことである．この射 r を**レトラクション**という.

$$\begin{array}{ccc} R & \overset{id_R}{=\!=\!=} & R \\ {\scriptstyle \sim}\downarrow & \nearrow_{r} & \\ Q & & \end{array}$$

これらの定義の下，次の条件 (C1), (C2), (C3), (C4) をみたすとき，$(\mathcal{C}, \mathsf{WE}, \mathsf{Cof})$ を**コファイブレーション圏**（cofibration category）という.

(C1) $f\colon X \to Y$, $g\colon Y \to Z$ が $\mathcal{C}$ の射であるとする．$f, g, g \circ f$ のうち，2 つが弱同値ならば残る一つも弱同値である.

(C2) コファイブレーション $i\colon A \rightarrowtail B$ と射 $f\colon A \to Y$ に対して，押し出し

$$\begin{array}{ccc} A & \xrightarrow{f} & Y \\ {\scriptstyle i}\downarrow & & \downarrow{\scriptstyle \overline{i}} \\ B & \xrightarrow[\overline{f}]{} & B \amalg_A Y = \overline{Y} \end{array} \tag{2.2}$$

が存在して，$\overline{i}$ はコファイブレーションである．さらに

(a) f が弱同値ならば $\overline{f}$ も弱同値,

(b) i が弱同値ならば $\overline{i}$ も弱同値.

---

*1) 後述の定義 2.29 と比較することを勧める．$+\alpha$ はファイブラント対象を意味している.

(C3) 任意の射 f に対して次の分解が存在する：$f = g \circ j$，ただし j はコファイブレーションであり，g は弱同値である．

(C4) 各対象 X に対して，自明なコファイブレーション $i\colon X \overset{\sim}{\rightarrowtail} RX$ が存在する．ただし RX はファイブラント対象である．RX を X の**ファイブラントモデル**という．

補題 2.3[*2)]　条件 (C2) (a), (C1), (C3) から (C2) (b) が従う．

証明　(C2) の図式を思い出し，$f\colon A \to Y$ を $f = g \circ j$ とコファイブレーション $j\colon A \rightarrowtail X$ を用いて分解する．次の続く押し出しを 2 つ考える．

$$\begin{array}{ccccc} A & \overset{j}{\rightarrowtail} & X & \overset{\sim}{\underset{g}{\longrightarrow}} & Y \\ {\scriptstyle i}\downarrow{\scriptstyle \sim} & & \downarrow{\scriptstyle i_1} & & \downarrow{\scriptstyle \bar{i}} \\ B & \underset{\bar{f}}{\longrightarrow} & \bar{X} & \underset{\bar{g}}{\longrightarrow} & \bar{Y} \end{array} \qquad (f = g\circ j\colon A \to Y)$$

仮定によりコファイブレーション i が弱同値であるから，(C2) (a) により i_1 もコファイブレーションかつ弱同値となる．g が弱同値より (C2) (a) から $\bar{g}$ も弱同値となる．右の押し出し図式の可換性と (C1) から $\bar{i}$ も弱同値となる．押し出しの一意性から i の j による押し出しの g による押し出しは，i の f による押し出しとなり補題が得られる．□

以下，コファイブレーション $i\colon B \rightarrowtail A$ と射 $f\colon A \to X$ が与えられたとき，合成 $f \circ i$ を $f_{|B}$ と表すことがある．また，コファイブレーション $i\colon B \rightarrowtail A$ に対して $i \in \mathsf{Cof}$，弱同値 $f\colon X \overset{\sim}{\to} Y$ に対して $f \in \mathsf{WE}$ と表記する．また j が自明なコファイブレーションであるとき，$j \in \mathsf{WE} \cap \mathsf{Cof}$ と表す．

コファイブレーション圏 $(\mathcal{C}, \mathsf{WE}, \mathsf{Cof})$ にシリンダー対象を導入して $\mathcal{C}$ の射にホモトピー関係を定義する．このホモトピーの同値関係に関しては次節以降で考察する．

コファイブレーション $i\colon B \rightarrowtail A$ を考える．このとき (C2) と押し出しの性質から次の可換図式を得る．

$$B \overset{i}{\rightarrowtail} A \overset{i_0}{\longrightarrow} A \amalg_B A \overset{\nabla}{\dashrightarrow} A, \quad B \overset{i}{\rightarrowtail} A \overset{i_1}{\longrightarrow} A \amalg_B A, \quad A \overset{id_A}{\longrightarrow} A \qquad \nabla := (id_A, id_A) \tag{2.3}$$

さらに ∇ に (C3) を適用して次の分解を得る．

$$A \amalg_B A \overset{k}{\rightarrowtail} I_B A \overset{\sim}{\underset{p}{\longrightarrow}} A \qquad (\nabla = p \circ k) \tag{2.4}$$

*2)　(C2) (a) を導く条件を明示する結果を補題 2.18 で述べる．

この分解から得られる (I_BA, k, p) をコファイブレーション $i\colon A \rightarrowtail B$ の**相対 B-シリンダー**（**シリンダー**）と呼ぶ．

注意 2.4 上述の相対シリンダー (I_BA, k, p) に対して，$\iota_\varepsilon := k \circ i_\varepsilon$ $(\varepsilon = 0, 1)$ は自明なコファイブレーションとなる．実際，(C2) から $i_\varepsilon \in \mathsf{Cof}$ であるから，$\iota_\varepsilon = k \circ i_\varepsilon \in \mathsf{Cof}$ となり，さらに $p \circ k \circ i_\varepsilon = id_A$ であるから，(C1) より $k \circ i_\varepsilon \in \mathsf{WE} \cap \mathsf{Cof}$ となる．

定義 2.5 $\mathcal{C}$ において $\alpha_{|B} = \beta_{|B}$ を満たす 2 つの射 $\alpha, \beta\colon A \to X$ を考える．このとき，α と β が B に関して**相対的にホモトピック**（記号：$\alpha \simeq \beta$ rel. B）であることを次で定義する：

適切な相対シリンダー (I_BA, k, p) および射（**ホモトピー**と呼ばれる）$H\colon I_BA \to X$ が存在して図式

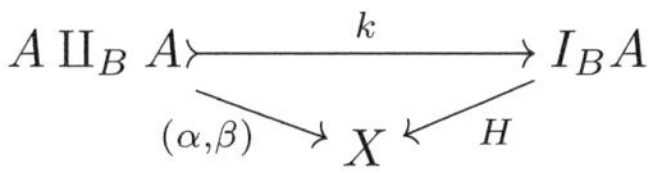

$$\begin{array}{ccc} A \amalg_B A & \overset{k}{\rightarrowtail} & I_BA \\ & {\scriptstyle(\alpha,\beta)}\searrow \quad X \quad \swarrow{\scriptstyle H} & \end{array}$$

は可換である．ただし，射 $(\alpha, \beta)\colon A \amalg_B A \to X$ は $\alpha, \beta\colon A \to X$ と押し出し図式 (2.3) から一意的に定まる射である．

こうして，$H\iota_0 = (\alpha, \beta)i_0 = \alpha$, $H\iota_1 = (\alpha, \beta)i_1 = \beta$ が成り立つ．以下では，ホモトピーを明記して，$H\colon \alpha \simeq \beta$ rel. B と表す場合がある．

第 1.2 節で解説した，位相空間におけるシリンダー対象を用いた連続写像の間のホモトピーの定義と比較してほしい．$B = \varnothing$ の場合，$I_BA = A \times I$ とすると，$\alpha = (\alpha, \beta) \circ i_0$, $\beta = (\alpha, \beta) \circ i_1$ であるから，まさしく，定義 2.5 のホモトピーの概念は，位相空間の場合の一般化であることがわかる．注意しなければならないことは，コファイブレーション圏においてはホモトピーの定義においては相対シリンダーを特に指定していない点である．次小節で見るように，ホモトピーの概念は相対シリンダーの取り方によらないことがわかる．

2.1.2 コファイブレーション圏の基本性質

この節では持ち上げ補題をはじめ，コファイブレーション圏の基本性質を考察する．以下では $(\mathcal{C}, \mathsf{WE}, \mathsf{Cof})$ をコファイブレーション圏とする．

補題 2.6 $\mathcal{C}$ の射 i と f が次の図式のように与えられるとする．

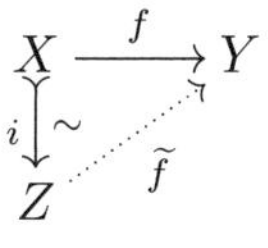

$$\begin{array}{ccc} X & \xrightarrow{f} & Y \\ {\scriptstyle i}\downarrow{\scriptstyle \sim} & \nearrow_{\widetilde{f}} & \\ Z & & \end{array}$$

このとき，Y がファイブラントならば図式を可換にする射 $\widetilde{f}\colon Z \to Y$ が存在する．この $\widetilde{f}$ を f の**拡張**という．さらに，f の 2 つの拡張 $\widetilde{f}_0$ と $\widetilde{f}_1$ に対して，

$\widetilde{f_0} \simeq \widetilde{f_1}$ rel. X が成立する．

証明　次の押し出し図式を考える．

$$\begin{array}{ccc} X & \xrightarrow{f} & Y \\ {\scriptstyle i}\downarrow{\scriptstyle \sim} & & {\scriptstyle \sim}\downarrow{\scriptstyle \bar{i}} \\ W & \xrightarrow[\bar{f}]{} & P \end{array}$$

(C2) から $\bar{i}$ は自明なコファイブレーションであることに注意する．Y がファイブラントより $r\colon P \to Y$ が存在して，$r \circ \bar{i} = f$ を満たす．$\widetilde{f} := r \circ \overline{f}$ は条件を満たす射となる．

f の 2 つの拡張 $\widetilde{f_0}$ と $\widetilde{f_1}$ に対して，次の可換図式の実線射の部分を考える．

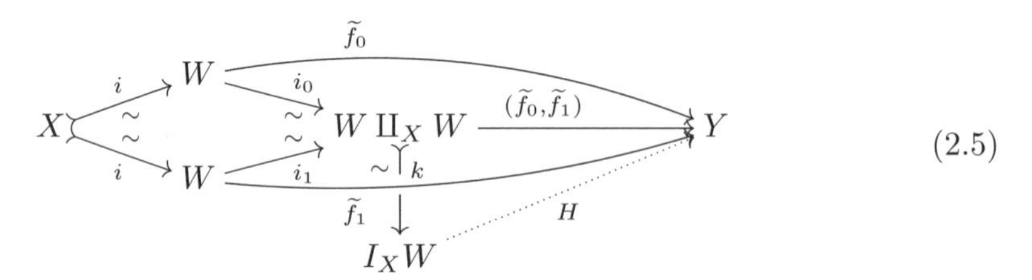

(2.5)

(2.3) と (2.4) の図式を今の設定に書き換えて，(C2) を用いれば i_0 と i_1 は弱同値であり，(C1) から k は自明なコファイブレーションになる．前半の主張を適用して，三角の図式を可換にする H が得られる．その H により $\widetilde{f_0} \simeq \widetilde{f_1}$ rel. X を得る．　□

補題 2.7　$u_{|_Y} = v_{|_Y}$ を満たす 2 つの射 $u, v\colon X \to U$ を考える．このとき，$u \simeq v$ rel. Y かつ u が弱同値ならば v も弱同値である．

証明　$u \simeq v$ rel. Y を与える $i\colon Y \rightarrowtail X$ の相対シリンダーを Z とし，$H\colon Z \to U$ をホモトピーとする．このとき注意 2.4 より次の可換図式を得る．

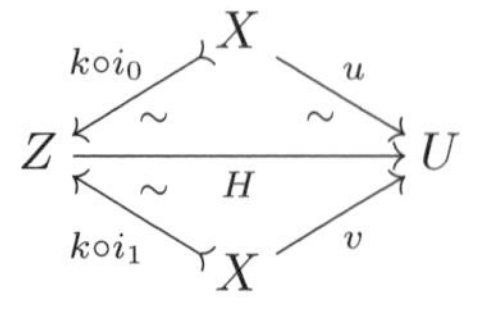

(C1) から H は弱同値，さらにまた (C1) から v も弱同値となる．　□

補題 2.8　次の実線の射からなる可換図式に対して，実線および点線の射からなる可換図式が得られる．

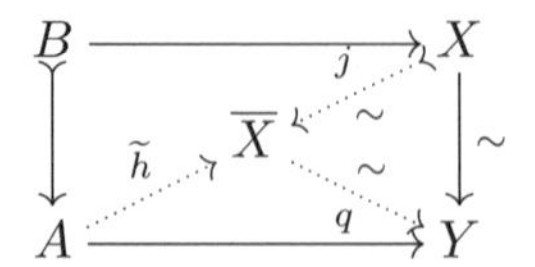

射 $\widetilde{h}$ と $j \in \mathsf{Cof}$ の対 $(\widetilde{h}, j)$ をはじめの実線射からなる可換図式の**弱持ち上げ**という．

証明　与えられた実線の射の可換図式に押し出しを用いて次の可換図式を得る．

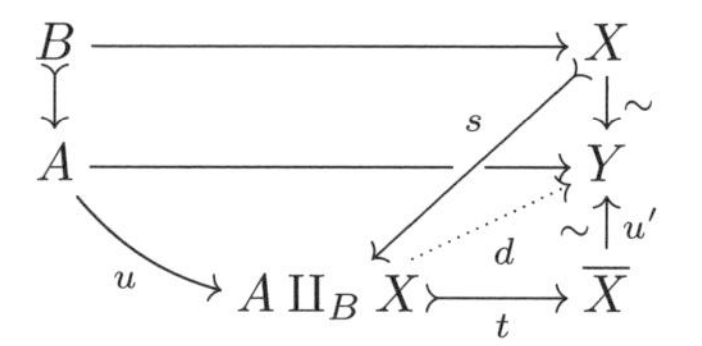

ただし，押し出しの普遍性から得られる射 d に (C3) を適用して射 t と u' による d の分解を得ている．ここで，$j := t \circ s$, $\widetilde{h} := t \circ u$, $q := u'$ とおくと，主張の射を得る．$j \in \mathsf{Cof} \cap \mathsf{WE}$ であることは (C1) から従うことに注意する．　□

補題 2.9　次の実線の射からなる可換図式を考える．このとき以下の a), b), c) が成り立つ．

$$\begin{array}{ccc} B & \longrightarrow & X \\ {\scriptstyle i}\downarrow & \overset{h}{\nearrow} & \wr\downarrow{\scriptstyle p} \\ A & \xrightarrow[g]{} & Y \end{array}$$

a) X がファイブラントならば，上の図式の上半三角を可換にする射 $h\colon A \to X$ が存在する．

b) X と Y がファイブラントならば，上の図式の上半三角を可換にし，かつ $p \circ h \simeq g$ rel. B となる射 $h\colon A \to X$ が存在する．このような h を四角図式の**持ち上げ**という．

c) X と Y がファイブラントならば，可換四角図式の持ち上げは B に関して相対的にホモトピックを除いて一意である．

証明　a) 補題 2.8 から次の実線の射からなる可換図式を得る．

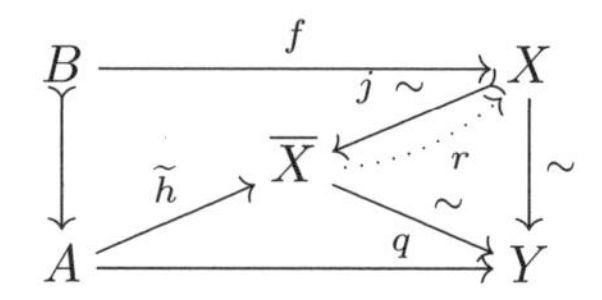

さらに，X がファイブラントであるから，j のレトラクション $r\colon \overline{X} \to X$ が存在する．$h := r \circ \widetilde{h}$ とおくと，$rj = id_X$ であるから，$hi = r\widetilde{h}i = rjf = f$ が成り立つ．

b) X と Y をファイブラントと仮定する．a) の証明と補題 2.8 の記号の下，次のホモトピックを示せばよい．

$$ph = pr\widetilde{h} = qjr\widetilde{h} \simeq q\widetilde{h} = g \text{ rel. } B.$$

まず，シリンダー対象 Z を含む次の可換図式を考える．

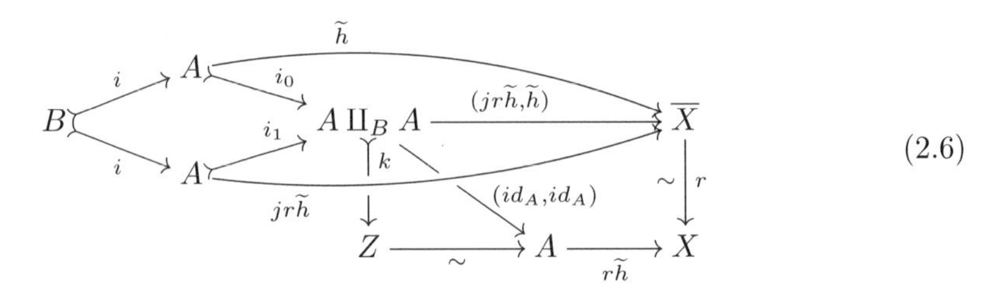

(2.6)

ここで，$r(jr\widetilde{h},\widetilde{h}) = (rjr\widetilde{h},r\widetilde{h}) = (r\widetilde{h},r\widetilde{h})$ となる．また，$r\widetilde{h}(id_A,id_A) = (r\widetilde{h},r\widetilde{h})$ となるから，右下の台形図式は可換である．したがって補題 2.8 を適用して次の実線の射からなる可換図式を得る．

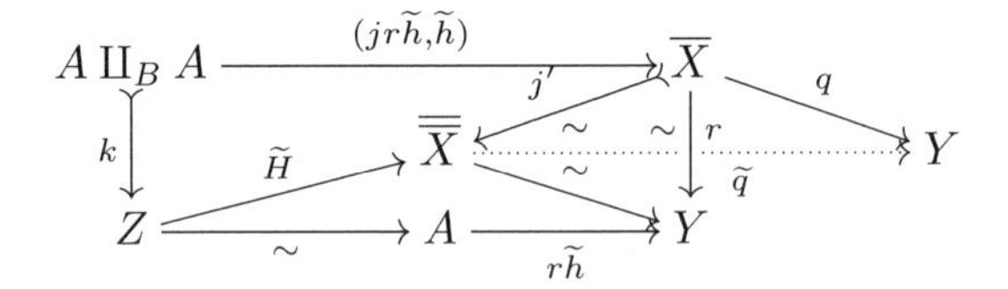

Y はファイブラントであるから補題 2.6 より，q の拡張 $\widetilde{q}\colon \overline{\overline{X}} \to Y$ が存在して，$q = \widetilde{q}j'$ となる．さらに，$H := \widetilde{q}\widetilde{H}$ により，$qjr\widetilde{h} \simeq q\widetilde{h}$ rel. B が成り立つ．実際，$H\iota_0 = \widetilde{q}\widetilde{H}\iota_0 = \widetilde{q}j'(jr\widetilde{h},\widetilde{h})i_0 = \widetilde{q}j'jr\widetilde{h} = qjr\widetilde{h}$ となり，$H\iota_1 = \widetilde{q}\widetilde{H}\iota_1 = \widetilde{q}j'(jr\widetilde{h},\widetilde{h})i_1 = \widetilde{q}j'\widetilde{h} = q\widetilde{h}$ が成り立つ．

c) に関しては次の 2.1.3 節で証明される． □

次の押し出し図式の間の射を考える．

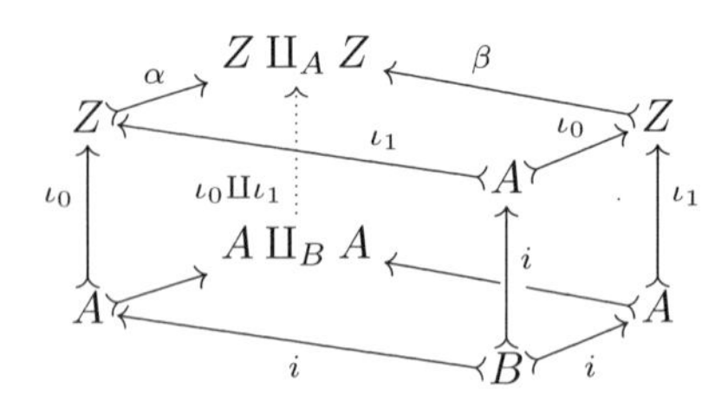

ただし，$\iota_0 \amalg \iota_1$ は押し出しの普遍性から誘導される射である．

補題 2.10 上の直方体図式 Q において，$\iota_0 \amalg \iota_1\colon A \amalg_B A \to Z \amalg_A Z$ はコファイブレーションである．

証明 次の実線の射からなる可換図式を考える．

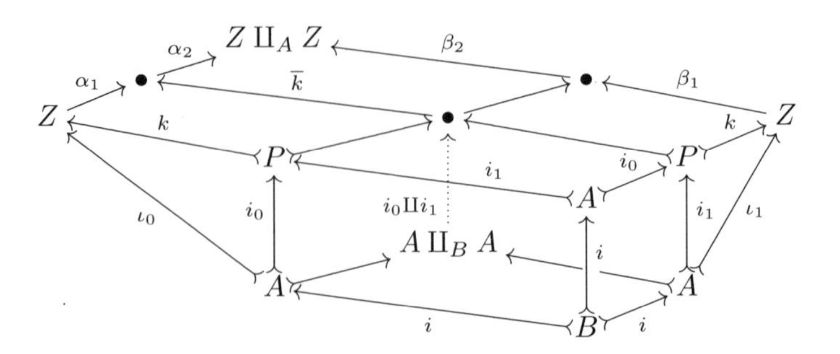

ただし，上面の 4 つの四角図式と $P = A \amalg_B A$ はいずれも押し出しで構成されている．$\iota_\varepsilon = ki_\varepsilon$ $(i_\varepsilon, k \in \mathsf{Cof})$ で定義されていることに注意する．

押し出しの性質から，点線の射 $i_0 \amalg i_1$ が存在して，各面を可換にする．手前の直方体に注目する．このとき $i_0 \colon A \to P$ と $A \amalg_B A$, $\bullet$ を含む縦の四角面 Q_1 は押し出しとなる．実際，その面と底面 Q_2 の合成は（重ねると），右面と上面の押し出しの合成と一致するから，Q_1 と Q_2 の合成は押し出しである．さらに Q_2 は押し出しより Q_1 も押し出しとなる*3)．こうして，Q_1 と $k, \overline{k}$ を含む可換四角図式との合成により押し出し

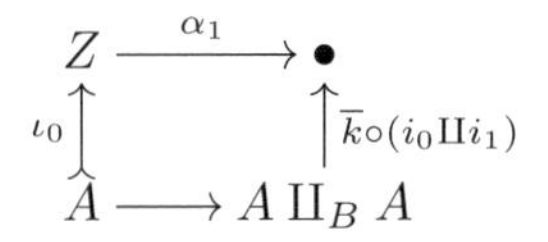

が得られる．(C2) により $\overline{k} \circ (i_0 \amalg i_1) \in \mathsf{Cof}$ である．また，右上の上面にある $k \in \mathsf{Cof}$ により再度 (C2) から $\alpha_2 \in \mathsf{Cof}$ となり，$\alpha_2 \circ \overline{k} \circ (i_0 \amalg i_1) \in \mathsf{Cof}$ となる．上面の 4 つの押し出し図式を合わせると，与えられた直方体図式 Q の上面の押し出し図式となる．押し出し図式の普遍性から，$\alpha_2 \circ \overline{k} \circ (i_0 \amalg i_1) = \iota_0 \amalg \iota_1$ となり，$\iota_0 \amalg \iota_1$ はコファイブレーションとなる． □

2.1.3 ホモトピー集合

位相空間のホモトピー集合のコファイブレーション圏における一般化がこの節で与えられる．ファイブラント対象間の弱同値がホモトピー同値になるということ（定理 2.13）も示される．

コファイブレーション $i \colon Y \rightarrowtail X$ と射 $u \colon Y \to U$ を考える．このとき，次のように u の**拡張の集合**を定義する．

$$\mathrm{Hom}(X, U)^u := \{f \colon X \to U \mid f_{|_Y} = u\}$$

命題 2.11 U をファイブラント対象とする．このとき，ホモトピー関係 $\simeq \mathrm{rel}.\, Y$ はシリンダー対象 $I_Y X$ の選び方によらない．さらに関係 $\simeq \mathrm{rel}.\, Y$ は $\mathrm{Hom}(X, U)^u$ 上の同値関係となる．

証明 Z_1 と Z_2 をシリンダー対象とし，$H_1 \colon f \simeq g\, \mathrm{rel}.\, Y$ を Z_1 により与えられる $f, g \in \mathrm{Hom}(X, U)^u$ の間のホモトピーとする．このとき，補題 2.8 と補題 2.6 から，次の実線の射からなる可換図式に対して，点線を含む可換図式が得られる．

*3) 一般に下から上に向かう射を持つ可換四角図式 Q_1 と Q_2 に対して，Q_2 の上に Q_1 を重ねること（合成）ができるとする．また Q_2 が押し出しであるとする．このとき，Q_1 が押し出しであるための必要十分条件は Q_2 と Q_1 の合成図式が押し出しとなることである．

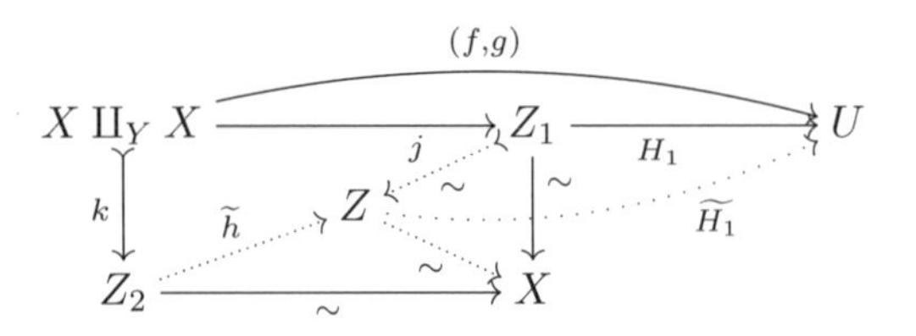

$H_2 := \widetilde{H_1} \circ \widetilde{h}$ とおくと，H_2 は Z_2 による $f, g \in \mathrm{Hom}(X, U)^u$ の間のホモトピー $f \simeq g \operatorname{rel.} Y$ を与える．

（反射法則）$i \in \mathsf{Cof}$ に関するシリンダー対象 Z を考えると，(2.4) から，任意の $f \in \mathrm{Hom}(X, U)^u$ に対して，次の可換図式を得る．

$$X \amalg_Y X \xrightarrow{k} Z \xrightarrow[p]{\sim} X \xrightarrow{f} U \qquad ((f,f) : X \amalg_Y X \to U)$$

したがって，fp は $f \simeq f \operatorname{rel.} Y$ を与えるホモトピーとなる．

（対称法則）上面と下面の押し出しからなる次の可換図式を考える．

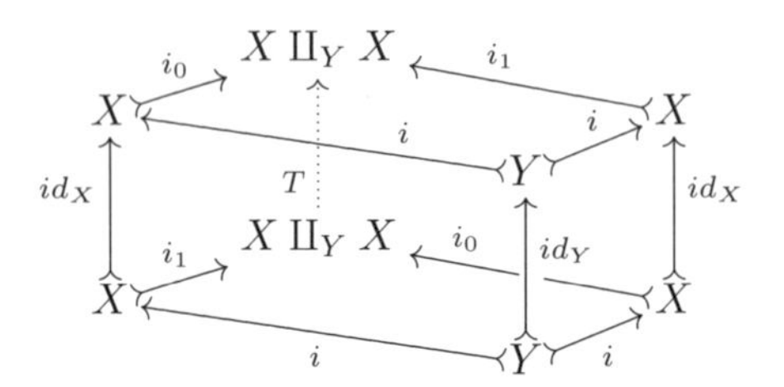

T は押し出しの普遍性から得られる射である．H をシリンダー対象 Z により $f \simeq g \operatorname{rel.} Y$ を与えるホモトピーとする．補題 2.8 と補題 2.6 から，次の実線の射からなる可換図式に対して，点線を含む可換図式が得られる．

$$\begin{array}{ccccccc}
X \amalg_Y X & \xrightarrow{T} & X \amalg_Y X & \xrightarrow{k} & Z & \xrightarrow{H} & U \\
\downarrow k & & & \overline{Z} & \downarrow p & \widetilde{H} & \\
Z & & \xrightarrow[p]{\sim} & & X & &
\end{array}$$

実線の射が作る四角図式に関しては，$i_\varepsilon \colon X \to X \amalg_Y X$ を合成することで，どちらの経路（横縦と縦横）とも id_X となるから，$pk = (id_X, id_X) = pkT$ となり可換であることに注意する．$\widetilde{H}n$ が $\overline{Z}$ をシリンダー対象として，$g \simeq f \operatorname{rel.} Y$ を与える．

（推移法則）$H \colon f \simeq g \operatorname{rel.} Y$ かつ $G \colon g \simeq h \operatorname{rel.} Y$ とする．命題 2.11 により H, G は同じシリンダー対象 Z を持つ 2 つのホモトピーとしてよい（(2.3) と (2.4) 参照）．このとき，押し出しからなる可換図式

$$\begin{array}{ccccc}
& Z & \xrightarrow[\sim]{\overline{\iota_1}} & & \\
X \overset{\iota_0}{\underset{\iota_1}{\rightrightarrows}} & & & Z \amalg_X Z \xrightarrow{(p,p)} X & \\
& Z & \xrightarrow[\sim]{\overline{\iota_0}} & &
\end{array} \tag{2.7}$$

を用いると (C1) から，$(p,p) \in \mathsf{WE}$ である．さらに，次の可換図式を考える．

$$\begin{array}{c} X \xrightarrow{\iota_0} Z,\quad X \xrightarrow{\iota_1} Z,\quad X \xrightarrow{\iota_0} Z,\quad X \xrightarrow{\iota_1} Z \\ Z \xrightarrow[\sim]{\overline{\iota_0}} Z \amalg_X Z \xleftarrow[\sim]{\overline{\iota_1}} Z,\quad Z \amalg_X Z \xrightarrow{(H,G)} U,\quad H\colon Z \to U,\quad G\colon Z \to U \end{array} \tag{2.8}$$

こうして得られた (H,G) と $(p,p) \in \mathsf{WE}$ に対して，補題 2.8 と補題 2.6 から，次の実線の射からなる可換図式に対して，点線を含む可換図式が得られる．

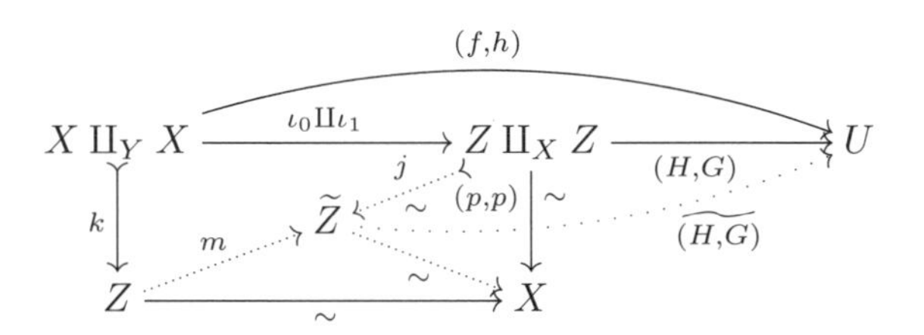

$K := \widetilde{(H,G)} \circ m$ と置くと，K は Z による $f, h \in \mathrm{Hom}(X,U)^u$ の間のホモトピー $f \simeq h$ rel. Y を与える．この証明を完成させるためは，$(*)\colon (p,p) \circ (\iota_0 \amalg \iota_1) = (id_X, id_X)$ と $(H,G) \circ (\iota_0 \amalg \iota_1) = (f,h)$ を確かめる必要がある．そこで，可換図式

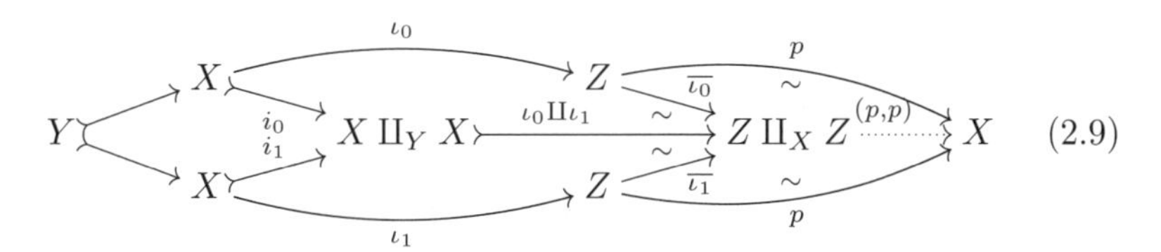

を考える．$\iota_0 \amalg \iota_1$ の構成の方法と押し出しの普遍性および $p \circ \iota_\varepsilon = id_X$ から $(*)$ のはじめの式が成立する．また，$(H,G) \circ (\iota_0 \amalg \iota_1) \circ i_0 = (H,G) \circ \overline{\iota_0} \circ \iota_0 = H \circ \iota_0 = f$ となり，同様に $(H,G) \circ (\iota_0 \amalg \iota_1) \circ i_1 = (H,G) \circ \overline{\iota_1} \circ \iota_1 = G \circ \iota_1 = h$ が成り立つ． □

補題 2.9 c) の証明　h と $\widetilde{h}$ を可換四角図式の持ち上げとする．$H\colon p \circ h \simeq g$ rel. B とし，$G\colon g \simeq p \circ \widetilde{h}$ rel. B とする．ただし Z をこのホモトピーを与えるシリンダー対象であるとする．すなわち

$$A \amalg_B A \xrightarrow{k} Z \xrightarrow[p']{\sim} A, \qquad p' \circ k = (id_A, id_A)$$

なる分解を持つ．このとき次の実線の射からなる可換図式が構成できる．押し出しの普遍性から，p と $\iota_0 \amalg \iota_1$, (G,H), $(h, \widetilde{h})$ を含む四角図式 Q は可換であることがわかる．

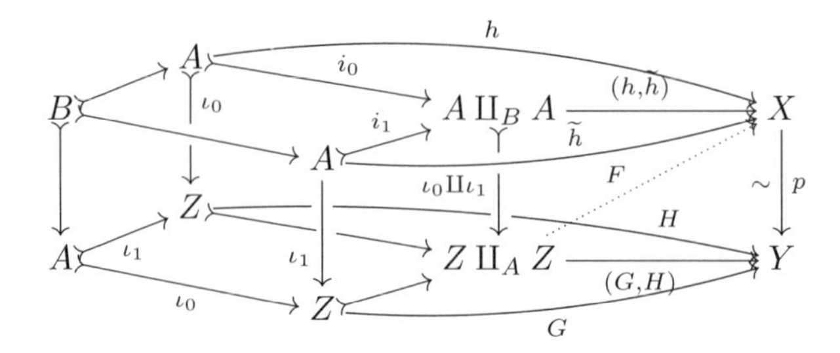

補題 2.10 から $\iota_0 \amalg \iota_1$ はコファイブレーションであるから，補題 2.9 b) から可換図式 Q の持ち上げ $F\colon Z \amalg_A Z \to X$ が存在する．補題 2.11 の（推移法則）の $(*)$ の証明と同様に，$(p', p') \circ (\iota_0 \amalg \iota_1) = (id_A, id_A)$ が示せる．よって，$\iota_0 \amalg \iota_1 \in \mathsf{Cof}$ であったから，$Z \amalg_A Z$ は相対 B-シリンダーとなる．よって $F\colon h \simeq \widetilde{h}$ rel. B を得る． □

記号 2.12　上記の設定の下，ホモトピー集合 $[X, U]^u$ を次で定義する．

$$[X, U]^u := \mathrm{Hom}(X, U)^u / \simeq \text{ rel. } Y.$$

コファイブレーション圏 $\mathcal{C}$ が始対象 $\varnothing$ を持ち，X が**コファイブラント対象**[*4]であるとき，$[X, U]^{\varnothing}$ を単に $[X, U]$ と表す．

定理 2.13（ドルド（Dold））　次の可換図式を考える．

$$\begin{array}{ccccc} & & Y & & \\ & \overset{i_1}{\swarrow} & & \overset{i_2}{\searrow} & \\ X_1 & & \xrightarrow[\sim]{f} & & X_2 \end{array}$$

このとき，X_1 と X_2 がファイブラントならば，f は Y に関して相対的ホモトピー同値写像である．すなわち，射 $g\colon X_2 \to X_1$ が存在して $g \circ i_2 = i_1$, $g \circ f \simeq id_{X_1}$ rel. Y, $f \circ g \simeq id_{X_2}$ rel. Y が成り立つ．

まず次の補題を示す．

補題 2.14　U と V をファイブラント対象とする．また，射 $g\colon U \to V$ と次の可換図式を考える．

$$\begin{array}{ccccc} A & \xrightarrow{f} & X & & \\ \uparrow & & \uparrow & & \\ B & \xrightarrow[f']{} & Y & \xrightarrow{u} & U \end{array}$$

このとき，次の 2 つの写像 $g_*\colon [X, U]^u \to [X, V]^{g \circ u}$, $f^*\colon [X, U]^u \to [A, U]^{u \circ f'}$ をそれぞれ，$g_*([x]) = [g \circ x]$, $f^*([x]) = [x \circ f]$ と定義すると g_* と f^* は well-defined である．

*4）　2.2.4 節の定義により，$\varnothing \to X$ がコファイブレーションであるということ．

証明 まず，$H\colon x \simeq y$ rel. Y とする．このとき，$g \circ H\colon g \circ x \simeq g \circ y$ rel. Y である．したがって g_* は well-defined である．次に図式

$$
\begin{array}{ccccccc}
A \amalg_B A & \xrightarrow{f \amalg f} & X \amalg_Y X & \xrightarrow{k} & Z & \xrightarrow{H} & U \\
\downarrow k & & \overline{Z} & \overset{\sim}{\dashleftarrow} & \downarrow p\ \sim & & \widetilde{H} \\
I_B A & \underset{p}{\xrightarrow{\sim}} & A & \underset{f}{\xrightarrow{\sim}} & X & &
\end{array}
\qquad (\widetilde{f}\colon I_B A \dashrightarrow \overline{Z})
$$

を考える．ここで，Z はホモトピー H を定義するシリンダー対象である．このとき実線の射がつくる四角図式は可換である．実際，どちらも $(f, f)\colon A \amalg_B A \to X$ と一致する．さらに補題 2.8 と補題 2.6 から，点線の射からなる可換図式を得る．こうして，$\widetilde{H} \circ \widetilde{f}\colon x \circ f \simeq y \circ f$ rel. B となり f^* は well-defined である． □

定理 2.13 の証明 次の実線の射からなる左側可換図式を考える．補題 2.9 b) より，点線の射が存在して，上側の三角図式を可換にする．

$$
\begin{array}{ccc}
Y & \xrightarrow{i_1} & X_1 \\
{\scriptstyle i_2}\downarrow & \overset{g}{\nearrow} & \downarrow {\scriptstyle f}\ \sim \\
X_2 & = & X_2
\end{array}
\qquad\qquad
\begin{array}{ccc}
Y & \xrightarrow{i_1} & X_1 \\
{\scriptstyle i_1}\downarrow & \overset{g \circ f}{\underset{id}{\nearrow}} & \downarrow {\scriptstyle f}\ \sim \\
X_1 & \xrightarrow[f]{} & X_2
\end{array}
$$

さらに，$f \circ g \simeq id_{X_2}$ rel. Y となる．次に，実線からなる右の図式を考える．四角図式の可換性は明らかで，上側の三角の可換性は $(g \circ f) \circ i_1 = g \circ (f \circ i_1) = g \circ i_2 = i_1$ から従う．また，補題 2.14 から $f \circ (g \circ f) = (f \circ g) \circ f \simeq id_{X_2} \circ f = f = f \circ id_{X_1}$ となる．ここで，ホモトピー関係 $\simeq$ は $\simeq$ rel. Y を表す．補題 2.9 c) から $g \circ f \simeq id_{X_1}$ rel. Y を得る． □

2.1.4 コファイブレーション圏のホモトピー圏

ホモトピー圏を導入する．ホモトピー圏での考察研究がまさしく「圏論的ホモトピー論」といえよう．$(\mathcal{C}, \mathsf{WE}, \mathsf{Cof})$ をコファイブレーション圏で，始対象 $\varnothing$ を持っているとする．(C3) により分解 $\varnothing \rightarrowtail QX \xrightarrow[m]{\sim} X$ を得る．次に，$f\colon X \to Y$ に対して下記の実線射からなる図式を考える．

$$
\begin{array}{ccccccccc}
 & & & \overset{R(m)\ \sim}{\dashleftarrow\dashleftarrow\dashleftarrow} & & & & & \\
RX & \underset{u_X}{\xleftarrow{\sim}} & X & \underset{m}{\xleftarrow{\sim}} & QX & \xrightarrow{\sim} & RQX & \longleftarrow & \varnothing \\
{\scriptstyle R(f)}\vdots & & \downarrow{\scriptstyle f} & & & & \vdots{\scriptstyle RQ(f)} & \swarrow & \\
RY & \underset{\sim}{\xleftarrow{u_Y}} & Y & \underset{\sim}{\xleftarrow{m}} & QY & \xrightarrow[\sim]{} & RQY & & \\
 & & & \underset{R(m)\ \sim}{\dashleftarrow\dashleftarrow\dashleftarrow} & & & & &
\end{array}
\tag{2.10}
$$

QX がコファイブラントより，RQX もコファイブラントとなることに注意する．また，X 自身がファイブラント（コファイブラント）であるとき $RX = X$（$QX = X$）とする．補題 2.6 をそれぞれ適用することにより，左の四角図式を

可換にする $R(f)$，上下の図式を可換にする $R(m)$ を構成する．さらに補題 2.9 b) により持ち上げ $RQ(f)$ が存在して，$R(m) \circ RQ(f) \simeq R(f) \circ R(m)$ rel. $\varnothing$ が成り立つ．コファイブレーション圏 $\mathcal{C}$ の**ホモトピー圏** $\mathrm{Ho}(\mathcal{C})$ を対象が $\mathcal{C}$ の対象と同じで，Hom-集合を

$$\mathrm{Hom}_{\mathrm{Ho}(\mathcal{C})}(X, Y) := \mathrm{Hom}_{\mathcal{C}}(RQX, RQY)/\simeq \text{ rel. } \varnothing$$

として定義する．

定理 2.15 $\mathrm{Ho}(\mathcal{C})$ は圏である．また，$q\colon \mathcal{C} \to \mathrm{Ho}(\mathcal{C})$ を $q(f) = [RQ(f)]$ と定義すると q は well-defined な関手である．

証明 補題 2.14 により，$\mathrm{Hom}_{\mathcal{C}}(RQX, RQY)$ における射の合成は $\mathrm{Ho}(\mathcal{C})$ における合成を誘導することがわかる．これにより $\mathrm{Ho}(\mathcal{C})$ は圏となる．

次に q が well-defined であることを示す．すなわち，$R(f)$ および $RQ(f)$ の取り方によらずにそのホモトピー集合が一意に定まることを示す．そのためにまず，図式 (2.10) の一番左側の可換図式に注目する．$R(f)$ と $R(f)'$ がその四角図式を可換にする射であるとする．このとき，次の可換図式

$$\begin{array}{ccccc} RQX & \xrightarrow{R(m)} & RX & \overset{R(f),R(f)'}{\dashrightarrow} & \\ \uparrow & & \uparrow & & \\ \varnothing & \longrightarrow & X & \xrightarrow[u_Y \circ f]{} & RY \end{array}$$

から，補題 2.14 を適用して，写像 $R(m)^*\colon [RX, RY]^{u_Y \circ f} \to [RQX, RQY]$ が定義される．補題 2.6 から，$R(f) \simeq R(f)'$ rel. X であるから，$R(f) \circ R(m) \simeq R(f)' \circ R(m)$ rel. $\varnothing$ を得る．$RQ(f)'$ を $R(f)'$ に対応し，図式 (2.10) を用いて得られる持ち上げとする．このとき，$R(m) \circ RQ(f)' \simeq R(f)' \circ R(m) \simeq R(f) \circ R(m)$ rel. $\varnothing$ が成り立つ．持ち上げの一意性を保証する補題 2.9 c) から $RQ(f)' \simeq RQ(f)$ rel. $\varnothing$ となり，q は well-defined である．

以下，ホモトピー関係において rel. $\varnothing$ を省略する．q の関手性を確認するために，$g\colon Y \to Z$ に対して，$(*)$: $RQ(g) \circ RQ(f) \simeq RQ(g \circ f)$ を示す．図式 (2.10) を用いた $RQ(\ )$ の定義から，次のホモトピー可換な図式を得る．

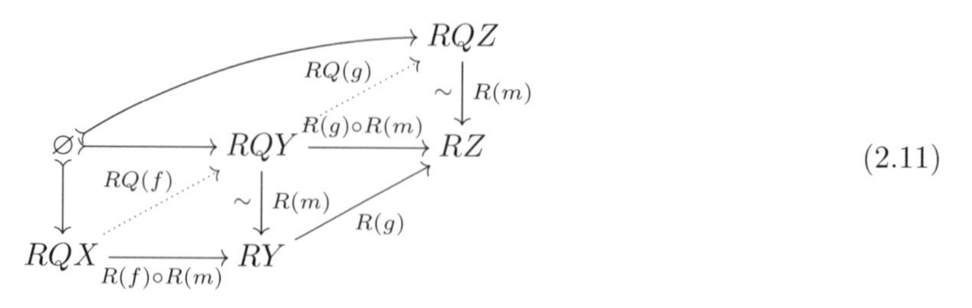

(2.11)

再度，図式 (2.10) を“並べて”考えると補題 2.6 から $R(gf) \simeq R(g) \circ R(f)$ となる．したがって，$R(m) \circ RQ(gf) \simeq R(gf) \circ R(m) \simeq R(g) \circ R(f) \circ R(m) \simeq R(m) \circ RQ(g) \circ RQ(f)$ となり，補題 2.9 c) から $(*)$ を得る．□

ホモトピー圏と関手 $q\colon \mathcal{C} \to \mathrm{Ho}(\mathcal{C})$ が圏の WE に関する局所化になっていることを証明する．ファイブラント対象の間の弱同値 f に対して，定理 2.13 と $\mathrm{Ho}(\mathcal{C})$ の定義から，$q(f)$ は同型射になることに注意する．まず，次の補題を示す．

補題 2.16 $\mathrm{Ho}(\mathcal{C})$ の任意の射は $\mathcal{C}$ における弱同値の q による像の逆射と q による $\mathcal{C}$ の射の像との合成で表せる．

証明 図式 (2.10) の記号を用いて，$q(R(m))^{-1}q(u_X) : X \to RQX$ は $\mathrm{Ho}(\mathcal{C})$ の同型射となる．任意の $\mathrm{Ho}(\mathcal{C})$ の射 $f : X \to Y$ に対して，合成 $(q(R(m))^{-1}q(u_Y))f((q(R(m))^{-1}q(u_X)))^{-1} : RQX \to X \to Y \to RQY$ は $\mathrm{Ho}(\mathcal{C})$ の射となる．また，$q : \mathrm{Hom}_{\mathcal{C}}(RQX, RQY) \to \mathrm{Hom}_{\mathrm{Ho}(\mathcal{C})}(RQX, RQY)$ はその定義から全射である．よって，$q(f') = (q(R(m))^{-1}q(u_Y))f((q(R(m))^{-1}q(u_X)))^{-1}$ をみたす $\mathcal{C}$ の射 f' が存在する．こうして，$f = (q(R(m))^{-1}q(u_Y))^{-1}q(f')(q(R(m))^{-1}q(u_X))$ となる． □

定理 2.17 すべての弱同値を同型射に写す任意の関手 $\theta\colon \mathcal{C} \to \mathcal{D}$ に対して，関手 $\widetilde{\theta}\colon \mathrm{Ho}(\mathcal{C}) \to \mathcal{D}$ が一意に存在して，$\theta = \widetilde{\theta} \circ q$ をみたす．

証明 まず，$f\colon X \to Y$ を弱同値とする．このとき図式 (2.10) の左の可換四角図式から $R(f) \in \mathsf{WE}$ であり，図式 (2.11) の左側のホモトピー可換図式と補題 2.7 から $R(m) \circ RQ(f) \in \mathsf{WE}$ となる．こうして，定理 2.13 から $RQ(f)$ はホモトピー同値写像，$\mathrm{Ho}(\mathcal{C})$ で同型射となる．

再度ホモトピー可換図式 (2.10) を考えて，$\widetilde{\theta}\colon \mathrm{Ho}(\mathcal{C}) \to \mathcal{D}$ を

$$\widetilde{\theta}([g]) := (\theta(u_Y)^{-1}\theta(R(m)))\theta(g)(\theta(R(m))^{-1}\theta(u_X))$$

と定義する．$\widetilde{\theta}$ が well-defined ならば，$\widetilde{\theta}$ が関手であることと，$\theta = \widetilde{\theta} \circ q$ を満たすことは定義から従う．

$\mathrm{Ho}(\mathcal{C})$ において $[f] = [g]$ と仮定する．よって，$\mathcal{C}$ において，$f, g\colon RQX \to RQY$ であり，あるホモトピー H が存在して $H\colon f \simeq g$ rel. $\varnothing$ となる．図式 (2.3), (2.4) と注意 2.4，定義 2.5 を思い出して，そこで用いた射の記号の下で，$\theta(f) = \theta(H\iota_0) = \theta(H)\theta(\iota_0)$, $\theta(g) = \theta(H\iota_1) = \theta(H)\theta(\iota_1)$ が成り立つ．さらに $\theta(\iota_0)\theta(p) = 1_{RQX} = \theta(\iota_1)\theta(p)$ であり $p \in \mathsf{WE}$ より，θ の仮定から，$\theta(p)$ は同型射であり，$\theta(\iota_0) = \theta(\iota_1)$ を得る．こうして，$\theta(f) = \theta(g)$ となり，$\widetilde{\theta}$ は well-defined となることがわかる．

一意性に関しては，関手 θ, q と $\widetilde{\theta}$ が作る図式の可換性と補題 2.16 から従う． □

補題 2.3 と対をなす結果を述べてこの小節を終える．この結果は，モデル圏からコファイブレーション圏を得る場合（定理 2.43）に鍵となる補題である．

補題 2.18 始対象 $\varnothing$ を持つ圏 $\mathcal{C}$ において，射の類に対して 2 つの部分類，WE, Cof が指定されていて，どちらも同型射を含み，合成に関して閉じているとする．さらに $\mathcal{C}$ のすべての対象がコファイブラントであり (C2) (b), (C1), (C3) を満たすならば (C2) (a) が成り立つ．

この補題を示すために，射 $f\colon A \to Y$ の**写像柱**（mapping cylinder）を補題の仮定の下で定義する．まず $\varnothing \rightarrowtail A$ と $\varnothing \rightarrowtail Y$ に (C2) (b) を適用して，コファイブレーション $Y \overset{\iota_0}{\rightarrowtail} Y \amalg A$ と $A \overset{\iota_1}{\rightarrowtail} Y \amalg A$ を得る．ここで，(C3) を適用して次の分解を得る．

$$Y \amalg A \overset{k}{\rightarrowtail} Z_f \overset{q}{\underset{\sim}{\longrightarrow}} Y \qquad (q \circ k = (id_Y, f))$$

$i_\varepsilon := k \circ \iota_0$ $(\varepsilon = 0, 1)$ と置くと，$i_\varepsilon \in \mathsf{Cof}$ であり，$q \circ i_0 = id_Y$, $q \circ i_1 = f$ を満たす．また，次のように $id\colon A \to A$ の写像柱 $(id, id)\colon A \amalg A \to Z$ に押し出し構成を用いて f の写像柱を構成することもできる．実際，次の図式を考える．

$$\begin{array}{ccc}
A & \xrightarrow{f} & Y \\
{\scriptstyle p}\uparrow{\scriptstyle \sim} & & \uparrow{\scriptstyle q} \\
Z & \xrightarrow{\pi} & Z_f \\
{\scriptstyle k}\uparrow & & \uparrow{\scriptstyle \widetilde{k}} \\
A \amalg A & \xrightarrow[f \amalg 1]{} & Y \amalg A \\
{\scriptstyle \iota_0}\uparrow & & \uparrow{\scriptstyle \iota_0} \\
A & \xrightarrow[f]{} & Y
\end{array}
\qquad (id,id)\colon A \amalg A \to A,\quad (id_Y, f)\colon Y \amalg A \to Y
\tag{2.12}$$

ただし，中央の四角形 Q_2 は押し出し図式である．下の四角形 Q_1 に左から $A \amalg A$ を作る押し出し図式を繋げると，$Y \amalg A$ を作る押し出し図式が得られるから，Q_1 自身も押し出し図式になり，したがって Q_1 と Q_2 を繋げた図式も押し出し図式となる．$i_0 = k \circ \iota_0\colon A \to Z \in \mathsf{Cof} \cap \mathsf{WE}$ であるから，(C2) (b) より $i_0 := \widetilde{k} \circ \iota_0\colon Y \to Z_f$ も $\mathsf{Cof} \cap \mathsf{WE}$ に属する．$q \circ i_0 = id_Y$ であるから (C1) より，$q \in \mathsf{WE}$ となる．

補題 2.18 の証明 (C2) の図式 (2.2) を考え，$f \in \mathsf{WE}$ を仮定する．上述の記号を用いて，以下 $\overline{f} \in \mathsf{WE}$ を示す．図式 (2.2) を次の 2 つの押し出し図式に分解する．

$$\begin{array}{ccccc}
A & \overset{i_1}{\underset{\sim}{\rightarrowtail}} & Z_f & \overset{q}{\underset{\sim}{\longrightarrow}} & Y \\
{\scriptstyle i}\downarrow{\scriptstyle \sim} & & \downarrow{\scriptstyle i_1} & & \downarrow{\scriptstyle \overline{i}} \\
B & \overset{\overline{i_1}}{\underset{\sim}{\longrightarrow}} & M_1 & \xrightarrow{q_1} & \overline{Y}
\end{array}
\qquad (q \circ i_1 = f,\ q_1 \circ \overline{i_1} = \overline{f})
\tag{2.13}$$

ただし，$i_1 := \widetilde{k} \circ \iota_1$ である．$i_1 \in \mathsf{WE}$ より，(C2) (b) から $\overline{i_1} \in \mathsf{WE}$ である．3 つの押し出し図式を考える．

$$\begin{array}{ccccccc} & & & & id_Y & & \\ A & \underset{\sim}{\xrightarrow{f}} & Y & \underset{i_0}{\overset{\sim}{\rightarrowtail}} & Z_f & \underset{q}{\overset{\sim}{\longrightarrow}} & Y \\ \downarrow & & \downarrow & & \downarrow & & \downarrow \\ B & \underset{\overline{f}}{\longrightarrow} & \overline{Y} & \underset{\sim}{\overset{\overline{i_0}}{\rightarrowtail}} & M_0 & \overset{q_0}{\longrightarrow} & \overline{Y} \\ & & & & id & & \end{array} \tag{2.14}$$

$q \circ i_0 = id$ より $q_0 \circ \overline{i_0} = id$ となり，$\overline{i_0} \in \mathsf{WE}$ より $q_0 \in \mathsf{WE}$ である．さらに次の押し出し図式（$\varepsilon = 0, 1$）

$$\begin{array}{ccccc} & & id & & \\ A & \underset{i_\varepsilon}{\overset{\sim}{\rightarrowtail}} & Z & \underset{p}{\overset{\sim}{\longrightarrow}} & A \\ \downarrow & & \downarrow & & \downarrow \\ B & \underset{\sim}{\rightarrowtail} & Z_\varepsilon & \underset{\sim}{\longrightarrow} & B \\ & & id & & \end{array} \tag{2.15}$$

を考えると，(C2) (b) により，$B \to Z_\varepsilon$ が，(C1) により $Z_\varepsilon \to B$ が弱同値になる．上三角が押し出し図式である次の可換図式を考える．

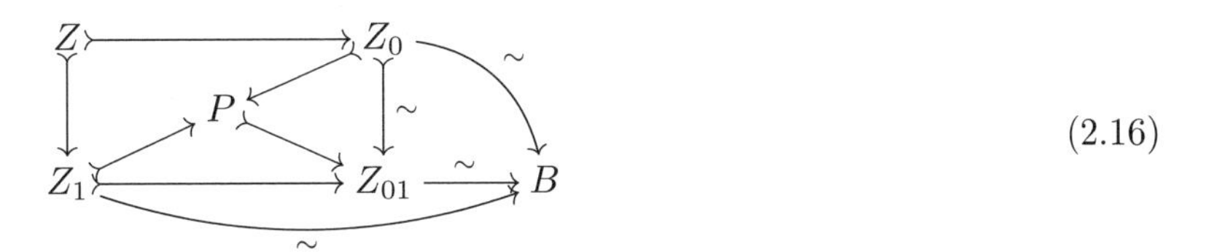

上の図式 (2.15) の右側図式の可換性と押し出し図式の性質から $P \to B$ が得られ，(C3) による分解で Z_{01} を得る．こうして特に $Z_1 \overset{\sim}{\rightarrowtail} Z_{01}$ は弱同値となる．図式 (2.16) の "Z" からなる四角図式を右面にして，図式 (2.12) の写像 π を元に上面と手前左面の押し出し図式，さらにそこから，奥面と下面の押し出し図式を構成することで，可換な直方体が構成できる．

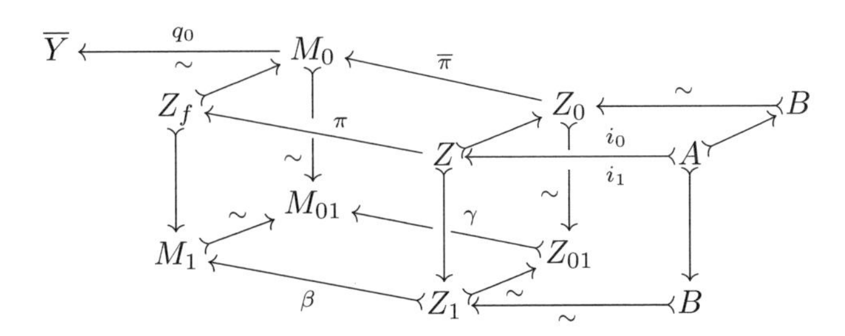

可換図式 (2.12) と押し出し図式 (2.13) を考えて，$\pi \circ i_1 = \pi \circ k \circ \iota_1 = \widetilde{k} \circ \iota_1 = i_1 \colon A \to Z_f$ となるから，押し出し図式の一意性から全面四角図式の左下は M_1 と一致する．次に，可換図式 (2.12) と押し出し図式 (2.14) を考えて，$\pi \circ i_0 = i_0 \circ f \colon A \to Z_f$ となるから，上面四角図式の左上の対象は M_0 とな

る．再度，押し出し図式の一意性を適用して，手前面，B から M_1 の系列は $\overline{i_1}$ と一致する．こうして (C1) から $\beta \in \mathsf{WE}$ となり，$\gamma \in \mathsf{WE}$ がいえる．したがって，$\overline{\pi} \in \mathsf{WE}$ となる．上面の 2 つの可換図式は押し出し図式であるから，$B \xrightarrow[\sim]{} Z_0 \xrightarrow[\sim]{\overline{\pi}} M_0 \xrightarrow[\sim]{q_0} \overline{Y}$ を考えると，はじめの 2 つの射の合成は $\overline{i_0} \circ \overline{f}$ と一致する．再度図式 (2.14) から，この合成は $\overline{f}$ と一致し $\overline{f}$ が弱同値であることがいえる．□

2.1.5 コファイブレーション圏の例

後述の定理 2.43 により，モデル圏からコファイブレーション圏が得られる．したがって，コファイブレーション圏の例をいくつか得ることができる．例えば可換次数付き微分代数の圏 CDGA からコファイブレーション圏を作ることができる．この小節では，コファイブレーション圏の定義に基づいてその公理を確認しながら，具体的なコファイブレーション圏の例をいくつか紹介する．まず，ここで考察する例を下記の表でまとめておく．この節では以下 R は可換環とする．

表 2.1 コファイブレーション圏の例.

圏	対象	射	Cof	WE	ファイブラント対象
Top	位相空間	連続写像	コファイブレーション	ホモトピー同値写像	すべての対象
Chain_R^+	下に有界な R 上の鎖複体	鎖写像	自由拡張	擬同型写像	すべての対象

定理 2.19 位相空間の圏 Top は表 2.1 の構造により，コファイブレーション圏になる．

この定理の略証明を与えるためにいくつか準備を行う．まず，Top では任意の連続写像に対して押し出しが定義されることに注意する．

補題 2.20（写像柱） $f\colon X \to Y$ を連続写像とし次の四角の押し出しからなる図式を考える．

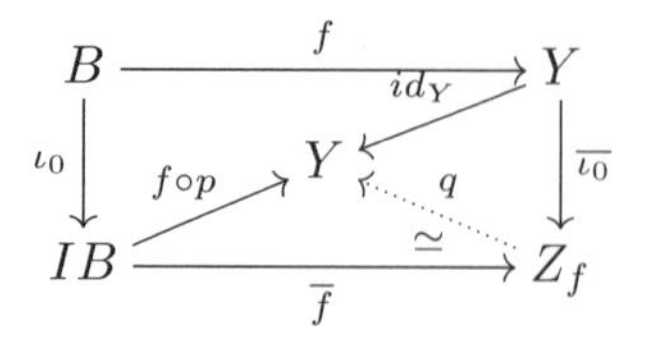

ただし，写像 $p\colon IB := B \times I \to B$ は $p(b,t) = b$ で定義されている．このとき，$j := \overline{f} \circ \iota_0\colon B \to Z_f$ はコファイブレーションであり，$q\colon Z_f \to Y$ は押し出しの性質から得られる写像であり，$q \circ j = f$ をみたすホモトピー同値写像となる．

証明　例 1.4 2) のレトラクションを用いて，写像 $Z_f \cup_{B\times\{1\}} (B \times I) \to Z_f \times I$ のレトラクションが構成できる．したがって，命題 1.3 から，j はコファイブレーションとなる．また定義から $q \circ j = f$ が成り立つ．次に，$\overline{\iota_0}$ が q のホモトピー逆写像になることを示す．まず，q の構成から，$q \circ \overline{\iota_0} = id_Y$ は明らかである．押し出し図式を含む連続写像からなる実線の可換図式

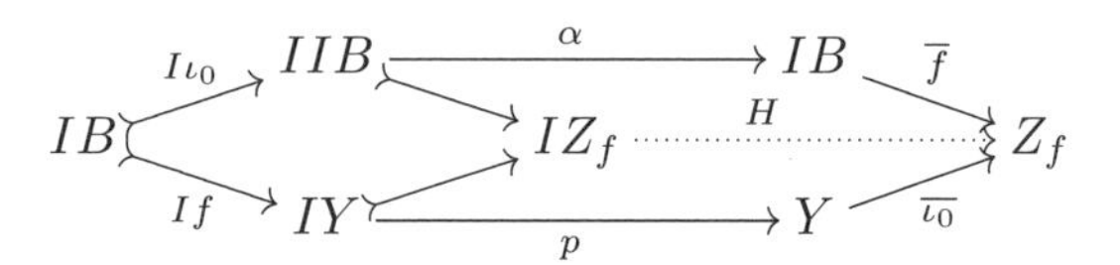

を考える．ただし，$\alpha(b,t,s) = (b,ts)$ である．このとき，点線の連続写像 H を得る．この H が $\overline{\iota_0} \circ q \simeq id_{Z_f}$ を与える．　□

コファイブレーションの持つホモトピー拡張性質を用いて次が容易に示せる．

補題 2.21（**コファイブレーションの合成**）　コファイブレーションの合成はコファイブレーションである．

補題 2.22（**リフト，**補題 2.9 参照）　次の実線の連続写像からなる可換図式を考える．

$$\begin{array}{ccc} B & \xrightarrow{f} & X \\ {\scriptstyle i}\downarrow & \overset{h}{\nearrow} & \downarrow{\scriptstyle q}\,\sim \\ A & \xrightarrow[g]{} & Y \end{array}$$

このとき，連続写像 $h\colon A \to X$ が存在して，$h \circ i = f$ を満たす．

証明　写像 q のホモトピー逆写像を $\overline{q}$ とすると．ホモトピー $H\colon IX \to X$ により，$\overline{q} \circ q \simeq 1_X$ が成り立つ．このとき，$h_0|_B = \overline{q} \circ g|_B = \overline{q} \circ q \circ f \simeq f$ を得る．最後のホモトピックは $H \circ If$ が与えている．$h_0 := \overline{q} \circ g\colon A \to X$ と置くと，次の可換図式を得る．

$$\begin{array}{ccccc} B & & \xrightarrow{\iota_0} & & B \times I \\ {\scriptstyle i}\downarrow & & X \overset{H\circ If}{\longleftarrow} & & \downarrow{\scriptstyle i\times 1} \\ & \overset{h_0}{\nearrow} & \overset{\overline{H}}{\nwarrow} & & \\ A & & \xrightarrow[\iota_0]{} & & A \times I \end{array}$$

$h := \overline{H} \circ i_1$ と置くと，$h \circ i = \overline{H} \circ i_1 \circ i = \overline{H} \circ (i \times 1)(\text{-}, 1) = f$ となる．　□

定理 2.19 の略証明　Cof が合成で閉じていることは，補題 2.21 から従い，ホモトピー同値が (C1) を満たすことはホモトピーの性質から従う．公理 (C3) は補題 2.20 が与える．また，実線の連続写像からなる可換図式

$$\begin{array}{ccc} B & \xrightarrow{id_B} & B \\ {\scriptstyle i}\downarrow\,\sim & \overset{h}{\nearrow} & \sim\,\downarrow{\scriptstyle i} \\ A & \xrightarrow[id_A]{} & A \end{array}$$

に補題 2.22 を適用することで，すべての対象がファイブラントであることがわかり，よって (C4) が成立する．次に (C2) について考察する．

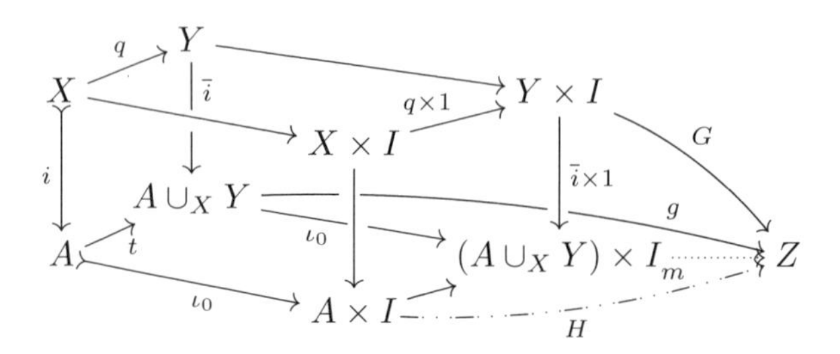

上の図式の一番左側面の押し出し図式において $\bar{i}$ がコファイブレーションであることを示す．そのために任意に g と G を与え，図式を可換にする m の存在を示そう．i がコファイブレーションであることから，$g \circ t$ と $G \circ (q \times 1)$ に注目すると，$H \circ \iota_0 = g \circ t$ かつ $H \circ (i \times 1) = G \circ (q \times 1)$ を満たす $H\colon A \times I \to Z$ が存在する．右面の四角形が押し出しであることに注意すると，H と G を含むそれぞれの三角形を可換にする m の存在がいえる．さらに，左側図式の押し出しの普遍性から $g = m \circ \iota_0$ を得る．

最後に $q \in \mathsf{WE}$ ならば $t \in \mathsf{WE}$ を満たすことは [6] の (3.3) Theorem の証明中 (10) 以降の議論から従う． □

定理 2.23 下に有界な可換環 R 上の鎖複体の圏 Chain_R^+ は表 2.1 の構造により，コファイブレーション圏になる．

Chain_R^+ 上の鎖写像 $\varphi\colon A \to B$ が**擬同型写像**とはホモロジー間に誘導する R-準同型写像 $H_i(\varphi)\colon H_i(A) \to H_i(B)$ が任意の i に対して同型であることであった．まずこのことを思い出す．

定理 2.23 の証明のために，任意の鎖写像 $(M, d_M) \xleftarrow{f} (L, d_L) \xrightarrow{g} (N, d_N)$ に対して，押し出し $(M \cup_L N, d)$ が存在することに注意する．実際，各 n に対して，$(M \cup_L N)_n = (M_n \oplus N_n)/S_n$ と定義される．ただし，S_n は $f_n(a) - g_n(a)$ $(a \in L_n)$ で生成される $M_n \oplus N_n$ の部分 R-加群であり，d は $d_M \oplus d_N$ から誘導される．

また，Chain_R^+ 上の 2 つの鎖複体 $V = (V_n, d_{V,n})$ と $W = (W, d_{W,n})$ に対してテンソル積 $V \otimes W = ((V \otimes W)_n, d)$ が $(V \otimes W)_n = \bigoplus_{i+j=n} V_i \otimes_R W_j$, $d(x \otimes y) = d_V(x) \otimes y + (-1)^{\deg x} x \otimes d_W(y)$ で定義される．

次に，自由拡張（コファイブレーション）とシリンダー対象を定義する．

定義 2.24 鎖複体の写像 $i\colon V \to V'$ が自由拡張とは i は単射であり自由 R-加群 W が存在して，次の R-加群の間の射の分解が存在することである．

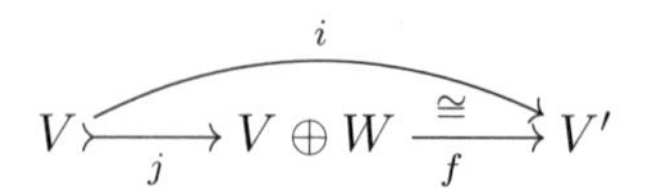

ただし，j は標準的な包含写像である．

鎖複体 I を $I := R\{\widetilde{0}\} \oplus R\{\widetilde{1}\} \oplus R\{\iota\}$, $\deg \widetilde{0} = \deg \widetilde{1} = 0$, $\deg \iota = 1$, $d(\iota) = \widetilde{1} - \widetilde{0}$ と定義し，**シリンダー対象**と呼ぶ．$i\colon R \to I$ を $i(1) = \widetilde{1}$, $\pi\colon I \to R$ を $\pi(\widetilde{0}) = 1 = \pi(\widetilde{1})$ と定義すると，$\pi \circ i = 1_R$ であり，$i \circ \pi \simeq 1_I$ となる．実際，$h\colon I \to I[1]$ を $h(\widetilde{0}) = \iota$, $h(\widetilde{1}) = 0$ と定義するとこれが鎖ホモトピーを与える．さらに，任意の鎖複体 X に対して，次の分解を得る．

$$X \oplus X \xrightarrow[k]{} X \otimes I \xrightarrow[p:=1\otimes\pi]{\sim} X \otimes R \cong X \qquad (\nabla := (1,1) \colon X \oplus X \to X \otimes R)$$

ただし，k は $k(x, 0) = x \otimes \widetilde{0}$, $k(0, x) = x \otimes \widetilde{1}$ で定義される．R-加群として，$X \otimes I \cong X \otimes R\{\widetilde{0}\} \oplus X \otimes R\{\widetilde{1}\} \oplus X \otimes R\{\iota\}$ であるから，k は自由拡張となっている．また，p は $1 \otimes i$ をホモトピー逆写像として持っている，したがって，p は弱同値であることに注意する．

補題 2.25　$f, g\colon X \to Y$ が鎖ホモトピックであることと次の図式を可換にする $H\colon X \otimes I \to Y$ が存在することは同値である．

$$\begin{array}{ccc} X \oplus X & \xrightarrow{k} & X \otimes I \\ & {\scriptstyle (f,g)} \searrow \quad \swarrow {\scriptstyle H} & \\ & Y & \end{array}$$

証明　$f \simeq g\colon X \to Y$ であると仮定する．そのホモトピーを $h_n\colon X_n \to Y_{n+1}$ $(n \in \mathbb{N})$ とする．すなわち，$d \circ h_n + h_{n-1} \circ d = f_n - g_n$ を満たすとする．このとき，$H\colon X \otimes I \to Y$ を任意の $x \in X_n$ に対して，$H(x \otimes \widetilde{0}) = f(x)$, $H(x \otimes \widetilde{1}) = g(x)$, $H(x \otimes \iota) = (-1)^n h_n(x)$ と定義すると，H は鎖写像となる．実際，$x \otimes \iota \in X_n \otimes I_l$ に関しても，$dH(x \otimes \iota) = (-1)^n dh_n(x) = (-1)^n(f_n(x) - g_n(x) - h_{n-1}d(x))$ であり，$Hd(x \otimes \iota) = H(dx \otimes \iota + (-1)^n x \otimes \widetilde{0} - (-1)^n x \otimes \widetilde{1}) = (-1)^{n-1} h_{n-1} d(x) + (-1)^n f_n(x) - (-1)^n g_n(x)$ となり一致する．また図式の可換性は H の定義から従う．

逆に，図式を可換にする鎖写像 H が存在したとする．このとき $x \in X_n$ に対して，$h_n(x) := (-1)^n H(x \otimes \iota)$ と定義すると，等式 $dH(x \otimes \iota) = Hd(x \otimes \iota)$ は $(-1)^n dh_n(x) = (-1)^{n-1} h_{n-1} d(x) + (-1)^n f_n(x) - (-1)^n g_n(x)$ を導く．したがって h は f から g へのホモトピーを与える．□

定理 2.23 の証明　公理 (C1) は明らかに成り立つ．

(C2) が成立することを確認するために，次の可換図式を考える．

$$\begin{array}{ccccc} B & \xrightarrow{i} & (B \oplus W, d) & \longrightarrow & (W, \overline{d}) \\ {\scriptstyle f}\downarrow{\scriptstyle \sim} & & \downarrow{\scriptstyle \widetilde{f}} & & \downarrow{\scriptstyle \overline{f}} \\ Y & \xrightarrow[\overline{i}]{} & Y \cup_B (B \oplus W) \cong (Y \oplus W) & \longrightarrow & \operatorname{coker} \overline{i} \end{array}$$

ただし，左の図式は押し出しであり，下の系列中の同型は R-加群としての同型を意味している．したがって $\bar{i}$ もコファイブレーションである．また，$\mathrm{coker}\,\bar{i}$ は $\widetilde{f}$ から誘導される写像 $\overline{f}$ により鎖複体として同型となる．したがってホモロジー長完全列から $\widetilde{f}$ は擬同型写像となる．

以下，鎖複体 C の n-次サイクル全体を $(ZC)_n$ と表すことにする．

さて次に，(C3) の分解について考える．$f\colon B \to Y$ を鎖写像とする．このとき f の分解

$$f\colon B \overset{i}{\rightarrowtail} A = (B \oplus W, d) \underset{g}{\xrightarrow{\sim}} Y$$

を次元に関して帰納的に構成する．次の仮定 $(*)_n$ を考える．

$(*)_n$：f の分解 $f = g_n \circ i$ を満たすような n-連結な鎖写像 $g_n\colon A^n \to Y$ が存在する．すなわち，誘導写像 $(g_n)_*\colon H_i(A^n) \to H_i(Y)$ は $i < n$ で同型写像であり $i = n$ で全射である．

自由 R-加群 $V' = V'_{n+1}$ と d を $V' \xrightarrow{d} (ZA^n)_n \twoheadrightarrow H_n(A^n)$ の像が $\mathrm{Ker}(g_n)_*$ と一致するように選ぶ．ここでは，$[u'_\alpha]$ $(\alpha \in \Lambda)$ を $\mathrm{Ker}(g_n)_*$ の生成元としたとき，V' を $\{u_\alpha\}_{\alpha\in\Lambda}$ を基底にもつ自由 R-加群として選ぶ．$[g_n(u_\alpha)] = 0$ より，$d\widetilde{u}_\alpha = u'_\alpha$ を満たす $\widetilde{u}_\alpha \in Y_{n+1}$ を選び，$g(u_\alpha) = \widetilde{u}_\alpha$ と定義する．このとき，$g'\colon A' := (A^n \oplus V', d) \to Y$ は $k \leq n$ に対して同型射 $H_k(A') \overset{\cong}{\to} H_k(Y)$ を誘導する．次に，$V \xrightarrow{g''} (ZY)_{n+1} \twoheadrightarrow H_{n+1}(Y)$ が全射になるように，V を定義し，$d(V) = 0$, $W_{n+1} = V' \oplus V$ と定める．さらに，$g_{n+1}\colon A^{n+1} := (A^n \oplus W_{n+1}, d) \to Y$ を $g_{n+1}|_{A^n} = g_n$, $g_{n+1}|_V = g'$, $g_{n+1}|_V = g''$ と定義すると，$(*)_{n+1}$ が成立する．B と Y が下に有界であることから $s \in \mathbb{Z}$ が存在して，$l \leq s$ に対して，$g_s\colon 0 = H_l(B) \to H_l(Y) = 0$ を満たすから，s から始めて，$f\colon B \overset{i}{\rightarrowtail} \mathrm{colim}\, A^n = \cup_n A^n = (B \oplus W, d) \underset{g}{\xrightarrow{\sim}} Y$ を得る．

最後に，すべての対象がファイブラントであることを示す．したがって (C4) を示すことになる．

$$i\colon B \underset{\sim}{\rightarrowtail} A = (B \oplus W, d)$$

をコファイブレーションかつ弱同値であるとする．帰納的に $f_n\colon A^n \to B$ で $f_n \circ i = 1_B$ を満たす鎖写像と，$\alpha_n\colon i \circ f_n \simeq g_n$ を満たすホモトピーを構成する．ただし A^n は $k \leq n$ に対して $(A^n)_k = A_i$，$k > n$ に対して $(A^n)_k = 0$ となる A の部分鎖複体であり，$g_n\colon A^n \to A$ は包含写像である．$(**)_n$：「$\alpha_n d + d\alpha_n = g_n - if_n$ を満たす鎖写像 f_n とホモトピー α_n が存在する」を帰納法の仮定とする．

$(**)_n$ から，$if_n d = g_n d - d\alpha_n d = d(g_n - \alpha_n d)$ が成立するから，W_{n+1} の基底 $\{u_\alpha\}$ に対して $0 = [if_n du_\alpha] = i_*[f_n du_\alpha]$ となる．i_* は単射であるから，

$z_\alpha \in B_{n+1}$ が存在して，$d(z_\alpha) = f_n du_\alpha$ となる．ここで，$x\colon W_{n+1} \to B_{n+1}$ を $x(u_\alpha) = z_\alpha$ と定義すると，$(\bullet)\colon f_n \circ d = d \circ x\colon W_{n+1} \to B_n$ が成り立つ．したがって，$d(g_{n+1} - \alpha_n d - ix) = g_n d - d\alpha_n d - idx = g_n d - d\alpha_n d - if_n d = 0$ となる．最後の等式は仮定 $(**)_n$ から従う．サイクル $g_{n+1} - \alpha_n d - ix \in A_{n+1}$ に対して i_* は全射であるから，$z\colon W_{n+1} \to (ZB)_{n+1}$ と $y\colon W_{n+1} \to A_{n+2}$ が存在して，$g_{n+1} - \alpha_n d - ix - iz = dy$ を満たす．W_{n+1} は自由 R-加群であることに注意する．

$f_{n+1}\colon A^{n+1} \to B$ と α_{n+1} をそれぞれ，W_{n+1} 上で $f_{n+1} = x + z$, $\alpha_{n+1} = y$ と定義する．ただし，$\alpha_{n+1}|_B = 0$ とする．このとき，$(\bullet)$ から $df_{n+1} = d \circ x + d \circ z = f_n d$ であり，$g_{n+1} - if_{n+1} = g_{n+1} - ix - iz = dy + \alpha_n d = d\alpha_{n+1} + \alpha_{n+1} d$ となる．こうして $(**)_{n+1}$ が成り立つ．A と B は下に有界であるから帰納法により証明が完成する． □

注意 2.26 一般的にはホモトピー同値と弱ホモトピー同値は異なることを以下で見る．結果として，定理 2.13 の仮定は一般には必要であることがわかる．鎖複体 $X_\bullet\colon \cdots \to 0 \to \mathbb{Z} \overset{\times 2}{\to} \mathbb{Z} \to \mathbb{Z}/2 \to 0 \to \cdots$ を考える．ただし，$\mathbb{Z}/2$ が 0-次の項であるとする．自明な鎖写像 $0 \to X_\bullet$ は $\mathsf{Chain}_{\mathbb{Z}}^+$ においてコファイブレーションではないことに注意する．$X_\bullet$ は非輪状であるから，零写像 $f = 0\colon X_\bullet \to X_\bullet$ は弱同値となる．すなわち $f_*\colon 0 = H_*(X_\bullet) \to H_*(X_\bullet) = 0$ は同型である．仮に，鎖写像 $g\colon X_\bullet \to X_\bullet$ が存在して，$gf \simeq 1_{X_\bullet}$, $fg \simeq 1_{X_\bullet}$ とする．$s = \{s_n\}$ を $0 = gf$ と $1_{X_\bullet}$ の間のホモトピーとすると，$s_0\colon \mathbb{Z}/2 \to \mathbb{Z}$ は自明な写像となる．また $1 - 0 = (\times 2)s_1 + s_0 d$ より $1 = (\times 2)s_1\colon \mathbb{Z} \to \mathbb{Z}$ となり矛盾を引き起こす．

2.2 キレンのモデル圏

モデル圏を導入するためにまずいくつか定義（言葉）を準備する．コファイブレーション圏の定義と重複するところもあるが，定義などはあえて再度記述する．

2.2.1 極限，余極限

$\mathcal{D}$ を小圏，$\mathcal{C}$ を圏とし，その間の関手圏を $\mathrm{Fun}(\mathcal{D}, \mathcal{C})$ と表す．すなわち，対象は関手 $\mathcal{D} \to \mathcal{C}$ であり，射はそれら関手の間の自然変換である．また $\Delta\colon \mathcal{D} \to \mathrm{Fun}(\mathcal{D}, \mathcal{C})$ を $\Delta(C)(D) =: C$, $\Delta(C)(f) =: id_C$ と定義される定値関手とする．

定義 2.27 関手 $F\colon \mathcal{D} \to \mathcal{C}$ に対して，$\mathrm{colim}_{\mathcal{D}} F$ が F の**余極限**であるとは次をみたすことである．

1. 自然変換 $\tau\colon F \Longrightarrow \Delta(\mathrm{colim}_{\mathcal{D}} F)$ が存在する．
2. $\mathrm{colim}_{\mathcal{D}} F$ は自然変換 $\tau'\colon F \Longrightarrow \Delta(C)$ に関して普遍的である．すなわち，任意の τ' に対して $\mathcal{C}$ の射 $\xi\colon \mathrm{colim}_{\mathcal{D}} F$ が一意に定まり，次の自然変換の図式が可換である．

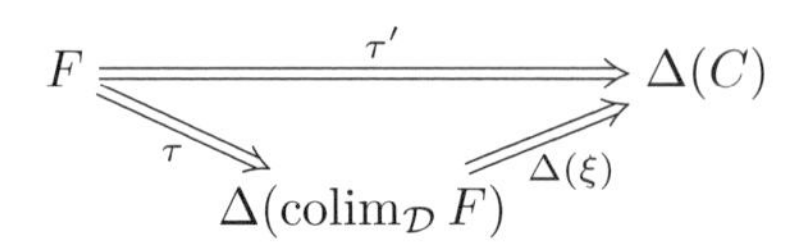

関手 $F\colon \mathcal{D} \to \mathcal{C}$ に対して，F の**極限** $\lim_{\mathcal{D}} F$ は余極限の双対で定義される（例えば [26, Section 2] 参照）．すなわち，定義上の射，自然変換の向きを逆にして定義される．

2.2.2　モデル圏の定義

次章で説明する有理ホモトピー論の枠組みを圏論的に説明するために，モデル圏が必要になる．位相空間の圏で展開されるホモトピー論的枠組みを一般の圏に拡張した概念，キレンのモデル圏のことである．モデル圏についての詳細な解説，一般論や例に関しては，例えばホベイのモノグラフ[55]やドワイヤー–スパリンスキーのサーベイ[26]を参照してほしい．

定義 2.28（射のレトラクト）　$\mathcal{C}$ を圏の射 f と g に対して，次の可換図式が存在するとき，f が g の**レトラクト**であるという．

$$\begin{array}{ccccc} X & \xrightarrow{i} & Y & \xrightarrow{r} & X \\ {\scriptstyle f}\downarrow & & {\scriptstyle g}\downarrow & & {\scriptstyle f}\downarrow \\ X' & \xrightarrow{i'} & Y' & \xrightarrow{r'} & X' \end{array} \tag{2.17}$$

ただし，$r \circ i = id_X$, $r' \circ i' = id_{X'}$ である．

定義 2.29　圏 $\mathcal{C}$ に対して 3 つの射の部分類，WE, Fib, Cof が指定されていて，どれも恒等射を含み，合成に関して閉じているとする．WE, Fib, Cof に属する射をそれぞれ**弱同値**（weak equivalence），**ファイブレーション**（fibration），**コファイブレーション**（cofibration）と呼び，$\xrightarrow{\sim}$, $\twoheadrightarrow$, $\rightarrowtail$ と表す．また，弱同値かつファイブレーションである射を**自明なファイブレーション**，弱同値かつコファイブレーションである射を**自明なコファイブレーション**という．

次の条件を満たすとき，$(\mathcal{C}, \mathsf{WE}, \mathsf{Fib}, \mathsf{Cof})$ を**モデル圏**（model category）という．

(MC1) $\mathcal{C}$ はすべての有限極限，有限余極限（を持つ）で閉じている．

(MC2) $f\colon X \to Y$, $g\colon Y \to Z$ が $\mathcal{C}$ の射であるとする．f, g, $g \circ f$ のうち，2 つが弱同値ならば残る一つも弱同値である．

(MC3) 射 f が射 g のレトラクトであるとする．このとき，g が弱同値，コファイブレーションまたはファイブレーションなら f もその類に属する．
(MC4) 実線射からなる次の任意の可換図式を考える．

$$\begin{array}{ccc} A & \xrightarrow{\ l\ } & X \\ {\scriptstyle i}\downarrow & \overset{\widehat{k}}{\nearrow} & \downarrow{\scriptstyle p} \\ B & \xrightarrow[\ k\ ]{} & Y \end{array}$$

このとき，もし i) i がコファイブレーションで p が自明なファイブレーションの場合，または ii) i が自明なコファイブレーションで p がファイブレーションの場合，2 つの三角形を可換にする点線射 $\widehat{k}$ が存在する．一般に，こうした $\widehat{k}$ が存在するとき，i は p に関して**左持上げ性質**を満たすといい，また，p は i に関して**右持上げ性質**を満たすという．
(MC5) 任意の射 f は次のように分解する．
(a) $f = p \circ i$，ただし p はファイブレーションであり，i は自明なコファイブレーション．
(b) $f = q \circ j$，ただし q は自明なファイブレーションであり，j はコファイブレーション．

以下では，射の類 $\mathcal{M}$ に関して，左持上げ性質を持つ射の類を $LLP(\mathcal{M})$，右持上げ性質を持つ射の類を $RLP(\mathcal{M})$ とそれぞれ表す．モデル圏の公理から次の基本性質が容易に従う．

命題 2.30 (1) $\mathsf{Cof} = LLP(\mathsf{Fib} \cap \mathsf{WE})$, $\mathsf{Fib} = RLP(\mathsf{Cof} \cap \mathsf{WE})$.
(2) Cof および $\mathsf{Cof} \cap \mathsf{WE}$ は押し出しの下で保たれる．
(3) Fib および $\mathsf{Fib} \cap \mathsf{WE}$ は引き戻しの下で保たれる．

証明 (1) $f \in \mathsf{Cof}$ に対して，$f \in LLP(\mathsf{Fib} \cap \mathsf{WE})$ は (MC4) から従う．逆に，$f \colon X \to Y$ が $f \in LLP(\mathsf{Fib} \cap \mathsf{WE})$ であると仮定する．(MC5) により f の分解 $X \overset{i}{\rightarrowtail} Y' \underset{\sim}{\overset{p}{\twoheadrightarrow}} Y$ が得られる．実線の射からなる可換図式

$$\begin{array}{ccc} X & \xrightarrow{\ i\ } & Y' \\ {\scriptstyle f}\downarrow & \overset{g}{\nearrow} & \downarrow{\scriptstyle p}\,\wr \\ Y & \xrightarrow[\ id\ ]{} & Y \end{array}$$

を考えると，(MC5) から g が存在して三角図式を可換にする．さらに，可換図式

$$\begin{array}{ccccc} X & \xrightarrow{\ id\ } & X & \xrightarrow{\ id\ } & X \\ {\scriptstyle f}\downarrow & & {\scriptstyle i}\downarrow & & {\scriptstyle f}\downarrow \\ Y & \xrightarrow[\ g\ ]{} & Y' & \xrightarrow[\ p\ ]{} & Y \end{array}$$

を考えると，(MC3) から f はコファイブレーションとなる．後半は双対の議論*5)で示すことができる．

(2) $i\colon A \to X$ をコファイブレーションとして，次の左側の押し出し図式と右の可換図式考える．

$$\begin{array}{ccccc} A & \xrightarrow{f} & Y & \xrightarrow{\alpha} & E \\ {\scriptstyle i}\downarrow & & \downarrow{\scriptstyle j} & & \downarrow{\scriptstyle p} \\ X & \xrightarrow[\overline{f}]{} & \overline{Y} & \xrightarrow[\beta]{} & B \end{array}$$

(1) により $j \in LLP(\mathsf{Fib} \cap \mathsf{WE})$ を示せばよい．したがって，$p \in \mathsf{Fib} \cap \mathsf{WE}$ とする．$i \in \mathsf{Cof}$ より，$g\colon X \to E$ が存在して，$g \circ i = \alpha \circ f, p \circ g = \beta \circ \overline{f}$ を満たす．押し出し図式の性質から，$g'\colon \overline{Y} \to E$ が存在して，$g' \circ \overline{f} = g, g' \circ j = \alpha$ が成り立つ．$(p \circ g') \circ j = \beta \circ j$ であり，$(p \circ g') \circ \overline{f} = \beta \circ \overline{f}$ であるから，押し出しの普遍性から $p \circ g' = \beta$ を得る．(3) は (2) と同様の議論（双対の議論）で示せる． □

2.2.3 モデル圏の例

例 2.31（位相空間の圏 Top） 位相空間の圏 Top は弱ホモトピー同値写像の類を WE，セールファイブレーション*6)からなる類を Fib，そして一般化された相対 CW 複体の包含写像のレトラクトからなる類を Cof としてモデル圏をなす（[26, Section 8] 参照）．ここで一般化された相対 CW 複体 (X, A) における X は，A に適切な次元の円盤 D^n をいくつかその境界 S^{n-1} で貼付けることで得られる空間である．

例 2.32（単体的集合の圏 $\mathsf{Sets}^{\Delta^{\mathrm{op}}}$） 単体的集合の定義を思い出す*7)．$\Delta$ を有限順序集合 $[n] := \{0, 1, \ldots, n\}$ $(n \geq 0)$ を対象とし，順序を保つ非減少写像 $[n] \to [m]$ を射に持つ圏とする．

定義 2.33 関手 $X\colon \Delta^{\mathrm{op}} \to \mathsf{Set}$ を**単体的集合**（simplicial set）という．

X は次のようにも解釈できる．単体的集合 $X = (\{X_n\}_{n \geq 0}, d_i, s_j)$ は集合の族 $\{X_n\}_{n \geq 0}$ と，面写像と呼ばれる写像 $d_i\colon X_n \to X_{n-1}$ $(0 \leq i \leq n)$，退化写像と呼ばれる $s_j\colon X_n \to X_{n+1}$ の集まりであり次の関係式（**単体的恒等式**（simplicial identities)）を満たす．

---

*5) モデル圏において矢印を逆にして，“ファイブレーション”を“コファイブレーション”で置き換えて考える．

*6) 任意の CW 複体 Z に対し，包含写像 $Z \times \{0\} \to Z \times I$ に関して右持ち上げ性質を持つ連続写像．

*7) ゴールスとジャルディン（Goerss–Jardine）による著書[37]は単体的集合に関する良書である．

$$d_i d_j = d_{j-1} d_i, \quad i < j,$$
$$d_i s_j = s_{j-1} d_i, \quad i < j,$$
$$d_j s_j = d_{j+1} s_j = \mathrm{id},$$
$$d_i s_j = s_j d_{i-1}, \quad i > j+1,$$
$$s_i s_j = s_{j+1} s_i, \quad i \leq j.$$

まず，関手 X に対して $X([n])$ に上述の X_n を対応させる．また順序を保つ写像 $d^i\colon [n-1] \to [n]$ $(0 \leq i \leq n)$ と $s^j\colon [n+1] \to [n]$ $(0 \leq i \leq n)$ をそれぞれ

$$d^i(0 \to 1 \to \cdots \to n-1) = (0 \to 1 \to \cdots \to i-1 \to i+1 \to \cdots \to n),$$
$$s^j(0 \to 1 \to \cdots \to n+1) = (0 \to 1 \to \cdots \to j \xrightarrow{1} j \to \cdots \to n)$$

と定義するとき，Δ における任意の順序を保つ写像が s^j と d^i で生成されることがわかる．これらの写像に対して，上の単体的恒等式の双対の関係式[37, (1.2)]が成り立つことから，関手 $X\colon \Delta^{\mathrm{op}} \to \mathsf{Set}$ から得られる $X(d^i)$ と $X(s^j)$ をそれぞれ d_i, s_j に対応させることで 2 つの定義が一致する．

単体的集合を対象，その間の自然変換を射として単体的集合の圏 $\mathsf{Sets}^{\Delta^{\mathrm{op}}}$ が定義される．上述の同一視により射 $f\colon X \to Y$ は面写像と退化写像と両立する $f_n\colon X_n \to Y_n$ の集まりと考えてもよい．

ここで，**標準的 n-単体** $\Delta[n]$ を関手

$$\Delta[n] := \hom_{\Delta}(\ ,[n])$$

として定義する．すなわち，$\Delta[n]_m = \hom_{\Delta}([m],[n])$ であり，圏 Δ 上の射 $f\colon [m] \to [n]$ に対して，$\Delta[n](f) = f^*$ は f から自然に誘導される写像である．

X を単体的集合とするとき，その**幾何学的実現** $|X|$ を Top で余極限を用いて，

$$|X| := \mathrm{colim}_{(\Delta[n]\to X)\in \Delta\downarrow X}\, \Delta^n = \coprod_{n\geq 0} (X_n \times \Delta^n)/\sim$$

と定義する．ただし，$\Delta^n := \left\{(x_0,\ldots,x_n) \in \mathbb{R}^{n+1} \;\middle|\; \sum_{i=0}^n x_i = 1, \forall i, x_i \geq 0\right\}$ は $\mathbb{R}^{n+1}$ の部分空間である．また $\sim$ は $x \in X_n$, $t \in \Delta^m$ と圏 Δ 上の射 $f\colon [m] \to [n]$ に対して，$(f^*(x), t) \sim (x, f_*(t))$ で生成される同値関係である．ただし $f^* = X(f)$ であり f_* は f で定義されるアフィン写像 $\Delta^m \to \Delta^n$ である．圏 $\Delta \downarrow X$ は，対象が $p\colon \Delta[m] \to X$ という形の単体的集合の射であり，$p\colon \Delta[m] \to X$ から $q\colon \Delta[m] \to X$ への射 f は

$$\begin{array}{ccc} \Delta[m] & \xrightarrow{\quad f \quad} & \Delta[n] \\ & {\scriptstyle p}\searrow \quad \swarrow{\scriptstyle q} & \\ & X & \end{array}$$

が可換となる単体的集合の射からなる．このとき，単体的集合として

$$\operatorname{colim}_{(\Delta[n]\to X)\in\Delta\downarrow X}\Delta[n]\cong X.$$

であることに注意する．

次に，**k-ホーン**（kth horn）$\Lambda^k[n]$ を $d_k(\iota_n)$ 以外の面写像 $d_j(\iota_n)$ により生成される $\Delta[n]$ の部分単体的集合として定義する．ただし $\iota_n\colon[n]\to[n]$ は恒等写像を表す．このとき，任意の整数 $n\geq 0$ と $0\leq k\leq n$ に対し，実線からなる射の可換図式に

$$\begin{array}{ccc}\Lambda^k[n] & \longrightarrow & X\\ {\scriptstyle i}\downarrow & \overset{h}{\nearrow} & \downarrow{\scriptstyle p}\\ \Delta[n] & \longrightarrow & Y\end{array}$$

に対して，それぞれの三角形を可換にする点線の射が存在するとき，p を**カンファイブレーション**という．

定理 2.34（[37, Theorem 11.3]）　$\mathsf{Sets}^{\Delta^{\mathrm{op}}}$ において，射の幾何学的実現が弱ホモトピー同値のとき弱同値，単体的集合の包含写像（自然変換において各 $[n]$ 上で単射）のときコファイブレーションと定義し，カン（Kan）ファイブレーションをファイブレーションとするとき，$\mathsf{Sets}^{\Delta^{\mathrm{op}}}$ はモデル圏となる．

例 2.35（$\mathbb{Q}$ 上の可換微分代数の圏 CDGA）　ここでは，[9] に基づいて，CDGA のモデル圏構造について説明する．可換微分代数と位相空間との関連は第 3 章で述べられる．

定義 2.36　**可換次数付き微分代数**（commutative differential graded algebra（CDGA））(A,d) とは体 $\mathbb{K}$ 上の非負次数付きコチェイン複体 $(A,d)=(\{A^k\}_{k\geq 0},d)$ で**単位**と呼ばれるコチェイン複体写像 $\eta\colon\mathbb{K}\to(A,d)$ と**積**と呼ばれるコチェイン複体写像 $\mu\colon(A,d)\otimes(A,d)\to(A,d)$ $(a\cdot b:=\mu(a\otimes b))$ を持ち，次を満たすものである．

(i) μ は次数付き可換である．すなわち，$a\cdot b=(-1)^{(\deg a)(\deg b)}b\cdot a$.

(ii) μ は結合的である．すなわち，任意の $a,b,c\in A$ に対して $(a\cdot b)\cdot c=a\cdot(b\cdot c)$.

(iii) μ は単位的である．すなわち，$\mu(\eta\otimes 1)=id_A=\mu(1\otimes\eta)$．ただし，$id_A\colon A\to A$ は恒等写像である．

μ がコチェイン複体写像であるとは，微分 d が任意の $a,b\in A$ に対して

$$d(ab)=d(a)b+(-1)^{\deg(a)}ad(b)$$

すなわちライプニッツ（Leibniz）則を満たすということである．以下 $a\in A^m$ のとき a の**次数**は m であるといい，$\deg(a)=m$ または，$|a|=m$ と表す．

(i) の条件を除いた場合，(A,d) は次数付き微分代数と呼ばれる．

V を $\mathbb{K}$ 上の非負次数付きベクトル空間とし V で生成される自由代数を $\wedge V$ と表す．すなわち，$V = V^{\mathrm{even}} \oplus V^{\mathrm{odd}}$; $V^{\mathrm{even}} := \{v \in V \mid \deg v\colon 偶数\}$, $V^{\mathrm{odd}} := \{v \in V \mid \deg v\colon 奇数\}$ とするとき，可換自由代数 $\wedge V$ は

$$\wedge V = \mathbb{K}[V^{\mathrm{even}}] \otimes E(V^{\mathrm{odd}})$$

と多項式環と外積代数のテンソル積で表される．V の基底を $\{a_\lambda\}_{\lambda \in \Lambda}$ とするとき $\wedge V$ を $\wedge(a_\lambda \mid \lambda \in \Lambda)$ または添字集合を省略して $\wedge(a_\lambda)$ や添字集合 Λ が有限である場合は $\wedge(a_1, \ldots, a_k)$ 等と表すことがある．

2 つの CDGA の間の写像で，次数を保ちかつ微分と交換可能な代数準同型写像が CDGA の射である．こうして，**次数付き微分代数の作る圏 CDGA** が構成される．

次に，サリバン（Sullivan）代数を定義しよう．以下，特に断らない限り微分代数は有理数体 $\mathbb{Q}$ 上のものを考える．(A, d) および $(A \otimes \wedge V, D)$ を CDGA とする．このとき，$i(a) = a \otimes 1$ で定義される包含写像 $i\colon A \to A \otimes \wedge V$ が CDGA の間の写像であるとする．

定義 2.37 CDGA の間の包含写像 $i\colon (A, d) \to (A \otimes \wedge V, D)$ が次の条件をみたすとき，i を**相対サリバン代数**（**コシュール–サリバン（KS）-拡張**）[44, Chapter 1] と呼ぶ．(1) 整列集合 J で添字付けられる V の基底 $\{v_\alpha \mid \alpha \in J\}$ が存在する．(2) $Dv_\beta \in A \otimes \wedge V_{<\beta}$，ただし $V_{<\beta}$ は $\{v_\alpha \mid \alpha < \beta\}$ で生成される V の部分空間である．

ホモロジーを取ったときに同型になる CDGA の間の射を**擬同型**（quasi-isomorphism）という*8)．この擬同型からなる射（弱同値）の類を WE として，全射準同型写像からなる射（ファイブレーション）の類を Fib とする．さらに弱同値なファイブレーションに対して左持上げ性質を満たす射（コファイブレーション）の作る類を Cof，すなわち，$\mathsf{Cof} := LLP(\mathsf{Fib} \cap \mathsf{WE})$ とする．

注意 2.38 コファイブレーションの定義から，次が成り立つことがわかる．

a) コファイブレーションの押し出しはコファイブレーションである（命題 2.30 の証明参照）．

b) コファイブレーションのレトラクトはコファイブレーションである．

c) $X_0 \to X_1 \to X_2 \to \cdots$ をコファイブレーションの列とする．このとき $X_0 \to \mathrm{colim}_{n \geq 0} X_n$ もコファイブレーションである．

定理 2.39 上述の射の類 Cof, WE, Fib により，$\mathbb{Q}$ 上の可換微分代数の圏 CDGA はモデル圏となる．

*8) 以下では，鎖複体の間の鎖写像がホモロジー間に同型を誘導する場合も，その鎖写像を擬同型と呼ぶ．

証明　極限と余極限はそれぞれ，可換代数の直積とテンソル積で定義される．(CM2) は擬同型の定義から従い，(CM3) も図式 (2.17) を考えると Cof, WE, Fib それぞれの定義から容易に従う．(CM4) i) は Cof の定義から従う．以下では，(MC4) ii) と (MC5) を示す．まず，特別なコファイブレーションとなる射を導入する．自由可換微分代数 $S(n)$ を $S(n) := (\wedge(a), da = 0)$ と定義する．ただし $\deg a = |a| = n$ とする．また，$T(n) := (\wedge(b, c), db = c)$ $(n \geq 0)$ と定義し，$T(-1) = (\mathbb{Q}, d \equiv 0)$ とおく．ただし，$\deg b = n$ である．このとき，微分代数の射

$$\theta\colon S(n) \to T(n-1)$$

を $\theta(a) = c = db$ と定義すると $\theta \in \mathsf{Cof}$ であることが，自由代数の性質からいえる．

(MC5) (a)（**全射トリック**）：任意の射 $f\colon X \to Y$ に対して，可換微分代数 K_f を $K_f := X \otimes \bigotimes_{y \in Y} T(|y|)$ と定義する．このとき f の分解

$$X \xrightarrow[\sim]{\alpha} K_f \overset{\varphi}{\twoheadrightarrow} Y$$

を得る．ただし，$x \in X$ に対して，$\alpha(x) := x$, $\varphi|_X := f$, $y \in Y$ に対して $\varphi(y) = y$ と定義されている*9)．この定義から，φ は全射であるから $\varphi \in \mathsf{Fib}$ であり，キュネット（Künneth）の定理から自然な包含写像 $\mathbb{Q} \to \bigotimes_{y \in Y} T(|y|)$ は弱同値となることがわかる*10)．したがって $\alpha \in \mathsf{WE}$ となる．さらに，ファイブレーションが全射であることから，$\alpha \in \mathsf{Cof}$ であることがわかる．

(MC5) (b)：任意の射 $f\colon X \to Y$ に対して，分解

$$X \overset{\beta}{\rightarrowtail} L_f \underset{\sim}{\overset{\psi}{\twoheadrightarrow}} Y$$

を構成する．まず，L_f を帰納的に定義する．

$$\begin{array}{ccccccc} X & \overset{\beta_1}{\rightarrowtail} & L_f(1) & \overset{\beta_2}{\rightarrowtail} & L_f(2) & \rightarrowtail & \cdots \\ {\scriptstyle f}\downarrow & \swarrow_{\psi_1} & & \swarrow_{\psi_2} & & & \\ Y & & & & & & \end{array}$$

はじめに $L_f(1) := X \otimes (\bigotimes_{y \in Y} T(|y|)) \otimes (\bigotimes_{z \in Z(Y)} S(|z|))$ と定義する．ただし $Z(Y)$ は Y のコサイクルからなる元の集合を意味する．このとき，$\psi_1|_X = f$, $\psi_1(y) = y$, $\psi_1(z) = z$ により定義される ψ_1 と，その誘導写像 $(\psi_1)_*\colon HL_f(1) \to HY$ は全射であることに注意する．さらに

$$R := \{(w, y) \mid w \in L_f(1),\, y \in Y,\, 0 \leq |w| = |y| + 1,\, \psi_1(w) = dy\}$$

---

*9)　自然な射影 $\bigotimes_{y \in Y} T(|y|) \to \mathbb{Q}$ を用いて，レトラクション $r\colon K_f \to X$, $r \circ \alpha = id_X$ が得られることに注意する．

*10)　ここのテンソル積は有限個のテンソル積の余極限なので，コサイクルはもちろん有限個のテンソル積の中にあることに注意する．

と置き，先に定義した θ を用いて，次の実線の押し出し図式を考えることができる．

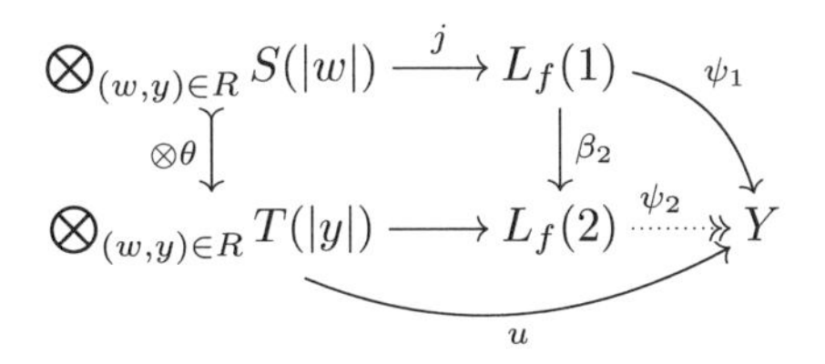

ただし，$j(a_w) = w$, $u(y) = y$, $u(dy) = dy$ と定義される．ここで構成された $L_f(2)$ は ψ_1 および誘導写像 $(\psi_1)_*$ の全射性を保ったまま，$(\psi_1)_*$ のカーネルの元を消す元を $T(|y|)$ で増やしていることになる．各 θ がコファイブレーションより，$\otimes\theta \in \mathsf{Cof}$ となり，$\beta_2 \in \mathsf{Cof}$ がいえる（注意 2.38 a) 参照）．こうして帰納的に定義した $L_f(s) \overset{\beta_s}{\rightarrowtail} L_f(s+1)$ を用いて，f の分解 $X \overset{\beta}{\rightarrowtail} \mathrm{colim}_s L_f(s) \underset{\sim}{\overset{\psi}{\twoheadrightarrow}} Y$ を得る（注意 2.38 c) 参照）．ただし，$\psi := \mathrm{colim}\, \psi_s$ である．

(MC4) ii)：$f \in \mathsf{Cof} \cap \mathsf{WE}$, $p \in \mathsf{Fib}$ として実線射からなる次の可換図式を考える．

$$\begin{array}{ccc} X & \xrightarrow{l} & Z \\ {\scriptstyle f}\big\downarrow{\scriptstyle \sim} & \overset{\widehat{k}}{\nearrow} & \big\downarrow{\scriptstyle p} \\ Y & \xrightarrow[k]{} & W \end{array} \tag{2.18}$$

持ち上げ $\widehat{k}$ の存在を示す．まず，先に示した，(MC5) (a) を適用して f を分解して次の実線射からなる可換図式を得る．

$$\begin{array}{ccc} X & \underset{\sim}{\xrightarrow{\alpha}} & K_f \\ {\scriptstyle f}\big\downarrow{\scriptstyle \sim} & \overset{\gamma}{\nearrow} & \big\downarrow{\scriptstyle \varphi} \\ Y & \xrightarrow[id]{} & Y \end{array}$$

(MC2) から $\varphi \in \mathsf{Fib} \cap \mathsf{WE}$ となるから，コファイブレーションの定義から持ち上げ γ の存在がいえる．結果として，f は α のレトラクト，すなわち，次の可換図式を得る．

$$\begin{array}{ccccc} X & \xrightarrow{id} & X & \xrightarrow{id} & X \\ {\scriptstyle f}\big\downarrow & & {\scriptstyle \alpha}\big\downarrow{\scriptstyle \sim} & & {\scriptstyle f}\big\downarrow \\ Y & \xrightarrow[\gamma]{} & K_f & \xrightarrow[\varphi]{} & Y \end{array}$$

この図式の右側に (2.18) の図式を繋げると，上記 (MC5) (a) の中で構成した $\alpha\colon X \to L_f$ の構成方法から，$k \circ \varphi$ の持ち上げ $k'\colon K_f \to Z$ で $k' \circ \alpha = l \circ id$ を満たす射 k の存在がいえる．$\widehat{k} := k' \circ k$ とおくと目的の持ち上げが得られ，$f \in LLP(\mathsf{Fib})$ となる． □

この圏では相対サリバン代数はコファイブレーションである．特にサリバン代数はコファイブラント対象であり，すべての CDGA はファイブラント対象となる（例えば [30, Lemma 14.4] 参照）．

相対サリバン代数 $i\colon (A,d) \to (A \otimes \wedge V, D)$ において（定義 2.37 参照）$\deg(v_\beta) < \deg(v_\alpha) \implies \beta < \alpha$ が成り立つとき i を**極小**という[44, Chapter 1]*11)．$A = \mathbb{Q}$ の場合，すなわち相対サリバン（極小）代数 $(\mathbb{Q}, 0) \to (\wedge V, d)$ に現れる CDGA $(\wedge V, d)$ を**サリバン（極小）代数**という．**単連結**な CDGA $(\wedge V, d)$，すなわち $V^0 = V^1 = 0$ の場合は，極小であることと，任意の $v \in V$ に対して，dv が分解元であることは同値になる．

モデル圏 CDGA 上で "パス対象" を用いて右ホモトピー関係を定義することができるが，結果として，$f, g\colon (A, d_A) \to (B, d_B)$ がホモトピック（記号：$f \simeq g$）であるとは CDGA の射

$$H\colon (A, d_A) \to (B, d_B) \otimes \wedge(t, dt)$$

が存在して，$(1 \otimes \varepsilon_0) \circ H = f$, $(1 \otimes \varepsilon_1) \circ H = g$ を満たすことと言い換えられる．ただし，$\varepsilon_i\colon \wedge(t, dt) \to \mathbb{Q}$ は $\varepsilon_i(t) = i$ で定義される CDGA の射である．第 2.1.3 節で述べたように，(A, d_A) がサリバン代数であるとき上のホモトピー関係は同値関係になる*12)．

また，シリンダー対象を用いて定義される左ホモトピー関係については，定理 3.14 で述べられる M^I のモデル $(\wedge V)^I := (\wedge V \otimes \wedge V \otimes \wedge \overline{V}, \delta)$ を用いる（[44, Chapter 5] 参照）．

2.2.4 ホモトピー圏

モデル圏は (MC1) により始対象 $\varnothing$ と終対象 $*$ を持つのだが，$\varnothing \to B$ がコファイブレーションであるとき B を**コファイブラント対象**，$X \to *$ がファイブレーションであるとき X を**ファイブラント対象**と呼ぶ．先に述べた射の分解を，$\varnothing$ と $*$ を使って任意の対象 X に適用する．

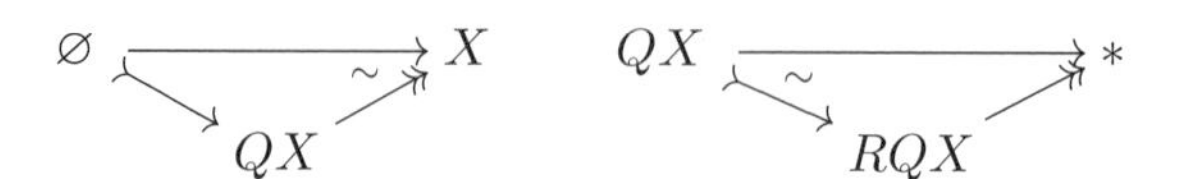

こうして X をファイブラントかつコファイブラント対象 RQX で置き換えることができる．

各対象 X には X のコファイブラント対象，ファイブラント対象と呼ばれる QX と RX がそれぞれ指定されているものとする．X がコファイブラント対象であるときは，$QX = X$，Y がコファイブラント対象であるときは，

*11) 相対サリバン代数から極小なものを構成する方法は，例えば [30, Theorem 14.9] が参考になる．

*12) ここでの議論の詳細は [9, Section 6] 参照．

$RY = Y$ と仮定する．

やはり上の分解を用いて，射についてのホモトピー関係（$\simeq$）を定義することができ，さらにファイブラント，コファイブラント対象の中ではこのホモトピー関係は同値関係になる．こうしてモデル圏 $\mathcal{C}$ と同じ対象を持つ**ホモトピー圏** $\mathrm{Ho}(\mathcal{C})$ がコファイブレーション圏と同様に定義できる（ここでの議論は第 2.1.4 節参照）．また関手 $\gamma\colon \mathcal{C} \to \mathrm{Ho}(\mathcal{C})$ が定義できて*13)，弱同値 f に対して，$\gamma(f)$ は同型射になる．Hom-set は次で定義される集合である．

$$\mathrm{Hom}_{\mathrm{Ho}(\mathcal{C})}(X, Y) := \mathrm{Hom}_{\mathcal{C}}(RQX, RQY)/\simeq.$$

2.2.5 キレン随伴・同値

ここでは 2 つのモデル圏に対して，それらのホモトピー圏の圏同値がモデル圏の随伴関手からどのように導かれるのか概説する．$(\mathcal{C}, \mathsf{WE}_{\mathcal{C}}, \mathsf{Fib}_{\mathcal{C}}, \mathsf{Cof}_{\mathcal{C}})$ と $(\mathcal{D}, \mathsf{WE}_{\mathcal{D}}, \mathsf{Fib}_{\mathcal{D}}, \mathsf{Cof}_{\mathcal{D}})$ を 2 つのモデル圏とする．

定義 2.40 随伴関手 (F, G)：

$$\mathcal{C} \underset{G}{\overset{F}{\underset{\longleftarrow}{\overset{\longrightarrow}{\perp}}}} \mathcal{D}$$

が**キレン対**であるとは F がコファイブレーションを保ち，G がファイブレーションを保つことである．さらに，$\mathbb{L}F(X) = F(QX)$ で定義される**左導来関手** $\mathbb{L}F\colon \mathrm{Ho}(\mathcal{C}) \to \mathrm{Ho}(\mathcal{D})$ と $\mathbb{R}G(Y) = G(RY)$ で定義される**右導来関手** $\mathbb{R}G\colon \mathrm{Ho}(\mathcal{D}) \to \mathrm{Ho}(\mathcal{C})$ が随伴同値を与えるとき，キレン対 (F, G) を**キレン同値**という．ここで，$\perp$ はその上が左随伴関手であることを意味している．

注意 2.41（[55, Lemma 1.3.4]） 次の 3 条件は同値である．

(1) (F, G) はキレン対である．

(2) F はコファイブレーションをコファイブレーションに，自明なコファイブレーションを自明なコファイブレーションに写す．

(3) G はファイブレーションをファイブレーションに，自明なファイブレーションを自明なファイブレーションに写す．

特異単体的集合関手 $S(\ )\colon \mathsf{Top} \to \mathsf{Sets}^{\Delta^{\mathrm{op}}}$ は $S(X)_n := C^0(\Delta^n, X)$ と Δ^n から X への連続写像が作る集合として定義され，射に関しては，$f\colon [m] \to [n]$ に対して $S(X)(f) = \text{-} \circ f_*\colon S(X)_n \to S(X)_m$ と定義される．ただし，f_* は f が定義するアフィン写像である．特に，例 2.33 の $d^i\colon [n-1] \to [n]$ $(0 \leq i \leq n)$ を用いて，$C_*(X) := (\mathbb{Z}S(X)_n, d_n)_{n\geq 0}$, $d_n := \sum_{i=0}^{n}(-1)^i S(X)(d^i)\colon C_n(X) \to C_{n-1}(X)$ により，X の**特異チェイン複体**が定義される．また，その双対 $C^*(X) := \mathrm{Hom}(C_*(X), \mathbb{Z})$ として X の**特異コチェイン複体**が定義

*13) 実際，コファイブレーション圏の場合（第 2.1.4 節参照）と同様に定義できる．

される[*14)].

定理 2.42（[37, Theorem 11.4]） 特異単体的集合関手 $S(\ )$ と幾何学的実現関手 $|\ |$ は次のキレン同値を与える．

$$\mathsf{Sets}^{\Delta^{\mathrm{op}}} \underset{S(\ )}{\overset{|\ |}{\rightleftarrows}} \mathsf{Top} \quad (\perp)$$

2.2.6 モデル圏からコファイブレーション圏

容易に想像できるようにモデル圏からコファイブレーション圏を得ることができる．

定理 2.43 $(\mathcal{C}, \mathsf{WE}, \mathsf{Fib}, \mathsf{Cof})$ をモデル圏とし，$\mathcal{C}_c$ をコファイブラント対象がつくる $\mathcal{C}$ の充満部分圏とする．このとき，$(\mathcal{C}_c, \mathsf{WE}, \mathsf{Cof})$ はコファイブレーション圏である．

証明 (MC2) は (C1) を与え，(C3) は (MC5) (b) から従う．$\mathcal{C}_c$ の対象 X に対して終対象 $*$ への射 $X \to *$ に (MC5) (a) を適用して，分解 $X \overset{i}{\underset{\sim}{\rightarrowtail}} RX \twoheadrightarrow *$ を得る．$i \in \mathsf{Cof}$ より RX はコファイブラント対象である．RX はモデル圏の意味でファイブラント対象でもあるから，(MC4) ii) により，次の実線からなる可換図式

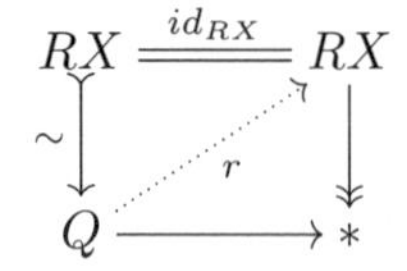

に対して，三角形を可換にする r が存在する．したがって，RX は X のファイブラントモデルとなり (C4) と得る．

(MC1) から押し出しの存在と命題 2.30 (2) から (C2) (b) が成り立つ．さらに，考えている圏において，すべての対象がコファイブラントであるから補題 2.18 より「(C2) (b), (C1), (C3) ならば (C2) (a)」が成り立ち，$(\mathcal{C}_c, \mathsf{WE}, \mathsf{Cof})$ はコファイブレーション圏となる． □

2.3 文献案内・補遺

コファイブレーション圏と双対的に定義されるファイブレーション圏に関しては [6, §1 a] で導入されている．

モデル圏における左ホモトピーと右ホモトピーについてコメントしておこう．定義 2.5 で考えたものはシリンダー対象を用いた左ホモトピーの概念である．本章で見たように，コファイブレーション圏は上述のコファイブレーショ

---

*14) カップ積により次数付き微分代数となる．

ンとファイブラント対象（終対象への射がファイフレーション）そして左ホモトピー関係を用いて圏上でホモトピー論が展開できることになる．キレンのモデル圏では右，左のホモトピー関係が，定義域，値域がそれぞれコファイブラント，ファイブラントである場合一致することが示され[26, 4.21. Lemma]，結果として扱う対象においてどちらの議論を展開してもよいことになる．例えば，第3章の題材である有理ホモトピー論においては，両者の一致により議論を簡略化できる場合もある（[32, Section 2.2] 参照）．

結果として定義 2.29 の条件 (MC5) の分解が関手的となるモデル圏構造（コファイブラント生成モデル圏構造（cofibrantly generated model structure））については，本書では触れていない．この概念に関しては，例えば，[55] を参考にしてほしい．また，安定ホモトピー論におけるモデル圏の応用・利用については，例えば，[5], [28] が参考文献として挙げられる．

第 3 章
有理ホモトピー論

1960 年代の終わり，キレンとサリバンにより有理ホモトピー論が創始された．位相空間の圏と可換微分代数の圏それぞれのモデル圏構造を用いて，ホモトピー圏が構成される．各々のホモトピー圏の適切な充満部分圏の間に圏同値の存在を保証するのが，サリバン–ドラーム（Sullivan–de Rham）対応である．この対応により，ベキ零有理空間のホモトピー型は完全に可換微分代数のそれに翻訳される．空間に対するこの代数的な対応物を（空間の代数的）モデルと呼ぶのである．

一般論だけではない．ホモトピー論で重要な（コ）ファイブレーションや写像空間に対応する代数的モデルも記述でき，有理ホモトピー群，有理係数（コ）ホモロジー等の不変量の計算も格段に容易になる．具体的にできるのである．特に第 3.5 節ではファイブレーションのモデルを用いて単連結空間の自由ループ空間のモデルを具体的に構成する．

本章では単連結空間の有理ホモトピー論について概観するが，上述のように連結ベキ零空間に対しても同様に，サリバンモデルなどの一般論が展開できることをはじめに断っておく[9]．また，ファイバーワイズ局所化を用いて，基本群に制限を付けない有理ホモトピー論も論文[39]において展開されている．

以下本章で空間は CW 複体のホモトピー型を持つと仮定する．

3.1 有理空間と有理化

単連結空間 X のホモトピー群から，有限群部分（捩じれ部分）の情報を無視することで，X の有理化 $X_{\mathbb{Q}}$ が得られる．X が $X_{\mathbb{Q}}$ と弱ホモトピー同値になっているものが，有理空間である*1)．

*1) 有理化，局所化に関する参考文献として，例えば [10], [52] がある．

定義 3.1 X を単連結空間とする．X のホモトピー群 $\pi_*(X) := \bigoplus_{i\geq 2}\pi_i(X)$ が $\mathbb{Q}$ 上のベクトル空間であるとき，X を**有理空間**という．

この定義は，整数係数の簡約ホモロジー $\widetilde{H}_*(X)$ が $\mathbb{Q}$ 上のベクトル空間になることと同値である（例えば [30, Theorem 9.3] 参照）．

単連結空間 X からの連続写像 $\ell\colon X \to X_{\mathbb{Q}}$ において，$X_{\mathbb{Q}}$ が有理空間であり，誘導準同型写像

$$\pi_*\ell \otimes \mathbb{Q}\colon \pi_*(X) \otimes_{\mathbb{Z}} \mathbb{Q} \to \pi_*(X_{\mathbb{Q}}) \otimes_{\mathbb{Z}} \mathbb{Q} \cong \pi_*(X_{\mathbb{Q}})$$

が同型写像であるとき，写像 $\ell\colon X \to X_{\mathbb{Q}}$ を X の**有理化**という．有理化については次が基本である（例えば [30, Theorem 9.7] 参照）．

定理 3.2 (1) 単連結空間の有理化は存在する．
(2) 任意の有理空間 Y と単連結空間からの写像 $f\colon X \to Y$ に対して，ホモトピーを除いて一意に写像 $g\colon X_{\mathbb{Q}} \to Y$ が存在して，次の図式は可換になる．

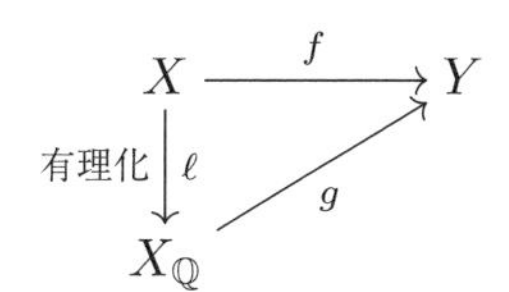

例えば，n 次元球面 S^n を考える．円盤のコピー D_i^{n+1} $(i \geq 2)$ と球面のコピー S_i^n $(i \geq 1)$ を用意して，次のような接着空間を定義する．

$$S^n_{\mathbb{Q}} := \left(\bigvee_{i\geq 1} S_i^n\right) \bigcup_{\{u_i\}} \left(\coprod_{i\geq 2} D_i^{n+1}\right).$$

ただし接着写像 $u_i\colon \partial D_{i+1}^{n+1} = S^n \to S_i^n \vee S_{i+1}^n$ は生成元 $\iota_{n,i} \in \pi_n(S_i^n)$ を使って $\iota_{n,i} - (i+1)\iota_{n,i+1}$ で表示される写像を代表する．このとき $S^n_{\mathbb{Q}}$ の整数係数の簡約ホモロジーを考えると，n 次以外が 0 で，n 次では任意の k に対して $1 = kx$ が解を持つことから $\widetilde{H}_*(S^n_{\mathbb{Q}}) \cong \mathbb{Q}$ となる．したがって，$\ell\colon S^n \to S^n_{\mathbb{Q}}$ を S_1^n へ放り込む写像として定義すれば，ℓ は S^n の有理化となる．

一般の単連結空間 X に対しては，まず X をそれと弱ホモトピー同値な CW 複体 X' で置き換える．X' の胞体の接着部分を $D^{n+1}_{\mathbb{Q}} := (S^n)_{\mathbb{Q}} \times I/(S^n_{\mathbb{Q}}) \times \{0\}$ とその境界 $S^n_{\mathbb{Q}}$ を用いてすべて置き換えることにより，X の有理化を構成することができる．

定義 3.3 単連結空間の間の写像 $\varphi\colon X \to Y$ は**有理ホモトピー同値**（記号：$X \simeq_{\mathbb{Q}} Y$）であるとは，誘導写像 $\pi_*(\varphi) \otimes \mathbb{Q}$ が同型になることである．

したがって定理 3.2 から，X と Y が有理ホモトピー同値であるとはそれらの有理化 $X_{\mathbb{Q}}$ と Y_Q が弱ホモトピー同値であること同じである．こうして単連結空間 X の**有理ホモトピー型**とは，$X_{\mathbb{Q}}$ の弱ホモトピー型のことと定義する．

わたしたちが考えたいのは有理空間からなる Ho(Top) の充満部分圏であり，その対象の性質を「代数的に」「完全に」理解したいのである．

3.2 サリバン–ドラーム対応

微分形式により定義されるドラーム複体は，多様体の圏から次数付き微分代数の圏 CDGA への関手である．ドラーム複体の持つ可換性は重要で，例えば，カルタン（H. Cartan），シュヴァレー（Chevalley），アイレンバーグ（Eilenberg）によるリー群や等質空間のドラーム複体と擬同型になる微分代数モデルの構築には不可欠である．

こうした構成の微分構造を持たない空間への拡張を考えることは自然である．実際，一般の位相空間に対して "微分形式" が定義できて，それが圏 Top から CDGA への関手を生み出す．この重要な関手について説明する．まず単体的 CDGA $\{(A_{PL})_*, d_i, s_j\}$ を次で定義する（単体的集合については，例 2.32 参照）．任意の $n \geq 0$ に対して定まる，CDGA は

$$(A_{PL})_n := \frac{\wedge(t_0, \ldots, t_n, y_0, \ldots, y_n)}{(\sum_{i=0}^n t_i - 1, \sum_{i=0}^n y_i = 0)}, \quad d(t_i) = y_i$$

と定義される．ただし $\deg t_i = 0$, $\deg y_j = 1$ である．単体的集合の構造を定める面作用素 $d_i \colon (A_{PL})_n \to (A_{PL})_{n-1}$ $(0 \leq i \leq n)$ は，

$$d_i \colon t_k \mapsto \begin{cases} t_k, & k < i, \\ 0, & k = i, \\ t_{k-1}, & k > i, \end{cases}$$

退化作用素 $s_j \colon (A_{PL})_n \to (A_{PL})_{n+1}$ $(0 \leq j \leq n)$ は，

$$s_j \colon t_k \mapsto \begin{cases} t_k, & k < j, \\ t_k + t_{k+1}, & k = j, \\ t_{k+1}, & k > j \end{cases}$$

と定義される．単体的集合の作る圏を $\mathsf{Set}^{\Delta^{\mathrm{op}}}$ とする．このとき単体的集合 K に対して，$(A_{PL})_*$ の単体的集合の情報を Hom-set に押し込めて，すなわち $A_{PL}(K) := \mathrm{Hom}_{\mathsf{Set}^{\Delta^{\mathrm{op}}}}(K, (A_{PL})_*)$ と定義し，$(A_{PL})_*$ に微分代数構造を用いることで，CDGA $A_{PL}(K)$ を得る．また CDGA A に対して，今度はその微分代数の構造を Hom-set に押し込めて，$\langle A \rangle := \mathrm{Hom}_{\mathsf{CDGA}}(A, (A_{PL})_*)$ とすることで単体的集合 $\langle A \rangle$ を得る．こうしてさらに，特異単体的集合関手 $S(\ )$ と単体的集合の空間への実現関手 $|\ |$（例 2.32 参照）を用いて次の随伴関手を手に入れることができる．

$$\mathsf{Top} \underset{|\ |}{\overset{S(\ )}{\underset{\top}{\rightleftarrows}}} \mathsf{Set}^{\Delta^{\mathrm{op}}} \underset{\langle\ \rangle}{\overset{A_{PL}(\ )}{\underset{\perp}{\rightleftarrows}}} \mathsf{CDGA}^{\mathrm{op}}. \tag{3.1}$$

位相空間 X に対して，$A_{PL}(X) := A_{PL}(S_*(X))$ という CDGA を定義できるが，結果として，X の有理係数コホモロジーとの間に次数付き環としての同型射

$$H(A_{PL}(X)) \cong H^*(X;\mathbb{Q})$$

を得ることができる．もう少し詳しく述べると，まず，位相空間の圏から（単体的集合の圏を経由して）微分代数の圏への適切な関手 $C \otimes A$ と，自然変換

$$C^*(\ ;\mathbb{Q}) \xrightarrow[\sim]{\varphi} C \otimes A(\ ) \xleftarrow[\sim]{\psi} A_{PL}(\ ) \tag{3.2}$$

が存在して，任意の位相空間 X に対して φ_X と ψ_X は擬同型となる（関手 $C \otimes A$ については第 5.3 節参照）．この事実の証明で鍵となるのは，関手 $A_{PL}(\ )$ と $C^*(\ ;\mathbb{Q})$ が**拡張可能**という性質を持つことである[30, Lemmas 10.7, 10.12]．ここで，関手 $F\colon \mathsf{Set}^{\Delta^{\mathrm{op}}} \to \mathbb{Q}\text{-}\mathsf{Mod}^{\mathrm{op}}$ が拡張可能とは任意の単体的集合 K と単体的部分集合 L に対して，包含写像が誘導する射 $F(K) \to F(L)$ が全射になることである．

命題 3.4 (3.1) における随伴 $(A_{PL}(\ ), \langle\ \rangle)$ はキレン対である．

証明 (3.2) の擬同型から $A_{PL}(\ )$ は弱同値を弱同値に写し，拡張可能性はコファイブレーションを保つことを保証する（$\mathsf{CDGA}^{\mathrm{op}}$ のコファイブレーションは CDGA のファイブレーションであることに注意する）．したがって，注意 2.41 の (1) と (2) の同値性により，$(A_{PL}(\ ), \langle\ \rangle)$ はキレン対となる． □

微分代数 (A,d) において，各 n に対して $H^n(A,d)$ が有限次元のとき (A,d) を**有限型**という．また位相空間 X に対しては，任意の n に対して $H^n(X;\mathbb{Q})$ が有限次限のとき有限型という．例 2.35 で解説したサリバン代数の言葉を用いてサリバン–ドラーム対応を述べることができる．

定理 3.5（バウスフィールド–グーゲンハイム（Bousfield–Gugenheim）[9]）(3.1) の随伴関手はホモトピー圏 $\mathrm{Ho}(\mathsf{Top})$ と $\mathrm{Ho}(\mathsf{CDGA})$ に随伴関手を誘導し，単連結，有限型有理空間の充満部分圏 $\mathrm{Ho}(\mathsf{Top}_{\mathbb{Q}}^{f,1})$ と単連結，有限型極小サリバン代数からなる充満部分圏 $\mathrm{Ho}(\mathsf{CDGA}^{min,f,1})$ にホモトピー圏を制限することで，圏同値を誘導する*2)：

$$|\langle\text{-}\rangle|\colon \mathrm{Ho}(\mathsf{CDGA}^{min,f,1}) \xrightarrow{\simeq} \mathrm{Ho}(\mathsf{Top}_{\mathbb{Q}}^{f,1}).$$

この定理により，有理空間のホモトピー論はサリバン代数*3)のホモトピー論に完全に書き換えられることになる．

*2) 実際は弧状連結有限型有理ベキ零空間（定義 1.6）と有限型サリバン極小代数の間のホモトピー圏の同値関係を誘導する．

*3) 第 2.2.3 節参照．

命題 3.6（リフティング補題[9, 6.4 Proposition], [30, Proposition 12.9]） $(\wedge V, d)$ をサリバン代数，$\eta\colon (A,d) \xrightarrow{\sim} (C,d)$ を CDGA の弱同値とする，すなわち，擬同型写像とする．このとき，η が誘導する次のホモトピー集合の間の写像は全単射である．

$$\eta_\sharp\colon [(\wedge V, d), (A,d)] \xrightarrow{\cong} [(\wedge V, d), (C,d)].$$

定理 3.5 の証明にはこの重要な命題も利用されることに注意する．空間からどのような代数的なモデルが得られるかは次節以降で考察する．

3.3 サリバンモデル

単連結空間 X に対して，$A_{PL}(X)$ のコファイブラント置換によりサリバン代数を作り，さらにサリバン極小代数で置換えることができる．

定理 3.7（[30, Proposition 12.1, Theorem 14.12]） $H^0(A,d) = \mathbb{Q}$ を満たす任意の CDGA (A,d) に対してそのサリバン極小モデルは存在する．

したがって，単連結空間 X に対して，$A_{PL}(X)$ に上の主張を適用することで，サリバン極小モデル $m_X\colon (\wedge W, d) \xrightarrow{\sim} A_{PL}(X)$ を得る．このとき $(\wedge W, d)$ を X の**サリバン極小モデル**と呼ぶ．

定理 3.5 の対象に関する逆対応は，X に対して，このサリバン極小モデルを与えることで得られるのである．射に関する逆対応も簡単に述べる．一般に連続写像 $f\colon X \to Y$ に対して，CDGA の射 $A_{PL}(f) := A_{PL}(S_*(f))\colon A_{PL}(Y) \to A_{PL}(X)$ を得る．Y と X それぞれのサリバン極小モデルを m_Y と m_X とするとき，圏 CDGA において命題 3.6 を適用することで，サリバン（極小）モデルの間の射 $m(f)$ が存在して，次の図式がホモトピー可換になる．

$$\begin{array}{ccc} (\wedge V_Y, d) & \xrightarrow{m(f)} & (\wedge V_X, d) \\ {\scriptstyle m_Y}\downarrow{\scriptstyle \sim} & & {\scriptstyle \sim}\downarrow{\scriptstyle m_X} \\ A_{PL}(Y) & \xrightarrow[A_{PL}(f)]{} & A_{PL}(X) \end{array}$$

連続写像 f に $m(f)$ をあてることで，逆対応が完成する．この CDGA の射 $m(f)$ を f の**サリバン表現**という．

ここで，サリバン極小モデルの簡単な例を見よう．n 次元球面 S^n のコホモロジー環は

$$H^*(S^n;\mathbb{Q}) \cong \begin{cases} \mathbb{Q}[x]/(x^2), & n\colon \text{偶数}, \\ \wedge(x), & n\colon \text{奇数} \end{cases}$$

で与えられる．ただし，x は次数 n の生成元である．可換微分代数 (A,d) を

$$(A,d) = \begin{cases} \wedge(\alpha,\beta),\ d\beta = \alpha^2, & n\colon \text{偶数}, \\ \wedge(\alpha),\ d = 0, & n\colon \text{奇数} \end{cases}$$

と定義する．ただし $\deg\alpha = n$ である．このとき x の $A_{PL}(S^n)$ における代表元 a を選び，α を a に写す CDGA の射 $\rho\colon (A,d) \to A_{PL}(S^n)$ を考えると，n が奇数の場合，次数付き可換性から $a^2 = 0$ となり，これは擬同型となる．n が偶数の場合は，$a^2 = db$ を満たす b が $A_{PL}(S^n)$ に存在するから，$\rho(\alpha) = a$, $\rho(\beta) = b$ と定義すると ρ は擬同型となる．こうして (A,d) は S^n のサリバン極小モデルを与えることがわかる．

さて，有限型の単連結空間 X のホモトピー群 $\pi_n(X)$ のある元 u の代表元として $f\colon S^n \to X$ を選んだとする．このとき対応するサリバン表現 $m(f)\colon \wedge V_X \to (A,d)$ を n 次元の非分解元に制限することで線形写像 $(m(f))_n\colon V_X \to \mathbb{Q}$ を得る．実は u を $(m(f))_n$ に写す射が同型

$$\pi_*(X) \otimes \mathbb{Q} \cong \pi_*(X_{\mathbb{Q}}) \cong \mathrm{Hom}_{\mathbb{Q}}(V_X, \mathbb{Q})$$

を誘導することがわかる（[30, Theorem 15.11] 参照）．こうしてサリバン極小モデルは，有理ホモトピー群を完全に決定することになる．

例 3.8 X と Y を連結空間とする．また，$(\wedge V, d) \xrightarrow[\sim]{m_X} A_{PL}(X)$, $(\wedge W, d) \xrightarrow[\sim]{m_Y} A_{PL}(Y)$ を X, Y それぞれのサリバン（極小）モデルとする．このとき，次の CGDA の射を得る：

$$(\wedge V, d) \otimes (\wedge W, d) \xrightarrow[\sim]{m_X \otimes m_Y} A_{PL}(X) \otimes A_{PL}(Y) \xrightarrow[\sim]{A_{PL}(p_X)\cdot A_{PL}(p_Y)} A_{PL}(X \times Y).$$

ただし $p_X\colon X \times Y \to X$, $p_Y\colon X \times Y \to Y$ は自然な射影である．キュネットの定理からそれぞれの射は擬同型となるから，$(\wedge V, d) \otimes (\wedge W, d)$ は直積空間 $X \times Y$ のサリバン（極小）モデルとなる．

例 3.9 ホップ（Hopf）[54]の結果から連結リー群 G の有理コホモロジーはある奇数次元の生成元による外積代数 $E[x_1, \ldots, x_l]$ と環同型になる．したがって，先に述べた球面の場合と同様に G のサリバンモデルは $(\wedge(\alpha_1, \ldots, \alpha_l), 0)$ となるから，定理 3.5 から G は奇数次元球面の直積とは同じ有理ホモトピー型をもつことがわかる：$G \simeq_{\mathbb{Q}} \times_{i=1}^{l} S^{n_i}$，ただし $n_i = \deg\alpha_i = \deg x_i$（奇数）である．この結果を見たとき豊かな構造を持つリー群が有理ホモトピー論的には球面の直積になってしまい，「残念」と思う読者がいるかもしれない．しかし有理ホモトピー論はさらに複雑な空間に対しても，代数的に考察する方法を提示し，不変量を具体的に計算する術も提供してくれる．

例 3.10 例 A.20 から連結リー群 G に対して，$H^*(G;\mathbb{Q}) \cong \wedge(x_1, \ldots, x_l)$ とすると，G の分類空間 BG のコホモロジー環は可換代数として $H^*(BG;\mathbb{Q}) \cong \wedge(c_1, \ldots, c_l)$, $\deg c_i = \deg x_i + 1$ を満たす．したがって，BG のサリバン極小モデルは $(\wedge(c_1, \ldots, c_l), 0)$ で与えられる．

3.4 リー代数モデル

キレンは自身が構築したモデル圏の威力の下で，微分リー（Lie）代数の適切なホモトピー圏と定理 3.5 に現れる位相空間のホモトピー圏の充満部分圏 $\mathrm{Ho}(\mathsf{Top}_{\mathbb{Q}}^{f,1})$ とが圏同値であることを示した．位相空間からの微分リー代数を作る関手は，基点付きループ空間の単体的群を経由して構成されるが，ここでは微分リー代数の圏と可換微分代数の圏との関連を説明して，微分リー代数を用いても，圏 $\mathrm{Ho}(\mathsf{Top}_{\mathbb{Q}}^{f,1})$ を考察できるということを概観する．そのために言葉を準備しよう．

次数付き $\mathbb{Q}$-上のチェイン複体 $(L_* = \{L_n\}_{n\geq 0}, d)$ を考える．さらに，積 $[\ ,\ ]\colon L_m \otimes L_n \to L_{m+n}$ が定義されていて，$x \in L_m$, $y \in L_n$, $z \in L_r$ に対して，

$$[x,y] = -(-1)^{mn}[y,x] \quad \text{（反対称性）},$$
$$[x,[y,z]] = [[x,y],z] + (-1)^{mn}[y,[x,z]] \quad \text{（ヤコビ恒等式）},$$
$$d[x,y] = [dx,y] + (-1)^m[x,dy] \quad \text{（ライプニッツ則）}$$

が成り立つとき，(L_*, d) を**微分リー代数**と呼ぶ．また $L_0 = 0$ のときこの微分リー代数は**連結**であるという．

次数付き $\mathbb{Q}$-ベクトル空間 V から得られるテンソル代数 $TV := \bigoplus_n V^{\otimes n}$ には，TV の積を使って，$[x,y] := xy - (-1)^{\deg x \deg y} yx$ によりリー積が定義される．このとき，V で生成される TV の部分リー代数を**自由リー代数**と呼び，$\mathbb{L}_V$ と表す．

単連結 CDGA の双対概念として単連結微分（余可換）余代数を定義できるが，その圏を DGC と表す．また連結微分リー代数の圏を DGL とする．このとき連結微分リー代数 (L_*, d) から，いわゆるカルタン–アイレンバーグ–シュヴァレー（Cartan–Eilenberg–Chevalley）構成[30, Section 22 (b)]を経て，単連結微分余代数 $C_*(L_*, d)$ が得られる．

逆に単連結微分余代数 (C, d) において，次数 1 以上の部分 $\overline{C}$ から次数付き $\mathbb{Q}$-ベクトル空間 $s^{-1}\overline{C}$; $(s^{-1}C)_m = C_{m-1}$ を作り，その自由リー代数 $\mathbb{L}_{s^{-1}\overline{C}}$ の上に d および余積から得られる微分作用を定義することで，連結微分リー代数 $\mathcal{L}(C, d)$ が構成できる（詳細は [30, Section 22 (e)] 参照）．これらが随伴関手

$$\mathsf{DGC} \underset{C_*}{\overset{\mathcal{L}}{\underset{\longleftarrow}{\overset{\longrightarrow}{\perp}}}} \mathsf{DGL}$$

を定めることがわかる．さらに次の定理を得る．

定理 3.11（[30, Theorem 22.9]） (1) 単位および余単位

$$(C,d) \to C_*\mathcal{L}(C,d), \quad \mathcal{L}C_*(L,d) \to (L,d)$$

は擬同型である.
(2) 関手 C_* および $\mathcal{L}$ は擬同型を保つ.

余可換代数の $\mathbb{Q}$-双対として可換代数を得るが，この双対関手を用いて DGC と DGL のホモトピー圏を有限型の対象からなる充満部分圏に制限すると，定理 3.11 から次の圏同値を得る.

$$\mathrm{Ho}(\mathsf{CDGA}^{min,f,1}) \xrightarrow{\simeq} \mathrm{Ho}(\mathsf{DGL}^{f}). \tag{3.3}$$

ただし，DGC は擬同型が弱同値，全射がファイブレーション，弱同値なファイブレーションに対して左持ち上げ性質を満たすものをコファイブレーションとしてモデル圏になる．こうして定理 3.5 と合わせて，$\mathrm{Ho}(\mathsf{Top}_{\mathbb{Q}}^{f,1})$ は有限型微分リー代数のホモトピー圏と同値になる.

空間 X に対して，擬同型 $C^*(L, d_L) \xrightarrow{\sim} A_{PL}(X)$ が存在するとき，微分リー代数 (L, d_L) を X の**リー代数モデル**という．ただし関手 C^* は C_* の $\mathbb{Q}$-双対である．例えば，有限型単連結空間 X のサリバン極小モデル $(\wedge V_X, d)$ を取り，その $\mathbb{Q}$-双対である余代数 $(C_X, d^\vee)$ を考える．すると，$(\wedge V_X, d)$ も有限型であることから，定理 3.11 (1) より

$$C^*\mathcal{L}(C_X, d^\vee) \xrightarrow{\sim} (\wedge V_X, d) \xrightarrow{\sim} A_{PL}(X)$$

が成り立つ．したがって $\mathcal{L}(C_X, d^\vee)$ は X のリー代数モデルとなる．X が $\mathsf{Top}_{\mathbb{Q}}^{f,1}$ の対象ならば，定理 3.5 と (3.3) の圏同値を経て得られる微分リー代数として，上述の $\mathcal{L}(C_X, d^\vee)$ を選ぶことができる．このことは重要である．実際，リー微分代数 $\mathcal{L}(C_X, d)$ の基礎代数は自由リー代数であるから，X のこのリー代数モデルは DGL においてコファイブラント対象になり，これらリー代数モデルの間のホモトピー関係は同値関係として振る舞うからである.

空間の性質とその微分リー代数モデルとの関連で重要なのは，基点 $*$ 付き空間 X の基点付きループ空間 ΩX のホモトピー群に定義されるサメルソン (Samelson) 積とこのリー代数モデルの積は両立するという点である．すなわち，一般に X が有限型であるとき，リー代数としての同型 $H_*(L, d_L) \cong \pi_*(\Omega X) \otimes \mathbb{Q}$ が成り立つ*4).

3.5 ファイブレーション，接着空間，写像空間のモデル

定理 3.5 や圏同値 (3.3) から，位相空間の操作に対応する代数的な変形操作がわかれば，あとは代数の中で考察を進め，最終的に幾何学的実現を取って目的の空間の性質を得ることが可能になる．したがって，この「対応する代数的

*4) 不変量として見る場合，サリバンモデルが有理コホモロジーの性質を反映しているのに対して，リー代数モデルは有理ホモトピー群の性質を記述しているといえる.

な操作」を明らかにすることが有理ホモトピー論にとっては非常に重要である．この節ではファイブレーションや接着空間の代数的モデルの例を解説しながら，有理ホモトピー論の有用性を見る．

3.5.1 ファイブレーションのモデル

単連結空間 Y 上のファイブレーション $F \xrightarrow{j} X \xrightarrow{p} Y$ を考える．Y のサリバン極小モデル m_Y を選び，$A_{PL}(p) \circ m_Y$ を極小相対サリバン代数 i で分解する[*5]．

$$\begin{array}{ccc} (\wedge V_Y, d) & \xrightarrow{i} & (\wedge V_Y \otimes \wedge W, D) \\ {\scriptstyle m_Y}\downarrow\wr & & {\scriptstyle m}\downarrow\wr \\ A_{PL}(Y) & \xrightarrow[A_{PL}(p)]{} & A_{PL}(X) \end{array}$$

定理 3.12（[30, Theorem 15.5, Theorem 15.6]） Y を有限型単連結空間，F を弧状連結とする[*6]．このとき，

(i) $\wedge V_Y$ の次数 1 以上の元で生成される微分イデアル $\wedge^{>0} V_Y$ で $(\wedge V_Y \otimes \wedge W, D)$ を割って得られる CDGA $(\wedge W, \overline{D})$ はファイバー F のサリバン極小モデルとなり，次の図式は可換になる．

$$\begin{array}{ccccc} (\wedge V_Y, d) & \xrightarrow{i} & (\wedge V_Y \otimes \wedge W, D) & \xrightarrow{\pi} & (\wedge W, \overline{D}) \\ {\scriptstyle m_Y}\downarrow\wr & & {\scriptstyle m}\downarrow & & {\scriptstyle \overline{m}}\downarrow\wr \\ A_{PL}(Y) & \xrightarrow[A_{PL}(p)]{} & A_{PL}(X) & \xrightarrow[A_{PL}(i)]{} & A_{PL}(F) \end{array}$$

(ii) 上の可換図式において，$\overline{m}$ が擬同型ならば，m も擬同型である．すなわち，$m\colon (\wedge V_Y \otimes \wedge W, D) \xrightarrow{\sim} A_{PL}(X)$ は X のサリバンモデルである．

次の左側の引き戻し図式および f のサリバン表現 $\widetilde{f}$ を考える．

$$\begin{array}{ccc} A \times_Y X & \xrightarrow{g} & X \\ {\scriptstyle q}\downarrow & & \downarrow{\scriptstyle p} \\ A & \xrightarrow[f]{} & Y \end{array} \qquad \begin{array}{ccc} (\wedge V_A, d) & \xrightarrow{\widetilde{f}} & (\wedge V_Y, d) \\ {\scriptstyle m_A}\downarrow & & \downarrow{\scriptstyle m_Y} \\ A_{PL}(A) & \xrightarrow[A_{PL}(f)]{} & A_{PL}(Y) \end{array}$$

こうして，定理 3.12 (ii) から次の定理を得る．

定理 3.13（[30, Proposition 15.8]） 上述のサリバン表現 $\widetilde{f}$ に対して $m_Y \circ A_{PL}(f) = \widetilde{f} \circ m_A$ を満たすならば，押し出し構成

$$m'\colon (\wedge V_A, d) \otimes_{(\wedge V_Y, d)} (\wedge V_Y \otimes \wedge W, D) \to A_{PL}(A \times_Y X)$$

---

*5) 定理 2.39 の証明中に現れる (MC5) (b) の構成に [30, Theorem 14.9] を適用して，この i の存在がいえる．

*6) より一般的な条件（$\pi_1(Y)$ の $H^*(F;\mathbb{Q})$ への作用がベキ零という条件）の下でも下記の (i), (ii) が成立する（[44, 20.3] 参照）．

は次の可換図式に組み込まれる．

$$\begin{array}{ccccc} (\wedge V_A, d) & \xrightarrow{i} & (\wedge V_A \otimes \wedge W, D) & \xrightarrow{\pi} & (\wedge W, \overline{D}) \\ {\scriptstyle m_A}\downarrow{\scriptstyle \sim} & & {\scriptstyle m'}\downarrow{\scriptstyle \sim} & & {\scriptstyle \overline{m}}\downarrow{\scriptstyle \sim} \\ A_{PL}(A) & \xrightarrow[A_{PL}(q)]{} & A_{PL}(A \times_Y X) & \xrightarrow[A_{PL}(i)]{} & A_{PL}(F) \end{array}$$

ただし，$m' := A_{PL}(q) \circ m_A \cdot A_{PL}(g) \circ m$ である．したがって，m' は引き戻し $A \times_Y X$ のサリバンモデルを与える．

位相空間 M に対して，S^1 から M への連続写像全体にコンパクト開位相を入れた位相空間を $LM := \mathrm{map}(S^1, M)$ と表し M の**自由ループ空間**という．上記の定理 3.13 の応用として，自由ループ空間 LM のサリバン極小モデルを構成する．まず引き戻し図式

$$\begin{array}{ccc} LM & \xrightarrow{g} & M^I \\ {\scriptstyle q}\downarrow & & \downarrow{\scriptstyle ev_0 \times ev_1} \\ M & \xrightarrow[\Delta]{} & M \times M \end{array} \tag{3.4}$$

を考える．ただし，Δ は対角写像，M^I は写像空間 $M^I := \mathrm{map}(I, M)$ であり，$ev_t \colon M^I \to M$ は $ev_t(\gamma) = \gamma(t)$ で定義される t における評価写像である．

定理 3.14 M を有限型単連結空間とし，そのサリバン極小モデルを $(\wedge V, d)$ とする．このとき自由ループ空間 LM のサリバン極小モデルは次で与えられる．

$$(\wedge V \otimes \wedge sV, \overline{\delta}), \quad \overline{\delta}(v) = dv, \quad \overline{\delta}(sv) = -sdv.$$

ただし $(sV)^k = V^{k+1}$ であり，s は $s(v) = sv$, $s(sv) = 0$ で定義される $\wedge V \otimes \wedge sV$ 上の次数 -1 の微分である．

証明 写像 $ev_0 \times ev_1 \colon M^I \to M \times M$ の相対サリバンモデルを構成することから始める．ホモトピー同値写像 $M \simeq M^I$ を経由して $ev_0 \times ev_1$ は対角写像 $\Delta \colon M \to M \times M$ と考えることができるから，$\Delta \colon M \to M \times M$ の相対サリバンモデルを構成すればよい．すなわち，積 $m \colon \wedge V \otimes \wedge V \to \wedge V$ の相対サリバン代数経由の分解を考えることになる．

まず，$E(\overline{V}) = \wedge \overline{V} \otimes \wedge(d\overline{V})$ という CDGA を考える．ただし，v に対応する．$\overline{V}$ の元を $\overline{v}$（または sv）と表す．$E(\overline{V})$ の微分 d は $d(\overline{v}) = d\overline{v} \in \wedge(d\overline{V})$ で与えられる．$\varepsilon(\overline{v}) = 0$ により定義される CDGA の射 $\varepsilon \colon E(\overline{V}) \to \mathbb{Q}$ は擬同型であることに注意する（[30, Lemma 2.5] 参照）．このとき次の代数としての同型写像が得られる．

$$\varphi \colon \wedge V \otimes \wedge V \otimes \wedge \overline{V} \xrightarrow{\cong} \wedge V \otimes E(\overline{V}), \quad \varphi(v \otimes 1 \otimes 1) = v,$$

$$\varphi(1\otimes v\otimes 1)=\sum_{n=0}^{\infty}\frac{\theta^n(v)}{n!},\quad \varphi(1\otimes 1\otimes \overline{v})=\overline{v}.$$

ただし，$\wedge V\otimes E(\overline{V})$ において s は $s(v)=\overline{v}$, $s(\overline{v})=s(d\overline{v})=0$ を満たす次数 -1 の微分であり，θ は $\theta:=sd+ds$ で定義される次数 0 の微分である．以下，$\widehat{V}:=d\overline{V}$, $\widehat{v}:=d\overline{v}$ と置く．微分 s の定義から $s^2\equiv 0$ が従うから，任意の $v\in V$ に対して，

$$\varphi(1\otimes v\otimes 1)=v+d\overline{v}+\sum_{n=1}^{\infty}\frac{(sd)^n}{n!}v \tag{3.5}$$

となることがわかる．代数としての同型射 φ を用いて CDGA $(\wedge V\otimes\wedge V\otimes\wedge\overline{V},\delta)$ を $\delta:=\varphi^{-1}d\varphi$ と定義する．このとき，$A_{PL}(ev_0\times ev_1)$ の分解，すなわち，$\wedge V$ の積の分解

$$(\wedge V\otimes\wedge V,d)\xrightarrow{j}(\wedge V\otimes\wedge V\otimes\wedge\overline{V},\delta)\underset{\cong}{\xrightarrow{\varphi}}(\wedge V,d)\otimes(E(\overline{V}),d)\xrightarrow{\sim}(\wedge V,d)$$

を得る．ただし，j は自然な包含写像である．次に CDGA の射

$$q\colon(\wedge V,d)\otimes(E(\overline{V}),d)=(\wedge V\otimes\wedge\overline{V}\otimes\wedge\widehat{V},d)\to(\wedge V\otimes\wedge sV,\overline{\delta})$$

を $q(v)=v$, $q(\overline{v})=sv$, $q(\widehat{v})=-sdv$ と定義する．また，$in\colon\wedge V\to(\wedge V\otimes\wedge sV)$ は自然な包含写像とする．θ が微分であることに注意すると $q\theta=q(sd+ds)=0$ が示せる*7)．これより，$in\circ m|_{\wedge V\otimes\wedge V}=(q\circ\varphi)|_{\wedge V\otimes\wedge V}$ が成立する．ただし m は $\wedge V$ 上の積を表す．したがって，押し出し構成を適用して CDGA の同型射

$$\xi:=(in,q\circ\varphi)\colon(\wedge V,d)\otimes_{\wedge V\otimes\wedge V}(\wedge V\otimes\wedge V\otimes\wedge\overline{V},\delta)\xrightarrow{\cong}(\wedge V\otimes\wedge sV,\overline{\delta})$$

を得る．対角写像 Δ のサリバン表現 $\wedge V\otimes\wedge V\to\wedge V$ は，まさしく $\wedge V$ の積 m で与えられるから，定理 3.13 の仮定を満たす．したがって，その定理から同型写像 ξ の左辺は LX のサリバンモデルとなり，結果を得る． □

例 3.15　奇数次元球面 S^{2n+1} $(n\geq 1)$ のサリバン極小モデルは $(\wedge(x),d=0)$ である．ただし $\deg x=2n+1$（第 3.3 節参照）．したがって，定理 3.14 から自由ループ空間 LS^{2n+1} のサリバン極小モデルは $(\wedge(x,\overline{x}),d=0)$ という形を持ち，字数付き代数として $H(LS^{2n+1};\mathbb{Q})\cong\wedge(x,\overline{x})=E(x)\otimes\mathbb{Q}[\overline{x}]$ となる*8)．

例 3.16　定理 3.13 のもう一つの応用として，連結リー群 G と連結閉部分群 H から得られる等質空間 G/H のサリバンモデルを構成する．次の左側の縦横

---

*7)　生成元に対して示せば十分である．

*8)　偶数次元球面の自由ループ空間の結果は A.3 節参照．

のファイブレーションからなる図式を考える．

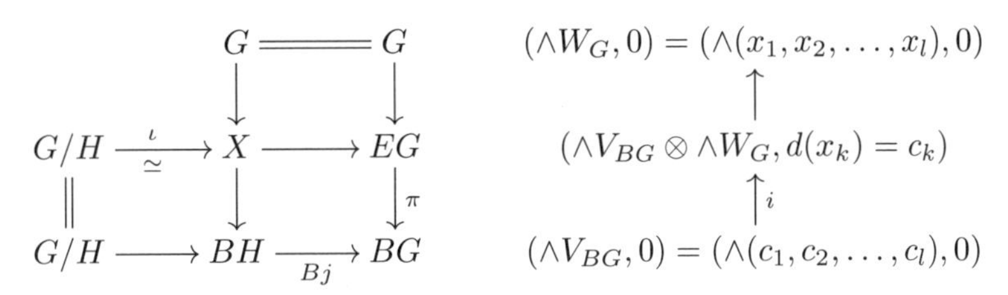

ただし，$j\colon H \to G$ は包含写像，π は普遍 G-束であり．右下の四角形は π の Bj に沿った引き戻し図式である．EG が可縮であることから ι は弱ホモトピー同値である．また，右側の縦の図式は定理 3.12 を分類空間 BG のサリバン極小モデルに適用して得られる普遍 G-束のモデルである（例 3.9 と A.20 参照）．したがって，定理 3.13 を適用することで，X のモデル，つまり，G/H のサリバンモデル

$$\mathcal{M}_{G/H} := (\wedge V_{BH} \otimes \wedge W_G, d(x_k) = m(Bj)(c_k)) \xrightarrow{\simeq} A_{PL}(G/H)$$

を得る．ただし，$\wedge V_{BH}$ は BH のサリバン極小モデルであり，$m(Bj)$ は Bj のサリバン表現である．分類空間 BG のサリバン極小モデルの可換代数部分はそのコホモロジー環（多項式環である）と同型である．実際，その極小モデルの生成元をコホモロジーの生成元の類を代表する $A_{PL}(BG)$ の元に写すことで，擬同型 $(\wedge V_{BG}, 0) \xrightarrow{\simeq} A_{PL}(BG)$ を得る．したがって，$m(Bj)$ は $H^*(Bj)\colon H^*(BG;\mathbb{Q}) \to H^*(BH;\mathbb{Q})$ により決まる．こうして，定理 3.13 のサリバン表現に関する条件を満たすことがわかる．

3.5.2 接着空間の可換モデルとリー代数モデル

この小節では，接着空間の可換モデルを構成する．入力はサリバンモデルであるが，得られる可換モデルは一般にサリバン代数ではないことに注意する．

$i\colon Y \to Z$ を包含写像，連続 $f\colon Y \to X$ から得られる，押し出し図式（左）とそれから得られる圏 CDGA 上の可換図式を考える．

$$\begin{array}{ccc} Y & \xrightarrow{\ i\ } & Z \\ {\scriptstyle f}\downarrow & & \downarrow{\scriptstyle \overline{f}} \\ X & \xrightarrow[\ \overline{i}\ ]{} & X \cup_f Z \end{array} \qquad \begin{array}{ccc} A_{PL}(Y) & \xleftarrow{A_{PL}(i)} & A_{PL}(Z) \\ {\scriptstyle A_{PL}(f)}\uparrow & & \uparrow{\scriptstyle A_{PL}(\overline{f})} \\ A_{PL}(X) & \xleftarrow[A_{PL}(\overline{i})]{} & A_{PL}(X \cup_f Z) \end{array}$$

このとき，接着空間 $X \cup_f Z$ の可換代数モデルは次のように与えられる．

命題 3.17 $(\overline{f}, f)$ が空間対の特異ホモロジーに誘導する写像 $H_*(Z, Y;\mathbb{Q}) \xrightarrow{\cong} H_*(X \cup_f Z, X;\mathbb{Q})$ が同型写像ならば

$$\Theta := (A_{PL}(\overline{i}), A_{PL}(\overline{f}))\colon A_{PL}(X \cup_f Z) \xrightarrow{\simeq} A_{PL}(X) \times_{A_{PL}(Y)} A_{PL}(Z)$$

は擬同型写像である．ただし，値域は $A_{PL}(i)$ と $A_{PL}(f)$ の引き戻しから得られる CDGA である．特に包含写像 $i\colon Y \to Z$ がコファイブレーションならば Θ は擬同型である．

空間対 (X,A) に対して，$A_{PL}(X,A) := \mathrm{Ker}\{A_{PL}(i)\colon A_{PL}(X) \to A_{PL}(A)\}$ と定義する*9)．

注意 3.18 $A_{PL}(X,A)$ は (X,A) に関して関手的である．さらに (3.2) の関手はすべて拡張可能[30, Lemma 10.12]であることから，$H^*(A_{PL}(\ ,\ ))$ と特異ホモロジー関手 $H^*(\ ,\ ;\mathbb{Q})$ を繋ぐ自然同型の列が存在する．

命題 3.17 の証明 次の完全系列からなる可換図式を考える．

$$\begin{array}{ccccccc} 0 \to A_{PL}(X \cup_f Z, X) & \longrightarrow & A_{PL}(X \cup_f Z) & \longrightarrow & A_{PL}(X) \to 0 \\ {\scriptstyle A_{PL}((\overline{f},f))}\downarrow\wr & & \downarrow\Theta & & \| \\ 0 \longrightarrow A_{PL}(Z,Y) & \longrightarrow & A_{PL}(X) \times_{A_{PL}(Y)} A_{PL}(Z) & \to & A_{PL}(X) \to 0 \end{array}$$

ここで，Θ は引き戻しの普遍性から定義される自然な写像である．このとき，コホモロジー長完全列に 5 項補題を適用することで結果を得る．後半の主張は注意 3.18 から従う． □

命題 3.19（空間の押し出しはサリバンモデルの引き戻し） 次のホモトピー可換な図式を考える*10)．

$$\begin{array}{ccccc} (\wedge V, d) & \xrightarrow{\varphi} & (\wedge U, d) & \xleftarrow{\psi} & (\wedge W, d) \\ \wr\downarrow & & \wr\downarrow & & \wr\downarrow \\ A_{PL}(X) & \xrightarrow[A_{PL}(f)]{} & A_{PL}(Y) & \xleftarrow[A_{PL}(i)]{} & A_{PL}(Z) \end{array}$$

このとき，φ, ψ の一つが全射であるならば，引き戻し $(\wedge V \times_{\wedge U} \wedge W, d)$ と $A_{PL}(X) \times_{A_{PL}(Y)} A_{PL}(Z)$ を繋ぐ擬同型の列が存在する．したがって，さらに空間対 (Z,Y) と $f\colon Y \to X$ が命題 3.17 の仮定を満たすならば，引き戻し $(\wedge V \times_{\wedge U} \wedge W, d)$ は $X \cup_f Z$ の可換代数モデルである，

略証明 図式が可換な場合は [30, Lemma 13.3] から結果が得られる．一般の場合は，全射トリック（定理 2.39 の (MC5) の証明中参照）を用いながら，図式の右，左の擬同型を適切に交換して，可換な場合に帰着させて証明できる（詳しくは [30, Lemma 13.4] 参照）． □

例 3.20（一点和の可換代数モデル） $* \to X$ をコファイブレーションとする．$(\wedge V, d)$ と $(\wedge W, d)$ をそれぞれ X と空間 Y のサリバンモデルとする．このとき命題 3.17 から，可換 CDGA $(\wedge V, d) \times_{\mathbb{Q}} (\wedge W, d)$ は一点和 $X \vee Y$ の可換代

*9) 単体的 CDGA A_{PL} は拡張可能性を持つため[30, Lemma 10.7] $A_{PL}(i)$ は全射となる．
*10) 第 3.3 節の議論からこのような図式を構成することができる．

数モデルとなる．

キレンのリー代数モデルは接着空間の代数的モデルを考えるとき有用である．例えば有限型単連結空間 X に $n+1$ 次元ディスク D^{n+1} を $\varphi\colon S^n \to X$ で接着した空間 $X \cup_\varphi D^{n+1}$ を考える．ここで，空間 X の自由リー代数モデルとして $(\mathbb{L}_W, d_W)$ を選ぶ．また w_φ はホモトピー類 $[\varphi] \in \pi_n(X) \otimes \mathbb{Q} \cong H_{n-1}(\mathbb{L}_W)$ を表すサイクルとする．

定理 3.21（[30, Theorem 24.7]）$\mathbb{Q}\{v\}$ を n 次元の元 v で生成される次数付き $\mathbb{Q}$-ベクトル空間とする．このとき，微分リー代数

$$(\mathbb{L}_{W\oplus\mathbb{Q}\{v\}}, \widetilde{d})$$

は接着空間 $X \cup_\varphi D^{n+1}$ のリー代数モデルである．ただし，$\widetilde{d}v = w_\varphi$ であり，$\widetilde{d}$ を W に制限したものは d_W と一致する．

3.5.3 ブラウン–シャルバによる写像空間のモデル

写像空間のサリバンモデルについて考察する．このモデルを自由ループ空間に適用すると，構成方法は異なるが，現れるモデル（例 3.24 参照）は結果として定理 3.14 のものと一致する．

$\mathrm{map}(U, X; f)$ を $f\colon U \to X$ を含む写像空間 $\mathrm{map}(U, X)$ の弧状連結成分とする．ブラウンとシャルバ（Brown, Szczarba）による写像空間 $\mathrm{map}(U, X; f)$ の有理モデルの構成方法を論文[11]に基づいて解説*11)する．

B を各 B^s が有限次元である CDGA とする．まず可換微分代数の圏 CDGA においてテンソル積関手 $B \otimes$ - の左随伴となるランヌ（Lannes）関手 $(\text{-} : B)_{\mathsf{CDGA}}$ を考える．

$$\mathrm{Hom}_{\mathsf{CDGA}}((A : B)_{\mathsf{CDGA}}, C) \cong \mathrm{Hom}_{\mathsf{CDGA}}(A, B \otimes C).$$

ブラウンとシャルバ[11]の結果から $A = (\wedge V, d)$ が極小であるときは可換代数として $(A : B)_{\mathsf{CDGA}} \cong \wedge(V \otimes B_*)$ が成立する．ただし B_* は B の双対を表す．

この事実を確認するため，(B, d_B) を連結な有限型 CDGA とし，B_* を $B_q = \mathrm{Hom}(B^{-q}, \mathbb{K})$ $(q \leq 0)$ で定義されるその双対微分余代数とする．ただし，以下余積と微分をそれぞれ D と d_{B*} と表す．次に I を $1 \otimes 1 - 1$ および次の形の元で生成される自由代数 $\wedge(\wedge V \otimes B_*)$ のイデアルとする．

$$a_1 a_2 \otimes e - \sum_i (-1)^{|a_2||e_i'|}(a_1 \otimes e_i')(a_2 \otimes e_i'').$$

ただし，$a_1, a_2 \in A$, $e \in B_*$ であり，$D(e) = \sum_i e_i' \otimes e_i''$．ここで，$\wedge(A \otimes B_*)$ は CDGA で微分 $d := d_A \otimes 1 \pm 1 \otimes d_{B*}$ を持つことに注意する．

*11） 構成の流れのみ概説することになる．

B の基底を $\{b_i\}$ として，$\{e_i\}$ を B_* の双対基底とする．可換微分代数 C と D に対して，$\mathrm{DGM}(C, D)$ を次数付き微分 $\mathbb{Q}$-ベクトル空間の間の線形写像が作る集合とする．$\Psi\colon \mathrm{DGM}(A \otimes B_*, C) \to \mathrm{DGM}(A, C \otimes B)$ を

$$\Psi(w)(a) = \sum_i (-1)^{\tau(|b_i|)} w(a \otimes e_i) \otimes b_i$$

と定義する．ただし，$\tau(n) = [(n+1)/2]$ とする．このとき，$(d_A \otimes 1 \pm 1 \otimes d_{B*})(I) \subset I$ となり[11, Theorem 3.3]，Ψ は次の同型を誘導する．Ψ: $\mathrm{Hom}_{\mathsf{CDGA}}(\wedge(A \otimes B_*)/I, C) \cong \mathrm{Hom}_{\mathsf{CDGA}}(A, C \otimes B)$[11, Corollary 3.4]．したがって，$(A : B)_{\mathsf{CDGA}} = \wedge(A \otimes B_*)/I$ となる．

さて次に，微分代数 $\wedge(A \otimes B_*)/I$ の極小モデルの構成について考察する．微分代数 A がサリバン代数 $(\wedge V, d)$ である場合を考えると次が成立する．

定理 3.22（[11, Theorem 3.5]） 合成写像

$$\zeta\colon \wedge(V \otimes B_*) \hookrightarrow \wedge(\wedge V \otimes B_*) \to \wedge(\wedge V \otimes B_*)/I$$

は次数付き代数の同型射である．

この定理により $\wedge(V \otimes B_*)$ 上の微分 δ を $\zeta^{-1}\tilde{d}\zeta$ と定義することができる．ただし $\tilde{d}$ は d により誘導される $\wedge(\wedge V \otimes B_*)/I$ 上の微分を示している．$D^{(m-1)}\colon B_* \to B_*^{\otimes m}$ を B_* 上の m 重余積とする．任意の $v \in V$ とサイクル $e \in B_*$ に対して，$d(v) = v_1 \cdots v_m$ $(v_i \in V)$ であり，$D^{(m-1)}(e) = \sum_j e_{j_1} \otimes \cdots \otimes e_{j_m}$ の場合，

$$\delta(v \otimes e) = \sum_j \pm(v_1 \otimes e_{j_1}) \cdots (v_m \otimes e_{j_m})$$

が成り立つ．符号は $ab = (-1)^{\deg a \deg b} ba$ というコシュール（Koszul）ルールに基づいて決まる．ここで，もし $(\wedge V, d)$ がサリバン代数ならば $(\wedge(V \otimes B_*), \delta)$ もサリバン代数になることに注意する[11, Lemma 5.1]．

また，各 V^s が有限次元である場合，$\wedge(V \otimes B_*)$ の極小モデル $E = \wedge W$ が次のように構成される．まず，$\{a_k, b_k, c_j\}_{k,j}$ を B_* の基底で $d_{B_*}(a_k) = b_k$ と $d_{B_*}(c_j) = 0$ を満たすものとする．$c_0 = 1$ としてよいであろう．V の基底 $\{v_i\}_{i \geq 1}$ を $\deg v_i \leq \deg v_{i+1}$ と $d(v_{i+1}) \in \wedge V_i$ を満たすように選ぶ．ここで，V_i は $v_1, \ldots, v_i$ によって張られる V の部分空間である．すると，次を満たすように代数の生成元 w_{ij}, u_{ik}, v_{ik} を取ることができる[11, Lemma 5.1]．

- $w_{i0} = v_i \otimes 1$, $w_{ij} = v_i \otimes c_j + x_{ij}$，ただし $x_{ij} \in \wedge(V_{i-1} \otimes B_*)$．
- δw_{ij} は分解元であり，$\wedge(\{w_{sl}; s < i\})$ に属する．
- $u_{ik} = v_i \otimes a_k$ であり $\delta u_{ik} = v_{ik}$ を満たす．

こうして，可換微分代数の圏において

$$\wedge(V \otimes B_*) = \wedge(w_{ij})_{i,j} \otimes \wedge(u_{ik}, v_{ik})_{i,k}$$

が成立する．さらにレトラクション $r\colon (\wedge(V \otimes B_*), \delta) \to (\wedge(w_{ij}), \delta)$ をもつホモトピー同値写像

$$\gamma\colon E := (\wedge(w_{ij}), \delta) \hookrightarrow (\wedge(V \otimes B_*), \delta) \tag{3.6}$$

が得られる[11, Lemma 5.2]．

さらに記号を準備する．K を単体的集合，u を K_0 の元とする．もし，$d_{i_1} \cdots d_{i_s} x = u$ が任意の $i_1, \ldots, i_s$ に対して成立するとき，元 $x \in K_s$ は頂点 u を持つという．$\langle E \rangle_u$ を $u \in \langle E \rangle_0$ の連結成分とする．すなわち，頂点が u である元からなる $\langle E \rangle$ の単体的部分集合とする．さらに，M_u を E の部分集合

$$\{\omega \mid \deg \omega < 0\} \cup \{\delta\omega \mid \deg \omega = 0\} \cup \{\omega - u(\omega) \mid \deg \omega = 0\}$$

で生成されるイデアルとする．

上の準備の下，$\mathrm{map}(U, X; f)$ のサリバンモデルを構成しよう．まず，$\alpha\colon A = (\wedge V, d) \xrightarrow{\sim} A_{PL}(X)$ を X の極小モデル，$\beta\colon B \xrightarrow{\sim} A_{PL}(U)$ を U の有限型可換モデルとする．さらに次を仮定する．

$$\dim \bigoplus_{q \geq 0} H^q(U; \mathbb{K}) < \infty \quad \text{または} \quad \dim \bigoplus_{i \geq 2} \pi_i(X) \otimes \mathbb{K} < \infty.$$

これらの微分可換代数に (3.6) の構成を行い，さらに，連続写像 $f\colon U \to X$ の有理モデルが定める 0-単体 $\langle E \rangle_0$ の元を u とし[53, Section 3]，この u により定義される E の上述のイデアルを M_u とする．このとき [11, Theorem 1.5] の証明から次の可換図式の存在がいえる*12)（前頁の仮定は ξ が擬同型を証明するときに必要）．

$$\begin{array}{ccccccc}
E & \xrightarrow[\text{極小モデル}]{\sim} & (A:B)_{\mathsf{CDGA}} & \xrightarrow{id_{\langle (A:B)_{\mathsf{CDGA}} \rangle}\text{の随伴}} & A_{PL}(\langle (A:B)_{\mathsf{CDGA}} \rangle) & \xrightarrow{\sim} & A_{PL}(\mathrm{map}(U, X)) \\
{\scriptstyle \pi}\downarrow & & & & & & \downarrow \\
E/M_u & & & \xrightarrow[\sim]{\xi} & & & A_{PL}(\mathrm{map}(U, X; f))
\end{array}$$

こうして $\mathrm{map}(U,X;f)$ の有理モデル E/M_u が得られる．これを $\mathrm{map}(U,X;f)$ のブラウン–シャルバ（B–S）モデルと呼ぶ．

定理 3.23（[12], [53], [72]） 写像 $m(ev)\colon A = (\wedge V, d) \to (E/M_u, \delta) \otimes B$ を $x \in A$ に対して，

$$m(ev)(x) = \sum_j (-1)^{\tau(|b_j|)} \pi \circ r(x \otimes b_{j*}) \otimes b_j$$

と定義する，ただし $\tau(n) = [(n+1)/2]$, $r\colon (A:B)_{\mathsf{CDGA}} \to E$ はレトラクション，$\{b_j\}_j$ は B_* の基底である．このとき $m(ev)$ は可換微分代数の射であり，かつ次の図式はホモトピー可換である．

*12) 実際は右側の写像空間は適切な単体的集合の実現で置き換えられる．

$$
\begin{array}{ccc}
A_{PL}(X) & \xrightarrow{A_{PL}(ev)} & A_{PL}(\mathrm{map}(U,X;f)\times U) \\
 & & \uparrow\sim \\
\alpha\uparrow\sim & & A_{PL}(\mathrm{map}(U,X;f)\otimes A_{PL}(U) \\
 & & \sim\uparrow\xi\otimes\beta \\
(\wedge V,d) & \xrightarrow[m(ev)]{} & (E/M_u,\delta)\otimes B
\end{array}
$$

特に，$(\wedge V,d)$ を基点付空間 $(X,*)$ の極小モデルとするとき，$\iota(v)=v\otimes 1$ で定義される写像

$$\iota\colon (\wedge V,d)\to (E/M_u,\delta)$$

は評価写像 $ev_0\colon \mathrm{map}(U,X;f)\to X;\ ev_0(f)=f(*)$ の有理モデルである．

例 3.24　M を単連結有限型空間として，自由ループ空間 $LM=\mathrm{map}(S^1,M)$ の B–S モデルを構成する．M のサリバン極小モデル $(\wedge V,d)$ を考える．LM は連結であるから，上述の $u\in\Delta(E)_0$ として $u|_V=0$ を選べばよい．また，可換モデル $\beta\colon B=\wedge(t)\xrightarrow{\simeq}A_{PL}(S^1)$ を選ぶ．ただし $\deg t=1$ である．このとき，

$$\psi\colon (\wedge(V\otimes\mathbb{Q}\{1,t^*\},\delta)\xrightarrow{\cong}(\wedge V\otimes\wedge sV,\overline{\delta})$$

を $\psi(v\otimes 1)=v$, $\psi(v\otimes t^*)=-(-1)^{\deg v}sv$ とすると，可換微分代数の同型射が定義される．こうして，LM の B–S モデルは確かに定理 3.14 で示した LM のサリバンモデルと一致することがわかる．

3.6　フォーマル空間

ここで，有理ホモトピー論で重要なフォーマル空間の概念を導入する．

定義 3.25　X を連結空間とし，$m_X\colon(\wedge V,d)\to A_{PL}(X)$ を X のサリバン極小モデル（定理 3.7 とそれに続くコメント参照）とする．このとき X が**フォーマル**であるとは擬同型 $\varphi\colon(\wedge V,d)\xrightarrow{\simeq}(H^*(X;\mathbb{Q}),0)$ が存在することである[*13)]．

注意 3.26　(i) 上の定義において φ を $H(\varphi)=H(m_X)$ と選ぶことができる．実際，擬同型 φ が与えられた場合，$H(m_X)\circ H(\varphi)^{-1}\circ\varphi$ を改めて，φ とおけばよい．

(ii) もし弧状連結空間 X と Y が共にフォーマルであるとする．さらにそのコホモロジー環の間に次数付き代数としての同型写像があるとする（必ずしも連続写像から誘導されていなくてもよい）．このとき命題 3.6 から，X と Y のサ

*13)　値域のコホモロジーを自明な微分を持った CDGA と考えている．

リバン極小モデルの間に擬同型写像が存在することになる．こうして，単連結空間 X の有理ホモトピー型はその有理コホモロジー環で完全に決まる．

X と Y がフォーマルであるとき，例 3.8 より積空間 $X \times Y$ もフォーマルとなることがわかる．したがって，例 3.9 から単連結リー群はフォーマル空間であることがわかる．また，連結リー群 G 分類空間 BG のサリバン極小モデルの微分は自明であるから BG もフォーマルである．

例 3.27 X をフォーマル空間とする．連続写像 $i\colon Y \to X$ が左ホモトピー逆写像 $r\colon X \to Y$（すなわち $r \circ i \simeq 1_Y$ を満たす）を持つならば，Y もフォーマルである．実際，次のホモトピー可換図式を得る．

$$\begin{array}{ccccccc}
(\wedge V_Y, d) & \xrightarrow{m(r)} & (\wedge V_X, d) & \underset{\sim}{\xrightarrow{\varphi}} & (H^*(X;\mathbb{Q}), 0) & \xrightarrow{H^*(i)} & (H^*(Y;\mathbb{Q}), 0) \\
{\scriptstyle m_Y}\downarrow{\scriptstyle \sim} & & {\scriptstyle \sim}\downarrow{\scriptstyle m_X} & & & & \\
A_{PL}(Y) & \underset{A_{PL}(r)}{\longrightarrow} & A_{PL}(X) & & & &
\end{array}$$

ここで，$m(r)$ は r のサリバン表現で，φ は注意 3.26 の条件を満たす擬同型写像とする．このとき，$H^*(i) \circ \varphi \circ m(r)$ は擬同型写像である．

例 3.28（Deligne–Griffiths–Morgan–Sullivan[25]） $\partial\overline{\partial}$-補題を用いることで，コンパクトケーラー（Kähler）多様体はフォーマルであることが従う．

例 3.29 連結リー群 G とその連結閉部分群 H に対して，その等質空間 G/H を考える．$j\colon H \to G$ を包含写像とする．もし G と H の階数が一致する場合は，写像 $Bj\colon BH \to BG$ から誘導される代数の準同型写像 $H(Bj)\colon H^*(BG;\mathbb{Q}) = \wedge(u_1, \ldots, u_l) \to H^*(BH;\mathbb{Q})$ を考えるとき（G と H の階数を l としている），多項式環 $H^*(BG;\mathbb{Q})$ の生成元の $H(Bj)$ による像は正規列（定義 A.6 参照）を構成する．こうして，B/G はサリバン代数モデル

$$\mathcal{M}_{G/H} := (\wedge(u_1, \ldots, u_l) \otimes H^*(BH;\mathbb{Q}), d) \xrightarrow{\sim} A_{PL}(G/H)$$

を持つ．ただし，$d(u_i) = H(Bj)(u_i)$ である（例 3.16 参照）．さらに，$\xi : \mathcal{M}_{G/H} \to H^*(G/H;\mathbb{Q}) \cong H^*(BH;\mathbb{Q})/(\mathrm{Im}\, H(Bj))$ を $\xi(x) = x$ $(x \in H^*(BG;\mathbb{Q}))$, $\xi(u_i) = 0$ と定義すると ξ は擬同型を与える．したがって，定理 3.7 を適用し，このサリバン代数から極小モデルを構成することにより，上の場合 G/H はフォーマルであることがわかる．

しかし，等質空間は一般にはフォーマルとは限らない．ここでは，等質空間 $SU(6)/(SU(3) \times SU(3))$ がフォーマル空間にはならないことを示す．包含射像から誘導される $H(Bj)\colon H^*(SU(6);\mathbb{Q}) \to H^*(SU(3);\mathbb{Q}) \otimes H^*(SU(3);\mathbb{Q})$ のチャーン（Chern）類に関する計算と，例 3.16 における考察から，$G/H = SU(6)/(SU(3) \times SU(3))$ のサリバンモデルは

$$\mathcal{M}_{G/H} := (\wedge(c_2, c_3, c_2', c_3') \otimes \wedge(x_2, x_3, x_4, x_5), d) \xrightarrow{\simeq} A_{PL}(G/H),$$

$d(x_2) = c_2 + c_2'$, $d(x_3) = c_3 + c_3'$, $d(x_4) = c_2c_2'$, $d(x_5) = c_3c_2' + c_3'c_2$, $d(x_6) = c_3c_3'$, $d(c_i) = d(c_i') = 0$ となることがわかる．ただし，$\deg c_i = c_i' = 2i$, $\deg x_i = 2i - 1$ である．ここに，極小モデルを構成する方法（例えば [30, pp. 144–145] 参照）を適用することで，$SU(6)/(SU(3) \times SU(3))$ のサリバン極小モデル

$$\begin{aligned}
&\mathcal{M} := (\wedge(e, e', x, x', x''), d), \\
&\deg e = 4, \quad \deg e' = 6, \quad \deg x = 7, \quad \deg x' = 9, \quad \deg x'' = 11, \\
&d(e) = d(e') = 0, \quad d(x) = e^2, \quad d(x') = ee', \quad d(x'') = e'^2
\end{aligned}$$

を得る．ここで，$z := xe' - ex'$ という形の $\mathcal{M}$ の 13 次元のサイクルを考えると，これは $H((\wedge(e, e', x, x', x''), d)) \cong H^*(SU(6)/(SU(3) \times SU(3)); \mathbb{Q}) =: A$ の非自明な元である．仮に，疑同型 $\varphi\colon \mathcal{M} \xrightarrow{\simeq} A$ が存在したとすると，$\varphi(e) = [e]$, $\varphi(e') = [e']$ として選べるが，コホモロジー A には 7, 9, 11 次は自明であるから，$\varphi(x) = \varphi(x') = \varphi(x'') = 0$ となる．これから $\varphi([z]) = 0$ となるが，これは写像 φ が擬同型であることに反する．

注意 3.30　X がフォーマルならば有理コホモロジーのすべての三重マッセイ積は自明となる（例えば，[32, Proposition 2.90] 参照）．上の例 3.29 において z は三重マッセイ積 $\langle [e], [e], [e'] \rangle$ を表している．

注意 3.31　球面 S^{2n}, S^{2n+1} $(n \geq 2)$ はフォーマル空間である．一方，自由ループ空間 LS^{2n+1} はフォーマルであるが（例 3.15 参照），LS^{2n} はフォーマルではない（例 A.3 参照）．

3.7 有理モデルとその Mod p-版

3.5.3 節で述べたように (1) ランヌ関手を有理ホモトピー論的に解釈して得られる写像空間のサリバン代数–リー代数混合モデルの構成や (2) 有理ルスターニク–シュニレルマン（Lusternik–Schnirelmann（L–S））カテゴリーの代数モデルへの書き換え[30, Section 28]など有益なモデルや幾何学への応用が豊富にある．また，単連結でない（ベキ零とも限らない）一般の空間の有理ホモトピー論を扱った図書[31]も近年出版された．代数的モデルのさらなる応用が今後も大いに期待される．

有理ホモトピー論の成功を受け，ホモトピー群の捻れ部分の情報を抽出するために，その mod p-版を構築するという発想は自然である．この問題に対して，マンデル（Mandell）の p-進ホモトピー論はある意味完全な回答を与えたと言える[90]．すなわち素数 p で完備化された空間のホモトピー論は E_∞-代数

上のホモトピー論として記述できることをマンデルは示した．しかしながら，現れる代数系はオペラド上の（非可換）微分代数であるため，一般にサリバンモデル，キレンのリー代数モデルのように計算可能性の高い対象が現れるわけではない．知りたい幾何学的な性質が，対応するオペラド上の代数の上でどのように記述できるかという問題を考えなければならないであろう．

コホモロジーの次数付き環構造のみに着目するとき利用される代数的モデルとして TV-モデルがある[45],[101]．これは体係数の特異コチェイン代数と擬同型であるテンソル代数を基礎代数に持つ非可換微分代数である．多様体上で議論される，チャス–サリバン（Chas–Sullivan）のストリングトポロジーはポアンカレ（Poincaré）双対空間や，より広くゴレンシュタイン（Gorenstein）空間上でも展開されるが（第 4.2 節参照），その枠組みを作る際に TV-モデルが利用されている[34]．

3.8 文献案内・補遺

ヘス（Hess）によるサーベイ論文[51]では有理ホモトピー論が歴史的側面から解説されている．ドラーム理論を背景に多様体や接続の代数的モデルの構築から始まった有理ホモトピー論の創成期の状況や，1970 年代の終わりに興ったアブラモフ（Avramov）とルース（Roos）による局所環と有理ホモトピー論との関連研究も解説されており非常に興味深い．本章では具体的な代数的モデルについて多く述べることはしなかった．それらについては，フェリックス，オプレア，タンレ（Félix, Oprea, Tanré）の著書[32]が参考になる．複素多様体，シンプレクティック多様体，ケーラー多様体の有理ホモトピー論的考察に関しても [32, Section 4] が参考になる．微分リー代数，およびファイブレーションの微分リー代数モデルについては [116] が参考文献として挙げられる．

新しい幾何学的な概念や道具が現れた場合，有理ホモトピー論は，それらの有理ホモトピー型を完全に記述する代数的モデルを構築し，完成後はその応用を伴って発展している分野と言えよう．したがってそこでは，圏論的すなわち大域的観点から対象が考察されるとともに，具体的な計算までもができる世界が広がっている．有理ホモトピー論は具象と抽象の間を行き来する舞台を提供している分野といえる．

第 4 章
ストリングトポロジー

多様体の自由ループ空間のホモロジー（ループホモロジー）にループ積・余積をはじめ豊かな代数構造を与えたのはチャス–サリバン[13]であり，その創始から 20 年以上が経った．ループホモロジーの代数的構造の解明や幾何学への応用還元の研究がストリングトポロジーといってよいであろう．この 20 数年間で，安定ホモトピー論的考察[8], [21], [38], [68]，チェインレベルでの考察[57]，シンプレクティック幾何への応用[58]，ホッホシルト（Hochschild）コホモロジーとの関連[1], [21]，オービフォールドや分類空間を含む微分可能スタックへの一般化[7]やループホモロジーに付随する位相的場の理論[8], [19], [115]など様々な構造がストリングトポロジーに現れている．さらに，曲面や高次元球面を定義域に持つ写像空間のホモロジー上に現れる代数構造の研究（ブレーントポロジー）[41], [119]も現れている．

この章では，多様体やリー群の分類空間を含むゴレンシュタイン空間の特異コチェイン代数を考え，そこから得られる DG 圏の導来圏[61], [67]上で展開されるフェリックス–トマ（Félix–Thomas）の導来ストリングトポロジー[34]を概説する*1)．さらに分類空間のループホモロジーに付随して現れる 2 次元の開閉位相的場の理論[43]，特に口笛コボルディズム作用素の非自明性[75]ついて概説する．また，有理ホモトピー論の応用として，分類空間 BG の自由ループ空間のサリバンモデルを用いて，BG に関連し定義されるループ積，ループ余積の（非）自明性も議論する．

4.1　チャス–サリバンのストリングトポロジー

ストリングトポロジーを一言でいえば，ループホモロジーの代数的構造の研

*1)　本書では導来圏として，その三角圏構造は用いない．[67] で見られるように，微分代数 R に対して R-微分加群 M が作る導来圏を M のコファイブラント置き換え（半自由加群による置き換え（定義 A.3 と注意 A.5 参照））により得られるホモトピー圏と考える．

究であろう．この節では，その出発点であるチャス–サリバンの仕事から 20 年近くを駆け足で概観する．関連する結果を網羅するものではないことをはじめに断っておく．

ストリングトポロジーには現れるが，本書では触れられない重要かつ興味を引く付加構造は数多くある．些か散漫となってしまうが，それらを本内容と合わせて下記表でまとめる[*2]．

表 4.1 ストリングトポロジーの研究対象とその構造（* は具体的計算結果も含む．?? 部分は筆者が今まで出会っていない概念である）．

ストリングトポロジー付加構造	向付け可能多様体	リー群の分類空間	スタック（軌道体を含む）	ゴレンシュタイン空間
ループ（余）積	[13] ('99)	[15] ('08)	[7] ('12)	[34], [80] ('15)
位相的場の理論	[19] ('04)	[75] ('20)		
開閉理論	[115] ('10), [8]	[43] ('11)	[88] ('08)	??
BV 代数構造	[93]*, [47] (リー群)*	[81] ('19)	[3]* ('18)	
HCFT	[38] ('08)	[50] ('15)	軌道体関連	??
ドラーム，有理ホモトピー論	[57] ('18) [34] ('09)	[81] ('19)	ディフェオロジーの適用??	[34], [100]* ('15) [118]* ('16)
計算ツールの開発	[22] ('04)	[81]	[23] ('16)	[80]
導来圏での考察	[8] ('09)	[74]*		[80]
ホッホシルトホモロジー	[94], [76]*		??	

以下，次数付き加群 A_* の元 $a \in A_i$ に対して，その**次数**を $\deg a = i$ または $|a| = i$ と表す．

4.1.1 ループ積

本小節と次小節では，ホモロジーの係数は $\mathbb{Z}$ とする．M を向き付けられた d 次元閉多様体とする．チャス–サリバンによるループ積のアイディアは次のようである．

M の自由ループ空間 $LM := \mathrm{map}(S^1, M)$ を定義域として持つ 0 での評価写像 $ev_0 \colon LM \to M$，すなわち $ev_0(\gamma) = \gamma(0)$ で定義された写像を考える．また $\Delta \colon M \to M \times M$ を対角写像とする．特異チェイン $\alpha \colon \Delta^i \to LM$ と $\beta \colon \Delta^j \to LM$ に対して，写像 $EV \colon \Delta^i \times \Delta^j \to M \times M$ を $EV := (ev_0 \circ \alpha) \times (ev_0 \circ \beta)$ で定義する．このとき，EV と $\Delta(M)$ $(\subset M \times M)$ が横断的に交わると仮定しよう．$\Delta(M)$ の余次元は d だから，$EV^{-1}(\Delta(M))$ は $i + j - d$ 次元の単体複体と思える．ここで次の可換図式を考える．

*2) 論文集[86, Part I A panorama of topology, geometry and algebra]も参考にしていただきたい．

$$
\begin{array}{ccccc}
LM & \xleftarrow{\text{Comp}} & LM \times_M LM & \xrightarrow{q} & LM \times LM \\
\downarrow{\scriptstyle ev_0} & & \downarrow{\scriptstyle \rho} & & \downarrow{\scriptstyle ev_0 \times ev_0} \\
M & = & M & \xrightarrow[\Delta]{} & M \times M
\end{array}
\tag{4.1}
$$

ただし右側の図式は引き戻しであり，Comp はループの結合を表す写像である．このとき $EV^{-1}(\Delta(M))$ の単体 Δ^{i+j-d} からの写像 $G_{\alpha,\beta}\colon \Delta^{i+j-d} \xrightarrow{\alpha\times\beta} LM \times_M LM \xrightarrow{\text{Comp}} LM$ が定義され，新しい特異チェインが得られる．サイクルの各々の特異チェインに対して $G_{\alpha,\beta}$ を考えることで，チャス–サリバンの元来のループ積 $\bullet\colon H_i(LM) \otimes H_j(LM) \to H_{i+j-d}(LM)$ が定義される．ちょうど，M 上の交叉積を ev_0 で持ち上げて基点付きループの積のように Comp で結合してループ積は定義される．実際，$x \in M$ に対して，c_x を x に値を持つ定値ループとするとき，ev_0 の切断 $s\colon M \to LM$ が $s(x) = c_x$ で定義される．このとき誘導される写像 $s_*\colon H_*(M) \to H_*(LM)$ の像の上でループ積を考えれば，M の交叉積と一致する．

コーエン–ジョーンズ（Cohen–Jones）[21] によるストリング作用素のホモトピー論的定義を紹介しよう．端的にいうと，多様体 M 上の交叉積はトム（Thom）類によるキャップ積で実現されるから，この構成を LM のホモロジー上に持ち上げてループ積が定義される．まず向き付けられた d 次元閉多様体 M のホモロジー上定義される交叉積を思い出す．包含写像 $M \cong \Delta(M) \to M \times M$ に対して，閉環状近傍 $i\colon M \xrightarrow{i} \text{Tub} \to M \times M$ とレトラクション $r\colon \text{Tub} \to M$ を考える．このとき，Tub の境界 ∂Tub と内部 Tub° を用いて，次の系列を考えることができる．

$$
\begin{array}{l}
M^2 := M \times M \longrightarrow (M \times M, M \times M \setminus \text{Tub}^\circ) \longleftarrow (\text{Tub}, \partial\text{Tub}) \\
\hfill \vdots \\
\hfill \text{Tub} \xrightarrow{r} M
\end{array}
$$

写像はそれぞれ，左から，自然な包含写像，切除写像，ホモロジー上のトム同型を“ほのめかす”ドット射である．向き $[M] \in H_d(M)$ に対して，誘導写像 $i_*\colon H_d(M) \to H_d(\text{Tub})$ とポアンカレ双対 $D\colon H^{2d-d}(\text{Tub}, \partial\text{Tub}) \xrightarrow{\cong} H_d(\text{Tub})$ の合成の像がトム類 $\tau := D^{-1} i_*([M])$ である．こうして，キャップ積 $\tau \cap -$ を用いて，交叉積 $\Delta_!$ が合成

$$
\begin{array}{l}
H_*(M \times M) \xrightarrow{j_*} H_*(M^2, M^2 \setminus \text{Tub}^\circ) \xleftarrow{\cong} H_*(\text{Tub}, \partial\text{Tub}) \\
\hfill \downarrow{\scriptstyle \tau\cap -} \\
\hfill H_{*-d}(\text{Tub}) \xrightarrow{r_*} H_{*-d}(M)
\end{array}
$$

で定義される．この写像を，図式 (4.1) に現れる射影 $\rho\colon LM \times_M LM \to M$ によって引き戻す．具体的には，まず $ev_0 \times ev_0$ による $\pi\colon \text{Tub} \to M \times M$ の引き戻しからのレトラクション $\widetilde{\pi}\colon \widetilde{\text{Tub}} \to LM \times_M LM$ を考える．さらにトム類 τ を引き戻して，$\widetilde{\tau} = (ev_0 \times ev_0)^*(\tau) \in H^d(\widetilde{\text{Tub}}, \widetilde{\partial\text{Tub}})$ を得る．これら

を用いて交叉積の持ち上げ

$$\widetilde{\Delta_!}\colon H_*(LM^{\times 2}) \longrightarrow H_*(\widetilde{\mathrm{Tub}}, \widetilde{\partial \mathrm{Tub}}) \xrightarrow{\widetilde{\tau}\cap -} H_{*-d}(\widetilde{\mathrm{Tub}}) \xrightarrow{\widetilde{\pi}_*} H_{*-d}(LM \times_M LM)$$

を考えることができる．こうしてキュネット写像を合成して（表示上は省略）ループ積

$$\mathrm{lp} := \mathrm{Comp}_* \circ \widetilde{\Delta_!}\colon H_*(LM) \otimes H_*(LM) \to H_{*-d}(LM)$$

が定義される．

定理 4.1（[13], [21]）M を向き付けられた d 次元閉多様体，$\mathbb{H}_*(LM) := H_{*+d}(LM)$ と定義する．さらに，$\bullet\colon \mathbb{H}_*(LM) \otimes \mathbb{H}_*(LM) \to \mathbb{H}_*(LM)$ を

$$a \bullet b = (-1)^{d(\deg a + d)}\, \mathrm{lp}(a \otimes b)$$

と定義する．このとき $(\mathbb{H}_*(LM), \bullet)$ は次数付き可換，結合的かつ単位元 $s_*([M])$ を持つ単位的代数である．ここで $[M]$ は M の向きであり，$s\colon M \to LM$ は先出の切断である．

チャス–サリバンループ積の定義は上述のようにポントリャーギン–トム（Pontryagin–Thom）構成を用いているため，当初この積は微分同相不変量であることが期待されていた．その後，コーエン–クライン–サリバン（Cohen–Klein–Sullivan）[20]により，実際は向きを保つホモトピー不変量であることが示されている（[34], [40] も参照）．

4.1.2 ループホモロジーの具体的計算

コーエン–ジョーンズ–ヤン（Cohen–Jones–Yan）[22]によるループホモロジーの具体的計算は，その一番はじめのものであろう．単連結空間 M に対して，ファイブレーション $\Omega M \to LM \overset{ev_0}{\to} M$ に同伴するホモロジー型**ルレイ–セールスペクトル系列**（Leray–Serre spectral sequence（LSSS））を $\{{}_{LS}E^r_{*,*}, d^r\}$ とする．ただし，ΩM は S^1 から M への基点を保つループ全体がなす空間である．論文[22]では，ループ積が $\{{}_{LS}E^r_{*,*}, d^r\}$ を構成するときの特異チェイン複体 $C_*(LM)$ のフィルトレーションを保つという性質を示すことで，次のスペクトル系列を構成している．

定理 4.2（[22]）M を単連結 d 次元閉多様体とする．このとき，ループホモロジー $\mathbb{H}_*(LM)$ に代数として収束し，E_2 項が次で与えられる第 2 象限ホモロジー型スペクトル系列が存在する．

$$E^2_{-p,q} \cong H^p(M; H_q(\Omega M)).$$

ここで，右辺の代数構造は M のコホモロジーのカップ積と ΩM のホモロジー上のポントリャーギン積で与えられる．また収束の意味は，$\mathbb{H}_*(LM)$

に適切な増加フィルトレーション $\{F_p\mathbb{H}_*(LM)\}_{p\geq -d}$ が定まり，2 重次数付き代数として $E^\infty_{*,*}\cong Gr_{*,*}\mathbb{H}_*(LM)$ が成り立つということである．ただし，$Gr_{p,q}\mathbb{H}_*(LM)=F_p\mathbb{H}_{(p+q)}(LM)/F_{p-1}\mathbb{H}_{(p+q)}(LM)$ である．

上述の E^2 項の同型は，M のポアンカレ双対性を用いてホモロジーを次数のシフトを込めてコホモロジーに変えて与えられるので，微分 $d^r\colon E^r_{p,q}\to E^r_{p-r,q+r-1}$ は本質的には LSSS $\{{}_{LS}E^r_{*,*},d^r\}$ のものと同じである．従って，その本来の LSSS の考察結果や LM の（コ）ホモロジーの計算結果をストリングトポロジーの研究に適用できる．実際，球面や複素射影空間の場合には，それまでに知られていた LSSS の微分の情報やジラー（Ziller）[122]のループホモロジー群の計算をループホモロジー環の計算に応用できる．結果として次の定理を得る．

定理 4.3（[22]） (i) 次数付き代数として次の同型が成立する．

$$\mathbb{H}_*(LS^n;\mathbb{Z})\cong\begin{cases}\wedge(a)\otimes\mathbb{Z}[u], & n\geq 3\text{ は奇数},\\ \wedge(b)\otimes\mathbb{Z}[a,v]/(a^2,ab,2av), & n\geq 2\text{ は偶数}.\end{cases}$$

ここで，$|a|=-n$, $|u|=n-1$, $|b|=-1$, $|v|=2n-2$ である．
(ii) 次数付き代数として次の同型が成立する．

$$\mathbb{H}_*(L\mathbb{C}P^n;\mathbb{Z})\cong\wedge(w)\otimes\mathbb{Z}[c,u]/(c^{n+1},(n+1)c^n,wc^n).$$

ここで，$|w|=-1$, $|c|=-2$, $|u|=2n$ である．

4.1.3 位相的場の理論と BV 作用素

以降，本小節で扱う特異（コ）チェイン複体，特異（コ）ホモロジーの係数は特に断らない限り体 $\mathbb{K}$ とする*3)：$C_*(\ ):=C_*(\ ;\mathbb{K})$, $H_*(\ ):=H_*(\ ;\mathbb{K})$.

コーエン–ゴディン（Cohen–Godin）[19]はループ積 lp を含む**ストリング作用素**を構成し，それらの作用素が $1+1$ 次元**位相的場の理論**（topological quantum field theory（TQFT））になることを示した*4)．実際，$\Sigma_{g,p+q}$ を種数 g，p-イン・バウンダリー，q-アウト・バウンダリーを持つ向き付けられたコンパクト曲面，すなわち，1 次元球面 S^1 の和 $\coprod_p S^1$ から $\coprod_q S^1$ へのコボルディズムとするとき，各 $\Sigma_{g,p+q}$（ただし，$q>0$）に対して種数 g のストリング作用素

$$\mu_{\Sigma_{g,p+q}}\colon H_*(LM)^{\otimes p}\to(H_*(LM)^{\otimes q})_{*+\chi(\Sigma_{g,p+q})d}$$

が定義され，$\mu_{\Sigma_{g_1,p+q}}\circ\mu_{\Sigma_{g_2,q+r}}=\mu_{\Sigma_{g_1+g_2,p+r}}$ さらに，$\mu_{(\Sigma_{g_1,p+q}\amalg\Sigma_{g_2,q+r})}=$

*3) $\mathbb{Z}$ 上で成立する結果もある．正確な条件はそれぞれの場面で提示した文献を参考にしていただきたい．

*4) 4.3 節で述べる開閉位相的場の理論における閉理論部分，すなわち対象を S^1 の位相和 $\coprod S^1$ に制限した充満部分圏からのモノイダル関手である．

$\mu_{\Sigma_{g_1,p+q}} \otimes \mu_{\Sigma_{g_2,q+r}}$ を満たす．したがって，$\mu_{(\,)}$ は向き付けられた 1 次元球面の有限位相和を対象，コボルディズムを射とするモノイダル圏から $\mathbb{K}$ 上のベクトル空間へのモノイダル関手を与える．結果，非余単位的な位相的場の理論[64]を得ることになる．特にペア・オブ・パンツ $\Sigma_{0,2+1}$ がループ積を与える：$\mu_{\Sigma_{0,2+1}} = \mathrm{lp}$．こうして多様体のループホモロジーはループ積を含む豊かな構造を持つことが期待される．しかしながら，玉乃井による次の結果から，結局，高次種数のストリング作用素は自明になってしまう（後述の定理 4.5）．

定理 4.4（[115, Theorem A]） 向き付けられた d 次元閉多様体 M に対して，ループ余積 $\mathrm{lcop} := \mu_{\Sigma_{0,1+2}}$ の非自明な像は $H_0(LM) \otimes H_0(LM)$ に含まれる．すなわち，ループ余積は d 次ループホモロジー $H_d(LM)$ 上以外では自明である．

まず，定理 4.4 の証明の概略から説明する．コボルディズムの微分同相

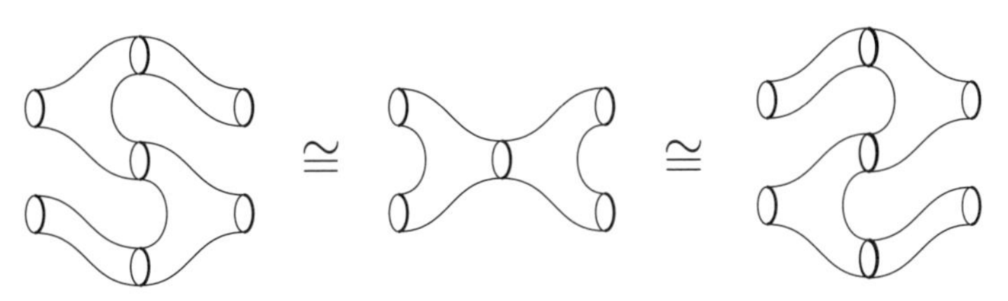

$$(\Sigma_{0,1+1} \amalg \Sigma_{0,2+1}) \circ (\Sigma_{0,1+2} \amalg \Sigma_{0,1+1}) \cong \Sigma_{0,1+2} \circ \Sigma_{0,2+1}$$
$$\cong (\Sigma_{0,2+1} \amalg \Sigma_{0,1+1}) \circ (\Sigma_{0,1+1} \amalg \Sigma_{0,1+2})$$

により，$H_*(LM)$ 上の TQFT 構造が等式（フロベニウス（Frobenius）恒等式）

$$(\mathrm{id} \otimes \mathrm{lp}) \circ (\mathrm{lcop} \otimes \mathrm{id}) = \mathrm{lcop} \circ \mathrm{lp} = (\mathrm{lp} \otimes \mathrm{id}) \circ (\mathrm{id} \otimes \mathrm{lcop})$$

を誘導することがわかる．したがって，ループホモロジーの単位元 $1 = s_*([M]) \in H_d(LM)$ と任意の $x \in H_*(LM)$ に対して，$(\mathrm{lp} \otimes \mathrm{id}) \circ (\mathrm{id} \otimes \mathrm{lcop})(1 \otimes x) = \pm\,\mathrm{lcop}(x)$ となり，さらに，

$$(\mathrm{id} \otimes \mathrm{lp}) \circ (\mathrm{lcop} \otimes \mathrm{id})(1 \otimes x) = (\mathrm{id} \otimes \mathrm{lp})\Big(\sum a_0 \otimes a_0' \otimes x\Big)$$
$$\in H_0(LM) \otimes H_*(LM)$$

となる．$x \otimes 1$ に対して同様に考えれば $\mathrm{lcop}(x) \in H_*(LM) \otimes H_0(LM)$ となる．結局，$\mathrm{lcop}(x)$ は $H_0(LM) \otimes H_0(LM)$ に含まれることになる．

次に，高次種数のストリング作用素を考えよう．作用素 $\mu_{\Sigma_{p+q,g}}$ は $g > 0$ の場合 TQFT 構造によって少なくともループ余積とループ積に分解される対を一つ持つ：$\mu_{\Sigma_{g,p+q}} = \cdots \circ \mu_{\Sigma_{0,2+1}} \circ \mu_{\Sigma_{0,1+2}} \circ \cdots$．定理 4.4 により作用素 $\mu_{\Sigma_{0,1+2}}$ の非自明な像は $H_0(LM)$ に含まれるが，作用素 $\mu_{\Sigma_{0,2+1}}$ の次数は $-d$ であるから，次数的理由により $\mu_{\Sigma_{g,p+q}} = 0$ となる．結果，次の定理を得る．

定理 4.5（[115, Theorem B]）$g > 0$ とする．このとき，ループホモロジー $H_*(LM)$ 上の作用素 $\mu_{\Sigma_{p+q,g}}$ は自明である．

TQFT には現れない作用素として重要なのがバタリン–ビルコビスキー（Batalin–Vilkovisky（BV））作用素である．まず BV 代数の定義を思い出す．

定義 4.6 次の条件を満たす準同型 $\Delta\colon A_* \to A_{*+1}$（BV 作用素）を持つ次数付き可換代数 A_* を**バタリン–ビルコビスキー代数**（BV 代数）という：(1) $\Delta^2 = 0$，(2) 任意の $a, b, c \in A_*$ に対して，

$$\begin{aligned}\Delta(abc) &= \Delta(ab)c + (-1)^{|a|}a\Delta(bc) + (-1)^{(|a|-1)|b|}b\Delta(ac)\\ &\quad - (\Delta a)bc - (-1)^{|a|}a(\Delta b)c - (-1)^{|a|+|b|}ab(\Delta c).\end{aligned}$$

S^1 の自由ループ空間 LM への作用 $\varphi\colon S^1 \times LM \to LM$ を $\varphi(s,\gamma)(t) = \gamma(t+s)$ と定義し，S^1 の基本類 $[S^1]$ を用いて次数 $+1$ の作用素 Δ を

$$\Delta\colon H_*(LM) \xrightarrow{[S^1]\times -} H_{*+1}(S^1 \times LM) \xrightarrow{\varphi_*} H_{*+1}(LM) \tag{4.2}$$

と定義する．このとき次を得る．

定理 4.7（[13]）ループホモロジーは BV 代数 $(\mathbb{H}_*(LM), \bullet, \Delta)$ を与える．

後で見るように（定義 4.21, 4.22，注意 4.24 参照），BV 代数構造はループホモロジーが持つホモロジー的共形場理論構造の一部に現れる．BV 作用素は一般にはライプニッツ則を満たさないが，その‘差’を計って次数 $+1$ のリー括弧積が定義される．

$$\{a, b\} := (-1)^{|a|}\Delta(a \bullet b) - (-1)^{|a|}\Delta(a) \bullet b - a \bullet \Delta(b)$$

こうして BV 代数はゲルステンハーバー（Gerstenhaber）代数になる．すなわち，代数でありかつ $\{\ ,\ \}$ に関して次数付きリー代数であり，リー括弧積がポアソン（Poisson）関係式 $\{a, bc\} = \{a, b\}c + (-1)^{(|a|+1)|b|}b\{a, c\}$ を満たす（詳細は例えば [36] 参照）．

4.1.4 ホッホシルトコホモロジー

1980 年代後半のジョーンズの結果[60]に見るように自由ループ空間のコホモロジーとホッホシルトホモロジーは加群として同型となる．本小節ではループホモロジーとホッホシルトコホモロジーの関係を説明する．まず，ホッホシルトコホモロジーの定義から始める．添加微分代数 (A, d) と A 上の微分左加群 (S, d_S) を考える．このとき，A の S 係数ホッホシルトコホモロジー $HH^*(A, S)$ は次のように定義される．添加イデアル $\bar{A}$ の懸垂 $s\bar{A}$ を $(s\bar{A})^n = \bar{A}^{n+1}$ とする．$T(s\bar{A})$ を $s\bar{A}$ のテンソル代数として，さらに両側バー複体 $(\mathbb{B}(A; A; A), d_{\mathbb{B}} = d_1 + d_2)$ を $\mathbb{B}(A; A; A) := A \otimes T(s\bar{A}) \otimes A$,

$$
\begin{aligned}
d_1(a[a_1|a_2|\dots|a_k]b) &= d(a)[a_1|a_2|\dots|a_k]b \\
&\quad - \sum_{i=1}^{k}(-1)^{\varepsilon_i} a[a_1|a_2|\dots|d(a_i)|\dots|a_k]b \\
&\quad + (-1)^{\varepsilon_{k+1}} a[a_1|a_2|\dots|a_k]d(b), \\
d_2(a[a_1|a_2|\dots|a_k]b) &= (-1)^{|a|} aa_1[a_2|\dots|a_k]b \\
&\quad + \sum_{i=2}^{k}(-1)^{\varepsilon_i} a[a_1|a_2|\dots|a_{i-1}a_i|\dots|a_k]b \\
&\quad - (-1)^{\varepsilon_k} a[a_1|a_2|\dots|a_{k-1}]a_k b
\end{aligned}
$$

と定義する．ここで，$a[a_1|\dots|a_k]b = a\otimes sa_1\otimes\cdots\otimes sa_k\otimes b \in A\otimes T(s\bar{A})\otimes A$ であり，$\varepsilon_i = |a| + \sum_{j<i}(|sa_j|)$ である．ホッホシルトコチェイン複体 $\mathbf{C}(A,S) = \{\mathbf{C}^n(A,S), \partial\}$ は $\mathbf{C}^n(A,S) = \mathrm{Hom}^n_{A\otimes A^{\mathrm{op}}}(\mathbb{B}(A;A;A), S)$, $\partial(f) = d_S f - (-1)^{|f|} f d_{\mathbb{B}}$ と定義され，ホッホシルトコホモロジー $HH^*(A,S)$ はこのホモロジーとして与えられる．$S = A$ の場合に得られる $HH^*(A,A)$ を A の**ホッホシルトコホモロジー**という．こうして，微分代数として単連結空間 A の特異コチェイン代数 $A = C^*(X)$ を取ると，そのホッホシルトコホモロジー $HH^*(C^*(X), C^*(X))$ を考えることができる．また $C^*(X)$ 上およびホッホシルトコホモロジー上のカップ積により $HH^*(C^*(X), C^*(X))$ は次数付き可換代数となる．またコチェイン複体の同型

$$
\iota\colon \mathrm{Hom}(A\otimes_{A\otimes A^{\mathrm{op}}}\mathbb{B}(A;A;A),\mathbb{K}) \overset{\cong}{\to} \mathrm{Hom}_{A\otimes A^{\mathrm{op}}}(\mathbb{B}(A;A;A), A^\vee)
$$

が $\iota(f)(\alpha)(a) = (-1)^{|a||\alpha|} f(a\otimes\alpha)$ で定義される．ただし，A の双対 $A^\vee$ の A-両側加群の構造は，$f,g,h\in A$ と $\alpha\in A^\vee$ に対して，$\langle f\cdot\alpha\cdot g; h\rangle = (-1)^{|f|}\langle\alpha; ghf\rangle$ で与えられる．さらに次を得る．

定理 4.8（[94, Propositions 11, 12]） M を単連結閉多様体とし，$A = C^*(M)$ とする．A のポアンカレ双対とカップ積により定義される同型射 θ: $HH^p(A;A) \overset{\cong}{\to} HH^{p-d}(A;A^\vee)$ が存在し，さらにホッホシルトチェイン複体 $A\otimes_{A\otimes A^{\mathrm{op}}}\mathbb{B}(A;A;A)$ 上のコンヌ（Connes）境界作用素[37]

$$
B(a_0[a_1|a_2|\dots|a_k]) := \sum_{i=0}^{k}(-1)^{(\varepsilon_i+1)(\varepsilon_{k+1}-\varepsilon_i)} 1[a_i|\dots|a_k|a_0|\dots|a_{i-1}]
$$

により定義される次数 -1 の合成写像 Δ:

$$
\begin{array}{ccccc}
HH^p(A;A) & \xrightarrow[\cong]{\theta} & HH^{p-d}(A;A^\vee) & \xrightarrow{\iota^{*-1}} & HH_{-p+d}(A;A)^\vee \\
 & & & & \Big\downarrow {\scriptstyle H(B)^\vee} \\
HH^{p-1}(A;A) & \xrightarrow[\theta]{\cong} & HH^{p-d-1}(A;A^\vee) & \xleftarrow[\iota^*]{} & HH_{-p+d+1}(A;A)^\vee
\end{array}
$$

は代数 $HH^*(A,A)$ 上に BV 作用素を定める．すなわち $HH^*(C^*(M),C^*(M))$ は BV 代数となる．

M が単連結閉多様体である場合，特異コチェイン $C^*(M)$ のホッホシルトコホモロジーとループホモロジー $\mathbb{H}_*(LM)$ は代数として同型であることが示されている[21]．

また $C^*(M)$ のホッホシルト "ホモロジー" から $H^*(LM)$ へのジョーンズによる線形同型写像[60]の双対とポアンカレ双対の合成が実際，ループホモロジー $\mathbb{H}_*(LM)$ と $C^*(M)$ のホッホシルトコホモロジーとの代数としての同型を与えるということが予想されている[94]．こうしてさらに，特異コチェイン $C^*(M)$ のホッホシルトコホモロジーとループホモロジーが BV 代数として同型になることが期待できる．基礎体が有理数体 $\mathbb{Q}$ である場合は，第 3 章の有理ホモトピー論を用いて，2 つの BV 代数の同型が示されている．

定理 4.9（[33, Theorem 1]） M を単連結閉多様体とする．このとき，ループホモロジー $\mathbb{H}_*(LM;\mathbb{Q})$ とホッホシルトコホモロジー $HH^*(C^*(M;\mathbb{Q}),C^*(M;\mathbb{Q}))$ は BV 代数として同型である．

任意の基礎体の場合にも肯定的に解決されるというのが予想である*5)．メニキ（Menichi）[93]により球面 S^2 のホッホシルトコホモロジー $HH^*(H^*(S^2;\mathbb{Z}/2),H^*(S^2;\mathbb{Z}/2))$ は $\mathbb{H}_*(LS^2;\mathbb{Z}/2)$ とゲルステンハーバー代数としては同型であるが，その上にある BV 代数としては同型でないことが示されている．一般に n 次元球面 S^n 点は任意標数の体 $\mathbb{K}$ に対して $\mathbb{K}$-フォーマル[101]*6)であるが，このように同型にならない点は非常に興味深い*7)．

4.1.5 BV 代数としてのリー群のループホモロジー

ループホモロジーの BV 代数としての計算に関していえば，M がリー群の場合，ヘップワース（Hepworth）による結果がある．まず，ΩG 上の対角写像 D が誘導する $H_*(\Omega G)$ の余積を $D_*\colon H_*(\Omega G;\mathbb{Z}) \to H_*(\Omega G;\mathbb{Z}) \otimes H_*(\Omega G;\mathbb{Z})$，$\sigma\colon H_*(\Omega G;\mathbb{Z}) \to H_{*-1}(G)$ を評価写像 $S^1 \times \Omega G \to G$ が誘導するホモロジー懸垂写像とする．また，$H_*(G)$ における，ポントリャーギン積は $H_*(G)$ の $\mathbb{H}_*(G)$ への作用 $*$ を定めることに注意する．G の積を用いて，自由ループ空間 LG は $\Omega G \times G$ と同相となることがわかる．このことを利用して次を得る．

定理 4.10（[49]） G をコンパクトリー群とする．このとき BV 代数として次の同型

---

*5) [94, Conjectures 1, 4] と続くコメントを参照．

*6) $\mathbb{Q}$ 係数のときと同様，$C^*(X,\mathbb{K})$ と $H^*(X,\mathbb{K})$ がいくつかの擬同型（ホモロジー上に同型を誘導する準同型）で繋がるとき X を $\mathbb{K}$-フォーマルという．

*7) 分類空間のストリングトポロジーでも同様の現象が確認されている[81, Theorems 6.2, 6.3]．

$$\mathbb{H}_*(LG;\mathbb{Z}) \cong H_*(\Omega G;\mathbb{Z}) \otimes \mathbb{H}_*(G;\mathbb{Z}), \quad \Delta(a \otimes x) = \Sigma a_{(1)} \otimes (\sigma(a_{(2)}) * x)$$

が成り立つ．ここで，$\mathbb{H}_*(G;\mathbb{Z})$ は交叉積を持つ G のホモロジーであり，$a \in \mathbb{H}_*(\Omega G;\mathbb{Z})$ に対して，$D_*(a) = \Sigma a_{(1)} \otimes a_{(2)}$ である．

定理 4.11（[49], [93]） BV 代数として次の同型が成立する．

$$\mathbb{H}_*(LS^1;\mathbb{Z}) \cong \mathbb{Z}[x, x^{-1}] \otimes \wedge(a), \quad \Delta(x^i \otimes a) = ix^i \otimes 1, \quad \Delta(x^i \otimes 1) = 0.$$

ここで，$|x| = 0$, $|a| = -1$ である．

メニキ[93]により球面，玉乃井[114]によりスティフェル（Stiefel）多様体のループホモロジーの BV 代数構造も完全に決定されている．

4.2 導来ストリングトポロジー（空間の代数的モデルの応用）

以下 $\mathbb{K}$ を任意標数の体とする．本節で扱う特異コチェイン代数関手 $C^*(-) := C^*(-;\mathbb{K})$ の係数は体 $\mathbb{K}$ であるとする．

導来ストリングトポロジーの基本定理（後述の定理 4.16）を解説することから始める．まず，フェリックス–ハルペリン–トマ（Félix–Halperin–Thomas）により導入されたゴレンシュタイン空間の定義を述べる．

定義 4.12（[30]） 次の性質を持つ連結空間 M を d 次元 **$\mathbb{K}$-ゴレンシュタイン空間**という[*8]．

$$\dim \mathrm{Ext}^k_{C^*(M)}(\mathbb{K}, C^*(M)) = \begin{cases} 0 & \text{if } k \neq d, \\ 1 & \text{if } k = d. \end{cases}$$

向き付けられた多様体，より一般に連結ポアンカレ双対空間 M[*9]や連結リー群 G の分類空間はゴレンシュタイン空間になる[29]．さらに単連結 G-空間 M が d 次元ポアンカレ双対空間であるならば，そのボレル構成 $EG \times_G M$ は $(d - \dim G)$ 次数ゴレンシュタイン空間になる[30], [99]．こうして（例えば分類空間 $BG = EG \times_G pt$ の）次数は負にもなり得ることに注意する．

補題 4.13 M を d 次元，連結ポアンカレ双対空間とし，$f\colon N \to M$ を連結空間からの写像とする．このとき，同型 $\mathrm{Ext}^*_{C^*(M)}(C^*(N), C^*(M)) \cong H^{d-*}(N)$ が成り立つ．ただし，$C^*(N)$ は f が誘導する写像により $C^*(M)$-加群とみなす．

---

*8) Ext 群の定義は下記の補題 4.13 の後のコメント参照．$C^*(X)$ の代わりに微分代数 A が同じ Ext の条件を満たすとき A を d 次元 $\mathbb{K}$-ゴレンシュタインという．

*9) すなわち，サイクル $v \in C^m(M)$ が存在して，キャップ積 $- \cap v\colon C^*(M) \to C_{m-*}(M)$ が擬同型を与える．

実際，$C^*(M)$-加群圏 Mod-$C^*(M)$ における（コファイブラント置換）**半自由分解** $F \xrightarrow{\sim} C^*(N)$（A.1.1 節参照）を用いて，次の同型の列を得る．

$$
\begin{aligned}
&\mathrm{Ext}^n_{C^*(M)}(C^*(N), C^*(M)) \\
&= H^n(\mathrm{Hom}_{C^*(M)}(F, C^*(M))) \cong H^n(\mathrm{Hom}_{C^*(M)}(F, C_*(M)^\vee)) \\
&\cong H^n(\mathrm{Hom}_{\mathbb{K}}(F \otimes_{C_*(M)} C_*(M), \mathbb{K})) \\
&\cong H^n(\mathrm{Hom}_{\mathbb{K}}(F \otimes_{C^*(M)} s^d C^*(M), \mathbb{K})) \\
&= \mathrm{Tor}^{-n}_{C^*(M)}(C^*(N), s^d C^*(M))^\vee = \mathrm{Tor}^{-n+d}_{C^*(M)}(C^*(N), C^*(M))^\vee \\
&\cong H^{d-n}(N)^\vee.
\end{aligned}
$$

ここで，はじめの等号は Ext 群の定義であり，$(\text{-})^\vee$ は (-) の双対を意味する．$s^dC^*(M)$ は次数シフト $(s^dC^*(M))^k := C^{d+k}(M)$ である．また 3 番目の同型は M のポアンカレ双対性から従う．この補題から N を一点として考えれば，連結ポアンカレ双対空間がゴレンシュタイン空間であることがわかる．特に M を向き付け可能 d 次元閉多様体とすると M は d 次元ゴレンシュタイン空間となる．

注意 4.14 有限 CW 複体 X の場合，X がゴレンシュタインであること，$H^*(X, \mathbb{K})$ がゴレンシュタインであること，そして $H^*(X, \mathbb{K})$ がポアンカレ双対性を満たすことは同値となる（[29, Theorem 3.1, Example 3.3] 参照）．

定理 4.15（[34, Theorem 12]） X を d 次元単連結 $\mathbb{K}$-ゴレンシュタイン空間で $\mathbb{K}$ 係数コホモロジーが有限型であるとする．このとき $\mathrm{Ext}^*_{C^*(X^n)}(C^*(X), C^*(X^n)) \cong H^{*-(n-1)d}(X)$ が成り立つ．ここで，$C^*(X)$ は対角写像 $\Delta \colon X \to X^n$ により $C^*(X^n)$-加群としている．

この定理の証明においては Ext 群に収束する適切なスペクトル系列と $C^*(X^n)$ の TV-モデル*10) [50], [101] が効果的に用いられている．

定理 4.16（[34, Theorem 2]） X を上述の定理と同じ仮定を満たすゴレンシュタイン空間とし，右 $C^*(X^n)$ 微分加群の導来圏 D(Mod-$C^*(X^n)$) 上，$\mathrm{Ext}^{(n-1)d}_{C^*(X^n)}(C^*(X), C^*(X^n)) \cong H^0(X) \cong \mathbb{K}$ の生成元に対応する射 $\Delta^! \colon C^*(X) \to C^{*+(n-1)d}(X^n)$ を選ぶ．このとき，p をファイブレーションとする引き戻し図式

$$
\begin{array}{ccc}
E' & \xrightarrow{g} & E \\
{\scriptstyle p'}\downarrow & & \downarrow{\scriptstyle p} \\
X & \xrightarrow[\Delta]{} & X^n
\end{array}
$$

*10) 有理ホモトピー論におけるサリバンモデルの mod p 非可換版とみなせる．

に対して，$\mathrm{Ext}^{(n-1)d}_{C^*(E)}(C^*(E'), C^*(E))$ の元であり，$\mathrm{D}(\mathrm{Mod}\text{-}C^*(X^n))$ 上で次の図式を可換にする射 $g^!$ が一意に存在する．

$$\begin{array}{ccc} C^*(E') & \xrightarrow{g^!} & C^*(E) \\ {\scriptstyle (p')^*}\uparrow & & \uparrow{\scriptstyle p^*} \\ C^*(X) & \xrightarrow[\Delta^!]{} & C^*(X^n) \end{array}$$

この定理に現れる射 $g^!$ をギジン（**Gysin**）**写像**と呼ぶ．

注意 4.17 例えば，(P, d) は $C^*(X)$ の半自由分解を選び，$\Delta^! : (P, d) \to C^*(X^n)$ を指定する．このとき，可換図式

$$\begin{array}{ccccc} C^*(E) \otimes_{C^*(X^n)} (P, d) & \xrightarrow{1\otimes\Delta^!} & C^*(E) \otimes_{C^*(X^n)} C^*(X^n) & \xrightarrow{\cong} & C^*(E) \\ {\scriptstyle h}\uparrow & & & & \uparrow{\scriptstyle p^*} \\ (P, d) & & \xrightarrow[\Delta^!]{\qquad\qquad} & & C^*(X^n) \end{array}$$

に現れる上の系列の合成写像として $g^!$ が定義される．ただし $h(a) = 1 \otimes a$ と定義されている．したがって $g^!$ は $C^*(E)$-線形写像である．

定理 4.15 の条件を満たす単連結空間 M を考える．$t = 0$ での評価写像 $ev_0 : LM \to M$ はファイブレーションとなり（1.1 節参照），上述の定理 4.16 の構成を適用して次の $\mathrm{D}(\mathrm{Mod}\text{-}C^*(M^2))$ 内の図式を得る．

$$\begin{array}{ccccc} C^*(LM) & \xrightarrow{\mathrm{Comp}^*} & C^*(LM \times_M LM) & \xrightarrow{q^!} & C^*(LM \times LM) \\ \uparrow{\scriptstyle ev_0^*} & & \uparrow{\scriptstyle \rho^*} & & \uparrow{\scriptstyle (ev_0 \times ev_0)^*} \\ C^*(M) & = & C^*(M) & \xrightarrow[\Delta^!]{} & C^*(M \times M) \end{array} \tag{4.3}$$

上段の写像の合成として次数 d を持つ双対ループ積 $\mathrm{Dlp} : C^*(LM) \to C^{*+d}(LM \times LM)$ が定義される．M が単連結閉多様体である場合，チャス–サリバン，コーエン–ジョーンズ[21]が定義したループ積 lp はトム類の持ち上げとのキャップ積，そしてトムのカラプス写像との合成で与えられるから，その双対は交叉積の双対 $\Delta^!$ の持ち上げを定義する $\mathrm{D}(\mathrm{Mod}\text{-}C^*(M^2))$ 上の射となる[34, page 419]．したがって，定理 4.16 の写像の一意性から，上述の導来圏の枠組みで定義されるループ積はコーエン–ジョーンズによる交叉積を用いて定義される多様体 M 上の「本来」のループ積 lp と一致する，すなわち

$$\mathrm{lp} = H(\mathrm{Dlp}^\vee) : H_*(LM \times LM) \to H_{*-\dim M}(LM) \tag{4.4}$$

が成り立つ．このように，フェリックス–トマ[34]によるゴレンシュタイン空間 M 上のストリングトポロジーは，コチェイン複体 $C^*(M \times M)$ を微分代数と見なすとき，次数付き $C^*(M \times M)$-微分加群からなる圏の導来圏上で展開される．このため**導来ストリングトポロジー**と呼ばれる．

ゴレンシュタイン空間のループ余積[*11]も同様に定理 4.16 の一意的持ち上げにより $\mathrm{D}(\mathrm{Mod}\text{-}C^*(M^2))$ 上の射から誘導される．しかし，多様体のストリングトポロジーに現れる位相的場の理論のゴレンシュタイン空間版はまだ確立されていない．

4.2.1 ループ（余）積のトージョン関手による表示

前小節の導来ストリングトポロジーの枠組みを用いて，ループ積をトージョン関手で表す．そのために次の図式を用いる．キューブの前後面は引き戻し図式である．

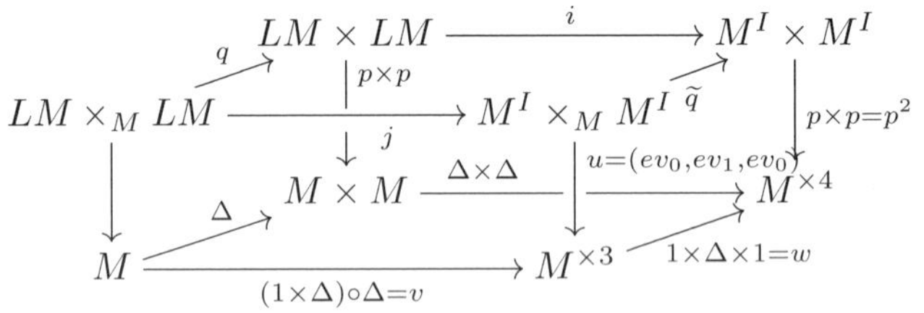

$$
\begin{array}{ccccccc}
 & & LM \times LM & \xrightarrow{\ i\ } & & M^I \times M^I & \\
 & \overset{q}{\nearrow} & \downarrow{\scriptstyle p\times p} & & \overset{\widetilde{q}}{\nearrow} & \downarrow{\scriptstyle p\times p = p^2} & \\
LM \times_M LM & \longrightarrow & & M^I \times_M M^I & & & \\
\downarrow & & \downarrow{\scriptstyle j} & \downarrow{\scriptstyle u=(ev_0,ev_1,ev_0)} & & & \\
 & & M \times M & \xrightarrow{\ \Delta\times\Delta\ } & & M^{\times 4} & \\
 & \overset{\Delta}{\nearrow} & & & \overset{1\times\Delta\times 1 = w}{\nearrow} & & \\
M & \xrightarrow[(1\times\Delta)\circ\Delta = v]{} & & M^{\times 3} & & &
\end{array}
\tag{4.5}
$$

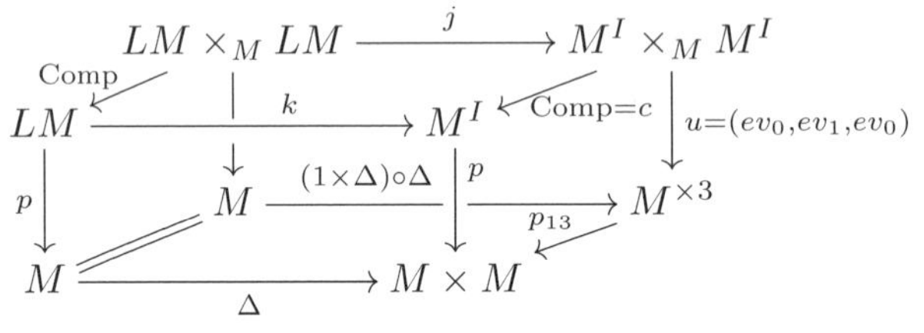

$$
\begin{array}{ccccccc}
 & & LM \times_M LM & \xrightarrow{\ j\ } & & M^I \times_M M^I & \\
 & \overset{\mathrm{Comp}}{\swarrow} & \downarrow & & \overset{\mathrm{Comp}=c}{\swarrow} & \downarrow{\scriptstyle u=(ev_0,ev_1,ev_0)} & \\
LM & \xrightarrow{\ k\ } & & M^I & & & \\
\downarrow{\scriptstyle p} & & M & \xrightarrow{(1\times\Delta)\circ\Delta} & & M^{\times 3} & \\
 & \diagup\!\!\diagup & & \downarrow{\scriptstyle p} & \overset{p_{13}}{\swarrow} & & \\
M & \xrightarrow[\Delta]{} & & M \times M & & &
\end{array}
\tag{4.6}
$$

ただし，$M^I := \mathrm{map}(I, M)$ であり，$p := ev_0 \times ev_1$，$q, \widetilde{q}, i$ と j は包含写像である．また，k も包含写像であり，$p_{13}(x, y, z) := (x, z)$ と定義されている．

図式 (4.5) と (4.6) の左面に現れるのは図式 (4.1) であり，この (4.1) を用いてループ積が定義されていることに注意する．一般に代数の射 $\varphi\colon A \to L$ と $\psi\colon A \to S$ があるときこの代数射を用いて L, S はそれぞれ右（左）A-加群と見なせる．このとき定義されるトージョン積をここでは $\mathrm{Tor}^*_A(L, S)_{\varphi,\psi}$ と表す．図式 (4.5) と (4.6) から誘導されるアイレンバーグ–ムーア（Eilenberg–Moore）写像 EM（第 A.1.1 節参照）とその自然性から次の結果を得る．

定理 4.18（[79]） M を次元 d の単連結ゴレンシュタイン空間とする．このとき次の図式は可換である：

$$
\begin{array}{ccc}
\mathrm{Tor}^*_{C^*(M^{\times 2})}(C^*(M), C^*(M^I))_{\Delta^*, p^*} & \xrightarrow{\mathrm{Tor}_{p_{13}^*}(1, c^*)} & \mathrm{Tor}^*_{C^*(M^{\times 3})}(C^*(M), C^*(M^I \times_M M^I))_{v^*, u^*} \\
{\scriptstyle \mathrm{EM}}\downarrow{\scriptstyle \cong} & & {\scriptstyle \cong}\uparrow{\scriptstyle \mathrm{Tor}_{w^*}(1, \widetilde{q}^*)} \\
H^*(LM) & & \mathrm{Tor}^*_{C^*(M^{\times 4})}(C^*(M), C^*(M^I \times M^I))_{(wv)^*, p^{2*}} \\
{\scriptstyle \mathrm{Dlp}}\downarrow & & \downarrow{\scriptstyle \mathrm{Tor}_1(\Delta^!, 1)} \\
(H^*(LM)^{\otimes 2})^{*+d} & \xleftarrow[\cong]{\mathrm{EM}'} & \mathrm{Tor}^{*+d}_{C^*(M^{\times 4})}(C^*(M^{\times 2}), C^*(M^I \times M^I))_{\Delta^{2*}, p^{2*}}
\end{array}
$$

---

*11） 次小節では分類空間に対して定義する．

ここで，EM は (4.6) の前面に，EM$'$ は (4.5) の後面に現れる引き戻し図式から得られるアイレンバーグ–ムーア写像である．

また次数 d のゴレンシュタイン空間 M に対して，双対ループ余積

$$\mathrm{Dlcop}\colon H^*(LM \times LM) \to H^{*-d}(LM)$$

は次の 3 つの図式の左面を用いて $\mathrm{Dlcop} := H^*(\mathrm{Comp}^!) \circ H^*(q)$ と定義される．したがって，下記の前後面が引き戻し図式からなるキューブを用いて，トージョン関手によりその分解が記述される．

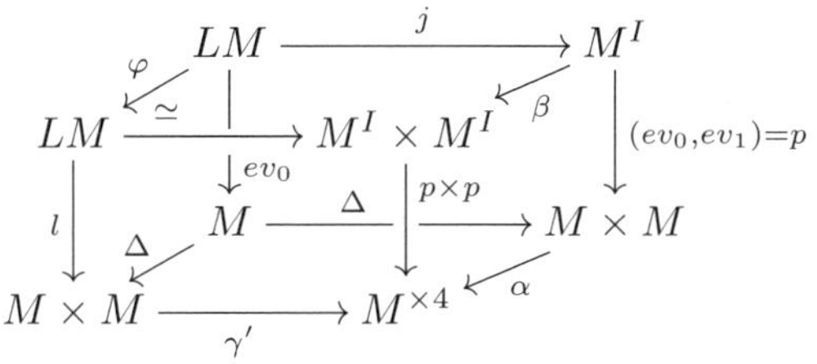

$$\begin{array}{ccccccc}
 & & LM & \xrightarrow{\quad j \quad} & & & M^I \\
 & \swarrow^{\varphi}_{\simeq} & \Big| & & & \swarrow^{\beta} & \Big\downarrow{\scriptstyle (ev_0, ev_1)=p} \\
LM & \longrightarrow & & M^I \times M^I & & & \\
{\scriptstyle l}\Big\downarrow & & \downarrow{\scriptstyle ev_0} & \Big|{\scriptstyle p\times p} & & & \\
 & & M & \xrightarrow{\quad\Delta\quad} & & & M \times M \\
 & \swarrow^{\Delta} & & \Big\downarrow & & \swarrow^{\alpha} & \\
M \times M & \xrightarrow[\gamma']{\qquad} & & M^{\times 4} & & &
\end{array} \tag{4.7}$$

ただし，$l(\gamma) := (l(0), l(1/2))$, $\varphi(\ell)(t) := \ell(2t)$; $0 \le t \le 1/2$, $\varphi(\ell)(t) := \ell(1)$; $1/2 \le t \le 1$, $\alpha(x, y) := (x, y, y, y)$, $\beta(\ell) := (\ell, c_{\ell(1)})$ と定義されている．

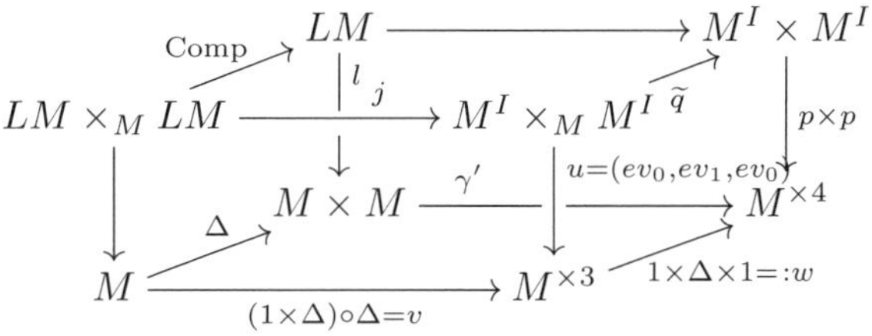

$$\begin{array}{ccccccc}
 & & LM & \longrightarrow & & & M^I \times M^I \\
 & \nearrow^{\mathrm{Comp}} & \Big|{\scriptstyle l} & & & \nearrow^{\widetilde{q}} & \Big\downarrow{\scriptstyle p\times p} \\
LM \times_M LM & \xrightarrow{\quad j \quad} & & M^I \times_M M^I & & & \\
\Big\downarrow & & \downarrow & \Big|{\scriptstyle u=(ev_0, ev_1, ev_0)} & & & \\
 & & M \times M & \xrightarrow{\quad\gamma'\quad} & & & M^{\times 4} \\
 & \nearrow^{\Delta} & & \Big\downarrow & & \nearrow_{1\times\Delta\times 1=:w} & \\
M & \xrightarrow[(1\times\Delta)\circ\Delta=v]{\qquad} & & M^{\times 3} & & &
\end{array} \tag{4.8}$$

ただし，$\gamma'(x, y) := (x, y, y, x)$ であり j, $\widetilde{q}$ は自然な包含写像である．

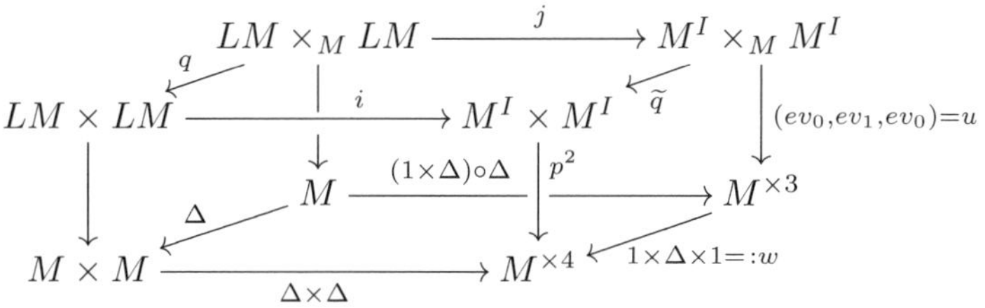

$$\begin{array}{ccccccc}
 & & LM \times_M LM & \xrightarrow{\quad j \quad} & & & M^I \times_M M^I \\
 & \swarrow^{q} & \Big| & & & \swarrow^{\widetilde{q}} & \Big\downarrow{\scriptstyle (ev_0, ev_1, ev_0)=u} \\
LM \times LM & \xrightarrow{\quad i \quad} & & M^I \times M^I & & & \\
\Big\downarrow & & \downarrow & \Big|{\scriptstyle p^2} & & & \\
 & & M & \xrightarrow{(1\times\Delta)\circ\Delta} & & & M^{\times 3} \\
 & \swarrow^{\Delta} & & \Big\downarrow & & \swarrow_{1\times\Delta\times 1=:w} & \\
M \times M & \xrightarrow[\Delta\times\Delta]{\qquad} & & M^{\times 4} & & &
\end{array} \tag{4.9}$$

ただし，i, q は自然な包含写像である．

定理 4.19（[79]） M を次元 d の単連結ゴレンシュタイン空間とする．このとき次の図式は可換である．

$$\begin{array}{ccc}
\mathrm{Tor}^*_{C^*(M^{\times 4})}(C^*(M^{\times 2}), C^*((M^I)^{\times 2}))_{\Delta^{2*}, p^{2*}} & \xrightarrow{\mathrm{Tor}_1(\Delta^*, 1)} & \mathrm{Tor}^*_{C^*(M^{\times 4})}(C^*(M), C^*((M^I)^{\times 2}))_{(wv)^*, p^{2*}} \\
{\scriptstyle \mathrm{EM}}\Big\downarrow{\scriptstyle \cong} & & \Big\downarrow{\scriptstyle \mathrm{Tor}_1(\Delta^!, 1)} \\
H^*(LM)^{\otimes 2} & & \mathrm{Tor}^{*+d}_{C^*(M^{\times 4})}(C^*(M^{\times 2}), C^*((M^I)^{\times 2}))_{\gamma'^*, p^{2*}} \\
{\scriptstyle \mathrm{Dlcop}}\Big\downarrow & & \Big\downarrow{\scriptstyle \mathrm{Tor}_{\alpha^*}(\Delta^*, \beta^*)} \\
(H^*(LM))^{*+d} & \xleftarrow[\cong]{\quad \mathrm{EM}' \quad} & \mathrm{Tor}^{*+d}_{C^*(M^{\times 2})}(C^*(M), C^*(M^I))_{\Delta^*, p^*}
\end{array}$$

ここで，EM は (4.9) 前面に，EM$'$ は (4.7) の後面に現れる引き戻し図式から得られるアイレンバーグ–ムーア写像である．

定理 4.18, 4.19 のトージョン積に収束する代数的な**アイレンバーグ–ムーアスペクトル系列**（Eilenberg–Moore spectral sequence（EMSS））（付録 A 参照）を考えることで，自由ループ空間のコホモロジーに収束する EMSS 上に双対ループ（余）積が定義される．

定理 4.20（[79]） M を d 次元単連結ゴレンシュタイン空間とする．このとき，$H^*(LM;\mathbb{K})$ に収束する EMSS $\{E_r^{*,*}, d_r\}$ はターゲットのループ（余）積と可換な（余）積を持つ．すなわち，各項 $E_r^{*,*}$ は余積 $\mathrm{Dlp}_r\colon E_r^{p,q} \to \bigoplus_{s+s'=p,\, t+t'=q+d} E_r^{s,t} \otimes E_r^{s',t'}$ と積 $\mathrm{Dlcop}_r\colon E_r^{s,t} \otimes E_r^{s',t'} \to E_r^{s+s',t+t'+d}$ を持ち，微分に関しては

$$
\begin{aligned}
&\mathrm{Dlp}_r\, d_r = (-1)^d (d_r \otimes 1 + 1 \otimes d_r)\, \mathrm{Dlp}_r, \\
&\mathrm{Dlcop}_r (d_r \otimes 1 + 1 \otimes d_r) = (-1)^d d_r\, \mathrm{Dlcop}_r
\end{aligned}
$$

を満たす．ここで，$(d_r \otimes 1 + 1 \otimes d_r)(a \otimes b)$ は $a \in E_r^{p,q}$ に対して，$d_r a \otimes b + (-1)^{p+q} a \otimes d_r b$ を意味する．さらに E_∞-項 $E_\infty^{*,*}$ はバイマグマ（次数 $(0,d)$ の余積，積を持つ 2 重次数付きベクトル空間）として $GrH^*(LM;\mathbb{K})$ に同型である．

4.2.2 シャートウ–メニキによる分類空間のストリングトポロジー

シャートウ–メニキ（Chataur–Menichi）[15]はコンパクト連結リー群 G の分類空間 BG のループコホモロジー上でホモロジー的共形場理論（HCFT；定義 4.22 参照）が展開できることを示した（後述の定義 4.21 参照）．したがって，BG のループコホモロジーは 2 次元の位相的場の理論（TQFT）になる．TQFT における重要なストリング作用素として，ペア・オブ・パンツ・コボルディズム $\Sigma_{0,2+1}$（または $\Sigma_{0,1+2}$）から得られる体係数ホモロジー上のループ積（またはループ余積）がある．この節では，その HCFT 構造が分類空間のループホモロジー上にどのように定義されるのかを解説する*12)．

まず，$\mathcal{P}$ をプロップ（PROP, products and permutations）とする．すなわち狭義の対称モノイダル圏（例えば [64, 3.2.4]）で対象は非負整数の集合 $\mathbb{Z}_+$ と同一視され，対象上のモノイド構造は整数の和で定義されている：$p \otimes q = p + q$．こうして射の作る集合上では次の 2 つの合成が考えられる．

$$
\begin{aligned}
&- \otimes -\colon \mathcal{P}(p,q) \otimes \mathcal{P}(p',q') \to \mathcal{P}(p+p', q+q'), \\
&- \circ -\colon \mathcal{P}(q,r) \otimes \mathcal{P}(p,q) \to \mathcal{P}(p,r).
\end{aligned}
$$

*12) 多様体のループホモロジー上の HCFT 構造に関しては，[38], [68] 参照．

例えば，ベクトル空間 V に対して $\mathcal{E}nd_V(p,q) := \mathrm{Hom}(V^{\otimes p}, V^{\otimes q})$ とし，合成 $-\otimes-$ を写像のテンソル積で，$-\circ-$ を線形写像の合成で定義したものはプロップである．

定義 4.21　V を次数付きベクトル空間で $\mathcal{P}$ を線形プロップ（射の集合がベクトル空間）であるとする．線形プロップの射 $F\colon \mathcal{P} \to \mathcal{E}nd_V$ が存在するとき，V を $\mathcal{P}$ 上の代数という．すなわち，F はモノイダル関手であり，さらに $\mathcal{P}$ における交換同型射 $\tau_{m,n}\colon m\otimes n \to n\otimes m$ が存在する場合，$F(\tau_{m,n}) = \tau_{V^{\otimes m}, V^{\otimes n}}$ をみたす．ここで，$\tau_{V^{\otimes m}, V^{\otimes n}}$ は次数付きの交換射である．

非負整数 g, p, q に対して，種数 g，p 個（q 個）のイン（アウト）・バウンダリーを持つ向き付け可能曲面を $\Sigma_{g,p+q}$ と表す．このとき，$D_{g,p+q} := \mathrm{Diff}^+(\Sigma_{g,p+q}, \partial)$ を曲面 $\Sigma_{g,p+q}$ 上の境界を各点ごとに止め，向きを保つ微分同相写像全体の作る群とし，

$$BD(p,q) := \coprod_{\Sigma_{g,p+q},\, g\geq 0} B\,\mathrm{Diff}^+(\Sigma_{g,p+q}, \partial)$$

とおく．ここで，直和は位相和 $\coprod_p S^1$ から $\coprod_q S^1$ へのコボルディズム類を動くものとする．$H_*(BD)(p,q) := H_*(BD(p,q))$ と定めると，コボルディズムの和と合成は $H_*(BD)$ にプロップ構造を定める．

定義 4.22　次数付きベクトル空間 V がプロップ $H_*(BD)$ 上の代数であるとき，V を**ホモロジー的共形場理論**（homological conformal field theory (HCFT)）という．

プロップ構造はその随伴を経由して写像 $H_*(BD)(p,q)\otimes V^{\otimes p} \to V^{\otimes q}$ を定めることに注意する．また $H_0(BD)(p,q)$ 上に制限された作用が V 上に TQFT 構造を定める．

さて，G をコンパクト連結リー群，BG をその分類空間とする．S^1 の位相和を境界に持つコボルディズム $\Sigma_{g,p+q}$ を考える．

$$\coprod^p S^1 \xrightarrow{\rho_{\mathrm{in}}} \Sigma_{g,p+q} \xleftarrow{\rho_{\mathrm{out}}} \coprod^q S^1$$

この図式に関手 $\mathrm{map}(\text{-}, BG)$ を適用して次の空間の系列を得る．

$$LBG^{\times p} \xleftarrow{\mathrm{map}(\mathrm{in}, BG)} \mathrm{map}(\Sigma_{g,p+q}, BG) \xrightarrow{\mathrm{map}(\mathrm{out}, BG)} LBG^{\times q}$$

それぞれに，ボレル（Borel）構成を行うことで，新たに 2 つの写像

$$\begin{aligned}\rho_{\mathrm{in}}\colon \mathcal{M}_{g,p+q}(BG) &:= ED_{g,p+q}\times_{D_{g,p+q}} \mathrm{map}(\Sigma_{g,p+q}, BG)\\ &\longrightarrow BD_{g,p+q}\times LBG^{\times p},\\ \rho_{\mathrm{out}}\colon ED_{g,p+q}\times_{D_{g,p+q}} &\mathrm{map}(\Sigma_{g,p+q}, BG) \to BD_{g,p+q}\times LBG^{\times q}\\ &\xrightarrow{pr_2} LBG^{\times q}\end{aligned}$$

を得る．ここで，$ED_{g,p+q} \to BD_{g,p+q}$ は普遍 $D_{g,p+q}$-バンドルを表し，pr_2 は第 2 成分への射影である．ρ_{in} はファイブレーションであり，ファイバーとして基点を保つ連続写像全体からなる空間 $\mathrm{map}_*(\Sigma_{g,p+q}/\partial_{\mathrm{in}}, BG)$ を持ち，さらにこのファイバーのホモロジーのトップクラスとして‘向き’ $\omega \in H_{-d\chi_\Sigma}(\mathrm{map}_*(\Sigma_{g,p+q}/\partial_{\mathrm{in}}, BG))$ を定めることができる．ここで χ_Σ は曲面 $\Sigma_{g,p+q}$ のオイラー標数 $2k-2g-p-q$（k は連結成分の個数），$d = \dim G$ である．したがって，この向きを使って，次数 $-d\chi_\Sigma$ を持つファイバーに沿う積分写像 $\rho_{\mathrm{in}!}\colon H_*(BD_{g,p+q} \times LBG^{\times p}) \to H_{*-d\chi_\Sigma}(\mathcal{M}_{g,p+q}(BG))$ が定義される．誘導写像 $H(\rho_{\mathrm{out}})$ との合成で，準同型写像

$$\nu(\Sigma_{g,p+q})\colon H_*(BD_{g,p+q}) \otimes H_*(LBG)^{\otimes p} \to H_{*-d\chi_\Sigma}(LBG)^{\otimes q} \quad (4.10)$$

を得る．コボルディズム $\Sigma_{g,p+q}$ の各連結成分のインおよびアウト・バウンダリーをそれぞれ少なくとも 1 つ持つ場合に作用 $\nu(\Sigma_{g,p+q})$ が定義されていることに注意する[*13)]．

定理 4.23（[15]） G を連結コンパクトリー群とする．このとき上述の作用 $\nu(\Sigma_{g,p+q})$ によりホモロジー $H_*(LBG)$ は非単位的，非余単位的 HCFT となる．すなわち作用素が定義される場合にプロップの構造（定義 4.21 の関手）が意味を持ち，射の 2 種類の合成 $-\otimes-$ および $-\circ-$ と可換である．

特に，作用素 $\nu(\Sigma_{g,p+q})$ を $H_0(BD_{g,p+q})$ に制限することで $H_*(LBG)$ に TQFT 構造が定義されることになる．

コンパクト連結リー群 G の分類空間のペア・オブ・パンツ $\Sigma_{0,1+2}$ に対応するストリング作用素（ループ余積）$\nu(\Sigma_{0,1+2})(1\otimes -)\colon H_*(LBG) \to H_{*+d}(LBG)^{\otimes 2}$ を考える．このとき，レトラクト $r\colon \Sigma_{0,1+2} \overset{\approx}{\to} S^1 \vee S^1$ を使って次の可換図式が得られる．

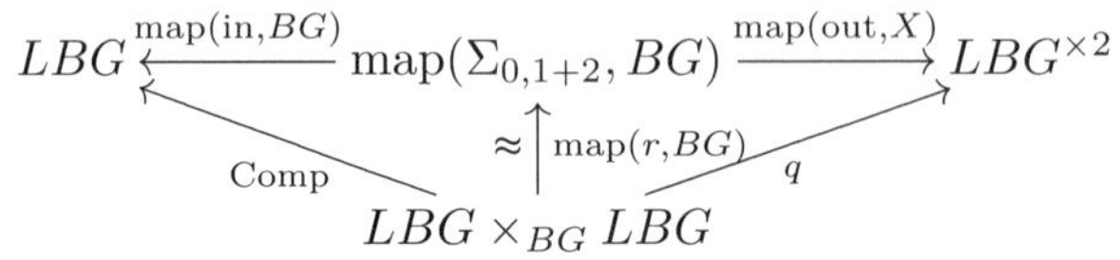

$$\begin{array}{ccccc} LBG & \xleftarrow{\mathrm{map}(\mathrm{in},BG)} & \mathrm{map}(\Sigma_{0,1+2},BG) & \xrightarrow{\mathrm{map}(\mathrm{out},X)} & LBG^{\times 2} \\ & \nwarrow^{\mathrm{Comp}} & \approx\uparrow\ \mathrm{map}(r,BG) & \nearrow_{q} & \\ & & LBG \times_{BG} LBG & & \end{array}$$

ここで Comp はループの結合写像であり，q は包含写像を表している．BG はゴレンシュタイン空間であり，Comp のファイバーに沿う積分写像はギジン写像で書くことができるので[34, Theorem 13]，BG のストリングトポロジーも導来ストリングトポロジーといえる．

注意 4.24 BV 作用素は写像類群におけるデーン（Dehn）ツイストからフレビッツ（Hurewicz）写像経由で得られる $H_1(BD_{0,1+1})$ 上の生成元を用いて定

*13) さらに定理 4.25 で見るように，厳密にはファイバーの向きの情報を同型 $H_{-d\chi_\Sigma}(\mathrm{map}_*(\Sigma_{g,p+q}/\partial_{\mathrm{in}}, BG)) \cong \left(\det H_1(\Sigma, \partial_{\mathrm{out}}; \mathbb{Z})\right)^{\otimes d}$ により，左辺のプロップで表示して，上述のプロップ $H_*(BD)$ とのテンソル積上で ν は定義される．

義される（式 (4.10) 参照）．デーンツイストのランタン関係式を適用して，BV 作用素 (4.2) の双対 $\Delta\colon H^*(LBG) \to H^{*-1}(LBG)$ が BV 恒等式（定義 4.6）をみたすことがわかる[68]．

また一般にループコホモロジー $H^*(LX)$ において，0 での評価写像であるファイブレーション $ev_0\colon LX \to X$ がコホモロジー上に誘導する写像と BV 作用素の双対との合成が，論文[65]の**加群微分子**（定義 A.26 参照）である．したがって，その論文中で行った自由ループ空間のコホモロジーの計算から従う定理[81, Theorems 3.1, 5.1, 5.7]のように，双対ループ余積 Dlcop をカップ積で記述し，カップ積に関してライプニッツ則をみたす加群微分子を適用することで，BV 作用素を計算することができる．よって，$H^*(BG)$ が多項式環である場合，分類空間のループコホモロジーは BV 代数として完全に決定できる[81, Theorems 4.3, 5.13, 5.14]．

注意 4.24 で述べた具体的計算の応用として，プロップが定義する分類空間のループコホモロジー上の HCFT 構造が，そのプロップ上の代数に次数付き BV 代数構造を誘導することがわかる．ここで重要なのはプロップ構造は作用する次数付きベクトル空間にはよらないということである．すなわち上述の具体的計算によりプロップの向き付けの作用を決めたことになり，次の定理を得る．以下，コンパクト曲面 $\Sigma_{g,p+q}$ を g, p, q を省略して単に Σ または Σ_{p+q} と表す．また $\det H_1(\Sigma, \partial_{\mathrm{out}}; \mathbb{Z})$ を $H_1(\Sigma, \partial_{\mathrm{out}}; \mathbb{Z})$ 上の外積代数のトップ次元の加群により定義されるプロップとする[15, 11.4]．

定理 4.25（[81]） プロップ $\bigoplus_\Sigma \big(\det H_1(\Sigma, \partial_{\mathrm{out}}; \mathbb{Z})\big)^{\otimes d} \otimes_{\mathbb{Z}} H_*(B\,\mathrm{Diff}^+(\Sigma, \partial))$ 上の代数である次数付きベクトル空間 H^* を考える．その作用

$$\nu^*\colon \big(\det H_1(\Sigma_{p+q}, \partial_{\mathrm{out}}; \mathbb{Z})\big)^{\otimes d} \otimes_{\mathbb{Z}} H_*(B\,\mathrm{Diff}^+(\Sigma_{p+q}, \partial)) \otimes (H^*)^{\otimes p} \to (H^*)^{\otimes q}$$

に対して $\nu^*(s \otimes a)v$ を $\nu^{*s\otimes a}(\Sigma_{p+q})v$ と表す．向き $s \in \big(\det H_1(\Sigma_{0,2+1}, \partial_{\mathrm{out}}; \mathbb{Z})\big)^{\otimes d}$ および生成元 $\eta \in H_0(B\,\mathrm{Diff}^+(\Sigma_{0,2+1}, \partial))$ を指定して，H^* 上の積 $\odot\colon H^* \otimes H^* \to H^*$ を

$$a \odot b = (-1)^{d(i-d)}\,\mathrm{Dlcop}(a \otimes b) := \nu^{*s\otimes\eta}(\Sigma_{0,2+1})(a \otimes b)$$

で定義する．ここで，$a \otimes b \in H^i \otimes H^j$ である．以上の設定の下，次数をシフトし $\mathbb{H}^* := H^{*+d}$ と定義するとき，$(\mathbb{H}^*, \odot)$ は次数付き可換代数である．さらに $\overline{\alpha}$ をシリンダー $\Sigma_{0,1+1}$ のデーンツイストから得られる $H_1(B\,\mathrm{Diff}^+(\Sigma, \partial))$ 上の元とする．$\mathbb{H}^*$ 上の作用 $\Delta\colon \mathbb{H}^* \to \mathbb{H}^{*-1}$ を $\Delta = \nu^{*id_1\otimes\overline{\alpha}}(\Sigma_{0,1+1})$ と定めるとき，$(\mathbb{H}^*, \odot, \Delta)$ は次数付き可換 BV 代数となる．

ホッホシルトコホモロジーと分類空間のループコホモロジーの関係を述べてこの小節を閉じる．連結リー群 G の整係数ホモロジーが p-トージョンを

持たないときは，BV 代数としてループコホモロジー $H^{*+\dim G}(LBG;\mathbb{Z}/p)$ はホッホシルトコホモロジー $HH^*(H_*(G;\mathbb{Z}/p);H_*(G;\mathbb{Z}/p))$ と同型である[81, Theorem 6.2]．したがって，特にゲルステンハーバー代数として同型となる．ただし，定理 4.8 でみたように，ホッホシルトコホモロジー上の BV 作用素はコンヌ境界作用素が定義する．ところが，G の整係数ホモロジーが p-トージョンを持つ場合，上のような BV 代数としての同型は一般には成立しない．$G=G_2$ や $SO(3)$ がその場合にあたるが[81, Theorem 6.3]，しかしゲルステンハーバー代数としては（不思議だが）同型になる．具体的な計算により得られる結果であるため，この現象を完全に特徴付けるリー群 G または分類空間 BG の性質は不明である．

4.2.3 有理ストリングトポロジー

この小節では，第 3 章で説明した有理ホモトピー論のストリングトポロジーへの応用例として，分類空間 BG の双対ループ（余）積の性質について議論する．図式 (3.2) を考えると，関手 $C^*(\ )$ を有理ドラーム複体関手 $A_{PL}(\ )$ で置き換える場合，導来圏 $\mathrm{D}(\text{Mod-}C^*(X;\mathbb{Q}))$ でのストリングトポロジーは $\mathrm{D}(\text{Mod-}A^*_{PL}(X))$ で考えることができる．定理 3.14 の LM のサリバンモデルが利用できる．多様体やポアンカレ空間の双対ループ積のモデルも定理 3.14 の LM のサリバンモデルを用いて記述可能である[35, Section 4]が，$\mathbb{C}P^n$ であってもその表記は複雑である．

この節では，シャートウ–メニキによる分類空間のストリングトポロジーに有理ホモトピー論を適用してループ（余）積の性質を考察する．一般的なリー群の分類空間が $\mathbb{Q}$-ゴレンシュタイン空間であることを示す．

まず，$\mathbb{K}$ を任意標数の体，M を単連結空間でその体 $\mathbb{K}$ 係数コホモロジーが多項式環であるものを考える．ここでは，$H^*(M)\cong\mathbb{K}[x_1,\dots,x_n]$ として，$\mathbb{H}_*(LM)$ はシフトホモロジー $H_{*-d}(LM)$ を表すとする．ただし，$d=-\sum_{i=1}^n(\deg x_i-1)$ である．このとき，M は次数 $d=-\sum_{i=1}^n(\deg x_i-1)$ の $\mathbb{K}$-ゴレンシュタイン空間である．実際，

$$\begin{aligned}\mathrm{Ext}^*_{C^*(M)}(\mathbb{K},C^*(M))&\cong\mathrm{Ext}^*_{H^*(M)}(\mathbb{K},H^*(M))\\&\cong(\otimes_{i=1}^n\mathrm{Ext}^*_{\mathbb{K}[x_i]}(\mathbb{K},\mathbb{K}[x_i]))^*=\begin{cases}\mathbb{K}&\text{if }*=d,\\0&\text{if }*\neq d\end{cases}\end{aligned}$$

となるからである．はじめの同型は [30, Theorem 6.10] から，2 番目の同型は [29, (4.6)] の証明から従う．双対ループ余積 $\mathrm{Dlcop}:=\mathrm{Comp}^!\circ q^*$ を具体的に定義するために，ギジン写像

$$\begin{aligned}\Delta^!\in\mathrm{Ext}^d_{C^*(M^{\times2})}(C^*(M),C^*(M^{\times2}))&=\mathrm{Ext}^d_{C^*(M^{\times2})}(C^*(M^I),C^*(M^{\times2}))\\&=H^0(M)=\mathbb{K}\end{aligned}$$

を $H(\Delta^!)$ がファイブレーション $\Omega M \to M^I \to M^{\times 2}$ のファイバーに沿う積分写像となるように選ぶ．

定理 3.14 から $H^*(LBG;\mathbb{Q}) \cong H(\mathbb{Q}[t_i] \otimes \wedge(st_i), 0) = \mathbb{Q}[t_i] \otimes \wedge(st_i)$ で与えられる．ただし $\deg t_i$ は偶数であり，$\deg st_i = \deg t_i - 1$ である．また $d = -\dim G$ であることに注意する．次を示すことが本小節の目標である．

命題 4.26 $H_*(LBG;\mathbb{Q})$ 上のループ積は自明であり，ループ余積は単射である*14)．

まず，$M = BG$ として，図式 (4.8) と (4.9) の左面に現れる，写像 $\mathrm{Comp}\colon LM \times_M LM \to LM$ と $q\colon LM \times_M LM \to LM \times LM$ を思い出す．対角写像 $\Delta\colon M \to M \times M$ のモデルは，定理 3.14 の証明中から，M のサリバンモデルを $(\wedge V, 0) = (\wedge(t_1, \ldots, t_l), 0)$ とすると，包含 $j\colon (\wedge V \otimes \wedge V, 0) \to (\wedge V \otimes \wedge V \otimes \wedge \overline{V}, \delta)$ となる．(3.5) で定義される同型写像 φ を考えれば，$\wedge V$ における微分が自明であることに注意すると，$\varphi(1 \otimes v \otimes 1 - v \otimes 1 \otimes 1) = d\overline{v} = d\varphi(\overline{v})$ を得る．したがって $\delta(\overline{v}) = 1 \otimes v \otimes 1 - v \otimes 1 \otimes 1$ であり，$\delta(v) = 0$ となる．

補題 4.27 (1) 誘導写像 $H^*(q)\colon H^*(LM \times LM;\mathbb{Q}) \to H^*(LM \times_M LM;\mathbb{Q})$ は全射である．
(2) ギジン写像 $H(\mathrm{Comp}^!)\colon H^*(LM \times_M LM;\mathbb{Q}) \to H^{*-\dim G}(LM;\mathbb{Q})$ は全射である．

証明 (1) 図式 (4.9) の前面と後面の引き戻し図式において，上述の Δ のサリバンモデルを用いて，定理 3.13 を適用すると，写像 q のモデルは

$$1 \otimes m\colon (\wedge(sV) \otimes \wedge(sV) \otimes \wedge V \otimes \wedge V, 0) \to (\wedge(sV) \otimes \wedge(sV) \otimes \wedge V, 0)$$

となることがわかる (第 A.2 節 (A.5) も参照)．ただし，m は $\wedge V$ の積を表す．こうして $H^*(q) = H(1 \otimes m) = 1 \otimes m$ となり (1) を得る．

(2) 注意 4.17 の下で，$\mathrm{Comp}^!$ を具体的に求める．すなわち，次の可換図式の一列目に現れる微分代数の射を記述する．

$$\begin{array}{ccc}
(\wedge V \otimes \wedge(sV), 0) \otimes_{\wedge V \otimes \wedge V} (\wedge V \otimes \wedge V \otimes \wedge(sV), \delta) & \xrightarrow{1 \otimes \Delta^! = \mathrm{Comp}^!} & (\wedge V \otimes \wedge(sV), 0) \\
\uparrow h & & \uparrow l^* \\
(\wedge V \otimes \wedge V \otimes \wedge(sV), \delta) & \xrightarrow[\Delta^!]{} & (\wedge V \otimes \wedge V, 0)
\end{array}$$

ここで，左上の可換微分代数は $LM \times_M LM$ のサリバン極小モデル $(\wedge(sV) \otimes \wedge(sV) \otimes \wedge V, 0)$ であることに注意する．さて，生成元 $\Delta^! \in$

*14) この命題の主張は一般の体係数 $\mathbb{K}$ の場合は $H^*(BG;\mathbb{K})$ が多項式環である場合には成立する．また相対ループ余積も決定されている（[81, Propositions 7.2, 7.3, Theorem 3.1] 参照）．

$\mathrm{Ext}^{-\dim G}_{\wedge V \otimes \wedge V}(\wedge V, \wedge V \otimes \wedge V) \cong H^0(M) \cong \mathbb{K}$ を $\Delta^!(st_1 \cdots st_l) = 1$ として選ぶことができる*15)．結果として，$H(\mathrm{Comp}^!) = \mathrm{Comp}^!$ は全射となる． □

命題 4.26 の証明 図式 (4.5), (4.6) を考える．双対ループ積の定義に現れるギジン写像 $q^!$ は $C^*(LM \times LM)$-線形写像である（注意 4.17 参照）．したがって，$x \in H^*(LM \times LM; \mathbb{Q})$ に対して，マイナス次数のコホモロジーは 0 であるから，$(H^*(q^!) \circ H^*(q))(x) = H^*(q)(x) \cdot H^*(q^!)(1) = 0$ となる．補題 4.27 (1) から $H^*(q^!) = 0$ となり，双対ループ積すなわち，ループ積が自明になる．

双対ループ余積は $H^*(\mathrm{Comp}^!) \circ H^*(q)$ と定義されるから，補題 4.27 から後半の主張が従う． □

4.3 グルドバーグによる分類空間のラベル付き開閉位相的場の理論

まず，一般的なラベル付き 2 次元 TQFT を導入するために，集合 $\mathcal{S}$ によりラベル付けられた開閉コボルディズムの圏 oc-Cobor($\mathcal{S}$) を次のように定義する．対象は S^1 および端点が $\mathcal{S}$ の元によりラベル付けられた区間 $I = [0, 1]$ の直和である．対象 Y_0 から Y_1 への射は 2 次元の向き付けられた曲面（2 次元コボルディズム）の微分同相類である．その 2 次元コボルディズムは次のような 3 つの部分からなる境界 $\partial\Sigma$ を持つものとする（図式 (4.11) 参照）．

$$\partial\Sigma = Y_0 \cup Y_1 \cup \partial_{\mathrm{free}}\Sigma.$$

以降，コボルディズム Σ が文脈から明確であるとき，Y_0 と Y_1 をそれぞれ，∂_{in} と ∂_{out} と表す．また，自由境界と呼ばれる境界部分 $\partial_{\mathrm{free}}\Sigma$ は，境界 ∂Y_0 と ∂Y_1 の 1 次元コボルディズムであり，∂Y_0 と ∂Y_1 のラベルと両立する $\mathcal{S}$ 上のラベルが付加されているものとする．射の合成は，コボルディズムを境界で接着することで与えられる．ただし，ラベルを保つように接着することが要求される*16)．

次数付きベクトル空間のなす圏を $\mathbb{K}$-Vect と表す．射は次数を保存するとは限らない線形写像である．このとき，モノイダル関手

$$\mu\colon (\text{oc-Cobor}(\mathcal{S}), \coprod) \longrightarrow (\mathbb{K}\text{-Vect}, \otimes)$$

を $\mathcal{S}$ によりラベル付けられた **2 次元開閉位相的場の理論**という．ここで，$\coprod$ はコボルディズムの直和を表し，ラベル付けられた開閉コボルディズムの圏のモノイダル構造を定義している．以下 2 次元のコボルディズム Σ に対して関

---

*15) 非自明性は $\mathrm{Comp}^!$ のそれからも従う．

*16) 対象には順序が付いていて，コボルディズムの合成においては，その順序を保つように接着する．さらなる詳細は [87], [97] を参照．

手 μ により定まる線形写像を μ_Σ と表し，**コボルディズム作用素**と呼ぶ．また，$(\Sigma, \{\Sigma^H\}_{H\in\mathcal{S}})$ によりラベル付き自由境界の連結成分が $\{\Sigma^H\}_{H\in\mathcal{S}}$ で与えられるコボルディズムを表す．ただし，ラベル H によっては $\Sigma^H = \emptyset$ もあり得る．

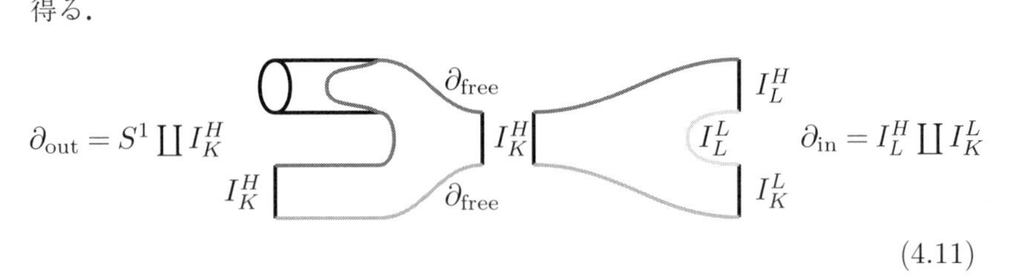

(4.11)

次に，グルドバーグ（Guldberg）[43] による分類空間のラベル付き 2 次元開閉位相的場の理論を紹介する*17)．コンパクト連結リー群 G とその閉部分群からなる集合を $\mathcal{B}$ と表す．ラベル付きのコボルディズム $\Sigma := (\Sigma, \{\Sigma^H\}_{H\in\mathcal{B}})$ に対して，空間 $\mathcal{M}(\Sigma)$ を引き戻し図式

$$\begin{array}{ccc} \mathcal{M}(\Sigma) & \longrightarrow & \mathrm{map}(\Sigma, BG) \\ \downarrow & & \downarrow i^* \\ \prod_H \mathrm{map}(\Sigma^H, BH) & \xrightarrow[B\iota_*]{} & \prod_H \mathrm{map}(\Sigma^H, BG) \end{array} \tag{4.12}$$

で定義する．ただし，$\iota\colon H \to G$ は包含写像，$i\colon \partial_{\text{free}}\Sigma = \coprod_H \Sigma^H \to \Sigma$ は埋め込みを示している．また，1 次元のコボルディズム $\partial_{\text{in}} = (\partial_{\text{in}}, \{\Sigma^H \cap \partial_{\text{in}}\}_{H\in\mathcal{B}})$ に同様の引き戻し構成を適用して，空間 $\mathcal{M}(\partial_{\text{in}})$ を得る．引き戻し構成の自然性から，包含写像 $in\colon \partial_{in} \to \Sigma$ は写像 $in^*\colon \mathcal{M}(\Sigma) \to \mathcal{M}(\partial_{in})$ を誘導する．次の命題はコボルディズム作用素を構成する上で本質的である．

命題 4.28（[43, Proposition 2.3.9]） (i) 包含写像 in はファイブレーション $\mathcal{M}(\Sigma)_c \to \mathcal{M}(\Sigma) \overset{in^*}{\to} \mathcal{M}(\partial_{in})$ を誘導し，そのファイバー $\mathcal{M}(\Sigma)_c$ は $\Omega BH \simeq H$, G/H' および，あるファイブレーション $\Omega BH'' \to E \to G/H''$ の全空間 E との積で与えられる．ただし，$H, H', H'' \in \mathcal{B}'$ はコボルディズム Σ のラベルである．
(ii) (i) におけるファイブレーションは向き付け可能である．すなわち底空間の基本群のファイバーのホモロジーへの作用は自明である．

こうして，ファイブレーション $h := in^*\colon \mathcal{M}(\Sigma) \to \mathcal{M}(\partial\Sigma)$ に対して，ファイバーに沿う積分写像 $h_!\colon H_*(\mathcal{M}(\partial\Sigma)) \to H_{*+i}(\Sigma)$ が定義できる．その次数 i は $H_*(\mathcal{M}(\Sigma)_c)$ のトップ次数であることに注意する．次が [43] における主定理である．

定理 4.29（[43, Theorem 1.2.3]） コンパクト連結リー群 G とその連結閉部分群からなる集合 $\mathcal{B}$ を指定する．$\mathcal{B}$ 上ラベル付けられたコボルディズム Σ に

*17) 多様体上の部分空間にラベルを持つ TQFT, HCFT に関しては [38] を参照．

対して，合成

$$\mu_\Sigma\colon H_*(\mathcal{M}(\partial_{\mathrm{in}})) \xrightarrow{h_!} H_*(\mathcal{M}(\Sigma)) \xrightarrow{(out^*)_*} H_*(\mathcal{M}(\partial_{\mathrm{out}}))$$

で定義されるコボルディズム作用素 μ_Σ はラベル付けられた 2 次元開閉位相的場の理論を与える．特に，$\mu_{\Sigma_1\circ\Sigma_2} = \mu_{\Sigma_1} \circ \mu_{\Sigma_2}$ が成立する．

ここで，そしてこれ以降は TQFT に現れる非零係数部分は無視する．すなわち，コボルディズム作用素の計算においては，非零スカラー倍を無視する．

定理 4.5 の結果[*18]から，開閉 TQFT もある意味自明な作用素が多いのではないか，特に**開理論**と**閉理論**は「分離」してしまうのではないかと考えてしまう．そこで開弦と閉弦を繋ぐ重要な**口笛コボルディズム**（下図参照）から得られる作用の非自明性が気になる．

ラベル付けられた口笛コボルディズム $W = (W, \{W^H\})$ を考える．そのイン・バウンダリー ∂_{in} は $I = [a,b]$ であり，H でラベル付けられたアーク $W^H = {}_a\cap_b$ の端点がそれぞれ a と b である．アウト・バウンダリー ∂_{out} は円 S^1 である．W の自由境界は W^H のみであることに注意する．

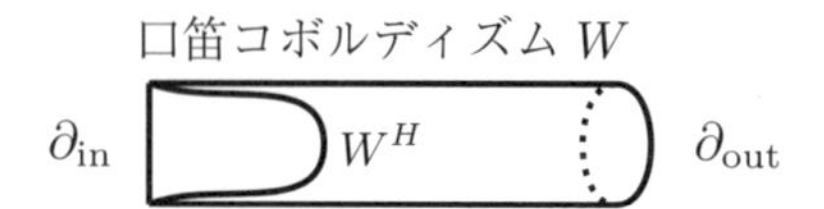

[75] の主定理は次のように述べられる．

定理 4.30（[75, Theorem 1.1]） G をコンパクト連結リー群，H を連結閉かつ最大階数部分群とし，G と H の整係数ホモロジーは p-トージョンを持たないとする．ただし p は体 $\mathbb{K}$ の標数である．このとき，口笛コボルディズム $W = (W, \{W^H\})$ および逆向き口笛コボルディズム $(W^{\mathrm{op}}, \{(W^{\mathrm{op}})^H\})$ に同伴する作用素 μ_W と $\mu_{W^{\mathrm{op}}}$ は非自明である．さらに，$(\deg(B\iota)^*(x_i), p) = 1$ $(i = 1, \ldots, l)$ が成り立つとき，合成作用素 $\mu_W \circ \mu_{W^{\mathrm{op}}} = \mu_{W\circ W^{\mathrm{op}}}$ も非自明である．ただし，$B\iota\colon BH \to BG$ は包含写像 $\iota\colon H \to G$ が誘導する分類空間の間の写像であり，$x_1, \ldots, x_l$ は $H^*(BG;\mathbb{K})$ の生成元である．

証明は，まずコホモロジー上で考えて，(4.12) の引き戻し図式に EMSS（定理 A.1）を適用して，計算に必要なコホモロジー環を求める．それらの生成元を LSSS の言葉で記述することで，ファイバーに沿う積分を計算する．

定理 4.30 の前半の仮定の下，[75, Remark 3.3 (ii)] の結果から，口笛コボルディズムの逆の合成に同伴する作用素 $\mu_{W^{\mathrm{op}}\circ W}$ は自明になる．

注意 4.31 コボルディズム作用素 $\mu_{(W\circ W^{\mathrm{op}})}$ は一般には非自明であるが，自由境界のラベルが W のそれと必ずしも一致しない口笛コボルディズム

*18) また [81, Theorems 7.1, 7.3] より連結リー群 G に対して，$H(BG, \mathbb{K})$ が多項式環ならば BG 上の $\mathbb{K}$ 係数ループ積は自明である．

W_1 に対しても $\mu_{(W^{\mathrm{op}} \circ W_1)} \equiv 0$ となる．結果として，コボルディズム作用素 $\mu_{(2\text{つの穴を持つシリンダー})}$ は自明である．

W W^{op} W_1 W_1^{op} =

定理 4.32（開 TQFT 構造[75, Theorem 1.2]） Υ をラベル付けられた 2 つのインターバル I_L^H と I_K^L からラベル付けられた一つのインターバル I_K^H へのコボルディズムとする（下記の図参照）．定理 4.30 の前半の仮定の下，コボルディズム作用素 μ_Υ は自明であるが，$\mu_{\Upsilon^{\mathrm{op}}}$ は一般には非自明である．実際，$\mu_{\Upsilon^{\mathrm{op}}}$ は単射である．

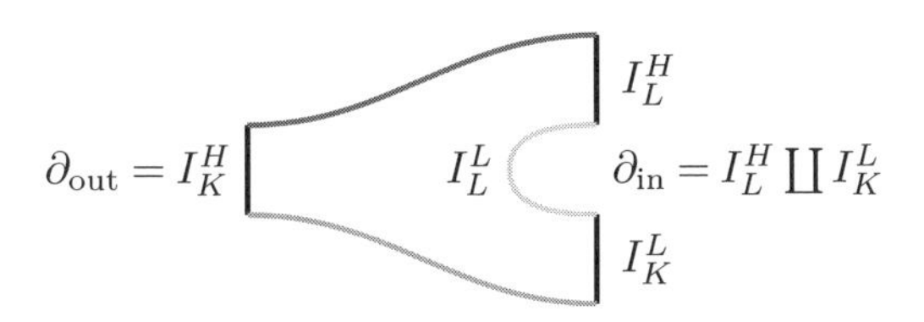

さらに具体的な計算を原理的には行うことができる．

定理 4.33（有理係数の場合の開 TQFT 構造[75, Assertion 4.1]） $\mathcal{B}$ を G の最大階数の連結閉部分群とする．このとき，グルドバーグによるラベル付けられた TQFT の双対作用素 $\mu\colon (\mathsf{oc\text{-}Cobor}(\mathcal{B}), \coprod) \to (\mathbb{Q}\text{-}\mathsf{Vect}, \otimes)$ は，等質空間のコホモロジー環構造（生成元とイデアルの生成元）から非零スカラー倍を除いて具体的に計算可能である．

コボルディズムの合成が引き起こす開閉 TQFT 上の関係式（例えば，カーディー（Cardy）等式など，[87, Section 3] 参照）の生成元による表記も興味深い問題である．また，[15], [43] で展開されている分類空間の HCFT において，その高次のコボルディズム作用素，すなわち写像類群の高次ホモロジーから得られる作用素（4.2.2 節参照）の具体的計算も残されている*19)．

4.4 文献案内・補遺

自由ループ空間のコホモロジー環の計算や有理，p-進（p-adic）ホモトピー論に現れる写像空間のサリバンモデル/代数的モデルの構造を詳しく調べると，定義域空間のセル構造，値域空間に現れるポストニコフ（Postnikov）システムや一次（さらには高次）作用素の情報が，モデルの微分代数構造，E_∞-構造，そして写像空間のコホモロジー環の構造に反映して現れる．例えば，値域空間

*19) 筆者が知る限り，$H_1(BD)$ の生成元に対応する BV 作用素の計算しかない．

のスティーンロッド（Steenrod）代数構造が，自由ループ空間の代数構造を決めるイデアルの生成元を与える[65, Remark 3.4]という現象も確認されている．したがって，ストリングトポロジーの研究は，値域空間に潜む内部構造を定義域空間の幾何学的構造を用いて表面にあぶり出す新しい方法を与えることが期待される．

有理ホモトピー論のストリングトポロジーへの応用についていくつか述べる．文献 [33], [35] では単連結多様体に関するループ積や BV 代数のサリバンモデルによる解釈を与えている．また，M がフォーマル空間であるとき，自由ループ空間 LM のボレルホモロジー上で定義されるストリング括弧積（リー積）をループ積やループ括弧積で表示することが可能である[83]．また，多様体上で展開される内部積，外微分，リー微分等からなるカルタン計算は LM 上に一般化されている[84]．

第5章
ディフェオロジー

ディフェオロジカル空間（diffeological space，以下，diff-空間と略す場合がある）は80年代初頭スーリオ（Souriau）[112]により導入された可微分多様体の一般化であり，チェン（Chen）の反復積分の理論に現れるチェン空間[16]の亜種と考えられる*1)*2)．diff-空間とその間の滑らかな写像が作る圏 Diff は，可微分多様体の圏 Mfd を含み（Mfd から Diff への埋め込みが存在し），極限および余極限を持つカルテシアン閉圏となる．Diff の持つこうした豊かな性質から，diff-空間の微分同相群や自由ループ空間を含む写像空間，等質空間，バンドルの概念[56]も整備され，近年では層理論的考察[4]，キレンのモデル圏構造の導入[18], [62], [63], [104]の研究も進んでいる．

多様体をホモトピー論的観点から考察する場合，忘却関手経由で位相空間の圏内で考察し，微分構造を反映した性質を捉えるという方法に加え，もし効果的にホモトピー論を Diff 上で展開できるならば，無限次元を含む多様体を微分構造を保ったまま圏 Diff の中で直接考察できることになる（5.7節参照）．これらを実行するために Diff ではじめに整備すべき枠組みは，ドラーム理論と思われるが，スーリオによる diff-空間の微分形式に関してはドラームの定理が成立しない（注意5.19参照）．本節では，新しいドラーム複体を導入し，圏 Diff におけるドラームの定理の定式化とその応用可能性について考察する．

ディフェオロジーの教科書としてイグレシアス-ゼムール（Iglesias-Zemmour）の[56]をあげる．

---

*1) 当初，微分同相群の考察にこの新しい概念が用いられていたため，その定義は5つの公理からなっていた（5.1.1節参照）．群に関連した2つの公理の他の3つの公理が独立してディフェオロジーが定義されている．

*2) チェンの反復積分に関する和書参考文献として[124]がある．

5.1 ディフェオロジカル空間とその基本性質

ディフェオロジーとディフェオロジカル空間（diff-空間）の定義から始める．

集合 X に対して，n 次元のユークリッド空間 $\mathbb{R}^n$ $(n \geq 0)$ の開集合 U からの写像 $U \to X$ を X の**変数写像**（parametrization）とよぶ．

定義 5.1 集合 X 上の**ディフェオロジー** $\mathcal{D}$ とは，X の変数写像を元としてもつ集合で，次の条件を満たす．

1. （covering）任意の n と開集合 $U \subset \mathbb{R}^n$ に対して，各定値写像 $U \to X$ は $\mathcal{D}$ に属す．
2. （compatibility）$\mathcal{D}$ の元 $U \to X$ および開集合 $V \subset \mathbb{R}^m$ からの任意の C^∞-写像 $V \to U$ に対して，合成 $V \to U \to X$ は $\mathcal{D}$ の元である．
3. （locality）$U = \bigcup_i U_i$ を $\mathbb{R}^n$ の開集合の開被覆とする．写像 $p\colon U \to X$ の制限 $U_i \to X$ が $\mathcal{D}$ の元ならば，$p\colon U \to X$ も $\mathcal{D}$ の元である．

集合 X とディフェオロジー $\mathcal{D}$ の組 $(X, \mathcal{D})$ を**ディフェオロジカル空間**といい，$\mathcal{D}$ の元を X の**プロット**と呼ぶ．以下では，プロット P の定義域を U_P と表すことがある．また U を定義域としてもつプロットからなる集合を $\mathcal{D}(U)$ と表す．今後，変数写像の定義域はドメインとも呼ぶ場合がある．

ディフェオロジカル空間の射 $f\colon (X, \mathcal{D}^X) \to (Y, \mathcal{D}^Y)$（**可微分写像**と呼ばれる）とは，集合の間の写像 $f\colon X \to Y$ で X の任意のプロット P に対して，$f \circ P$ が Y のプロットになることである．こうして，ディフェオロジカル空間とその間の射によりディフェオロジカル空間の圏 Diff が定義される．

例 5.2 (1) M を多様体とする[*3)]．基礎集合 M に対して，**標準ディフェオロジー** $\mathcal{D}^M$ を任意のドメインからの可微分写像 $U \to M$ が作る集合として定義する．このとき，ディフェオロジカル空間 $(M, \mathcal{D}^M)$ が定まる．さらに多様体の圏からの関手 $m\colon \mathsf{Mfd} \to \mathsf{Diff}$ が $m(M) = (M, \mathcal{D}^M)$, $m(f) = f$ により定義される[*4)]．

(2) diff-空間 $(X, \mathcal{D}^X)$ と X の部分集合 A に対して，$\mathcal{D}(A)$ を

$$i^*(\mathcal{D}^X) = \mathcal{D}(A) := \{P\colon U \to A \mid U \text{ はドメインであり } i \circ P \in \mathcal{D}^X\}$$

と定義する．ただし，$i\colon A \to X$ は包含写像である．このとき，$\mathcal{D}(A)$ は A のディフェオロジーとなる．この $\mathcal{D}(A)$ を**部分ディフェオロジー**（sub-diffeology）といい，$(A, \mathcal{D}(A))$ を X の**ディフェオロジカル部分空間**（diffeological subspace）という．

---

*3) 特に断らない限り，多様体はハウスドルフ，第 2 可算，有限次元で境界を持たないものを意味する．

*4) 多様体の可微分写像は標準ディフェオロジーの下で Diff の可微分写像となることに注意する．

(3) diff-空間の集合族 $\{X_i\}_{i\in I}$ の積 $X := \prod_{i\in I} X_i$ に対して，ディフェオロジー $\mathcal{D}_{\rm prod}$ を

$$\mathcal{D}_{\rm prod} := \left\{ P\colon U \to \prod_{i\in I} X_i \;\middle|\; \forall i \in I,\ \pi_i \circ P \text{ は } X_i \text{ のプロット} \right\}$$

と定義することができる．ただし，$\pi_i\colon \prod_{i\in I} X_i \to X_i$ は i-成分への射影を表す．これを，X の**積ディフェオロジー**という．

より一般に写像 $h_i\colon Y \to (X_i, \mathcal{D}_i)$ $(i \in I)$ に対する，**イニシャルディフェオロジー** $\mathcal{D}^Y$ は $\mathcal{D}^Y := \{P\colon U \to Y \mid \forall i \in I, h_i \circ P \in \mathcal{D}_i\}$ として定義される．これはすべての h_i を可微分にする Y の最大のディフェオロジーとなる．以下，$h\colon Y \to (X, \mathcal{D})$ に対する Y のイニシャルディフェオロジーを $h^*(\mathcal{D})$ と表す．

(4) $(X, \mathcal{D}^X)$ と $(Y, \mathcal{D}^Y)$ を diff-空間とする．X から Y への可微分写像全体の集合 $C^\infty(X, Y)$ を考える．**関数ディフェオロジー** $\mathcal{D}_{\rm func}$ は変数写像 $P\colon U \to C^\infty(X, Y)$ で，その随伴 $ad(P)\colon U \times X \to Y$ が可微分になるものの集合として定義される（命題 5.11 参照）．$\mathcal{D}_{\rm func}$ がディフェオロジーになることは容易に示される．

例 5.3 (1) $\mathcal{F} := \{f_i : Y_i \to X\}_{i\in I}$ を diff-空間 $(Y_i, \mathcal{D}^{Y_i})$ $(i \in I)$ から集合 X への写像の集合とする．このとき，$\mathcal{D}^X$ を次の条件を満たす変数写像 $P\colon U \to X$ の集合として定義する：

任意の $r \in U$ に対して (i) U に含まれる r の開近傍 V_r とプロット $P_i \in \mathcal{D}^{Y_i}$ が存在して $P|_{V_r} = f_i \circ P_i$ を満たす，または，(ii) $P|_{V_r}$ は定値写像である．

この定義により $\mathcal{D}^X$ は X のディフェオロジーとなり，$\mathcal{F}$ に関する X の**ファイナルディフェオロジー**と呼ばれる．これはすべての $f_i \in \mathcal{F}$ を可微分にする最小のディフェオロジーとなる．

$X = \bigcup_{i\in I} {\rm Im}\, f_i$ ならば条件 (i) のみがファイナルディフェオロジーの定義に必要とされることに注意する．また，diff-空間の間の全射 $\pi\colon X \to Y$ において，π により定義される Y のファイナルディフェオロジーが Y のもとのディフェオロジーと一致するとき π を**サブダクション**（subduction）という．

(2) diff-空間の族 $\{(X_i, \mathcal{D}_i)\}_{i\in I}$ に対して，余積 $\coprod_{i\in I} X_i$ は**和ディフェオロジー**と呼ばれる標準的包含写像に関するファイナルディフェオロジーを持つ．

(3) $(X, \mathcal{D})$ を diff-空間であり集合 X 上に同値関係 $\sim$ が定義されているとする．このとき等化集合 $X/\sim$ に**商ディフェオロジー**と呼ばれる商写像 $X \to X/\sim$ に関するファイナルディフェオロジーが定義される．

上の例 5.2 と 5.3 から次の重要な結果を得ることができる．

定理 5.4（[4, Theorem 5.25]） diff-空間の圏 Diff は極限，余極限を持ち，任意の diff-空間 X により定義される積関手 $- \times X$ に対して関数ディフェオロ

ジーにより定義される関手 $C^\infty(X,-)$ が右随伴関手となる．すなわち，Diff は完備，余完備なデカルト閉圏になる．

実際，極限と余極限は集合の圏におけるそれらに，部分ディフェオロジーと商ディフェオロジーをそれぞれ与えることで得られる．

diff-空間は $\mathbb{R}^N$ $(N \geq 0)$ の開集合を Diff 内で貼り付けて得られる対象と見ることができる．これを正確に述べるために，まず，X のディフェオロジー $\mathcal{D}^X$ を次のように小圏として考える．プロットを対象とし，2 つのプロット P と Q に対して射 $f\colon P \to Q$ をドメイン U_P から U_Q への通常の意味の可微分写像で

$$\begin{array}{ccc} U_P & \xrightarrow{f} & U_Q \\ & {\scriptstyle P}\searrow \quad \swarrow{\scriptstyle Q} & \\ & X & \end{array}$$

を可換にする写像 f として定義する．この解釈の下で，次を得る．

命題 5.5 diff-空間 $(X, \mathcal{D}^X)$ に対して，diff-空間として次の同型が成り立つ．

$$\mathrm{colim}_{P\in\mathcal{D}^X} U_P \cong X.$$

証明 余極限は diff-空間の和 $\coprod_{P\in\mathcal{D}^X} U_P$ を $u \sim f(u)$ $(u \in U_P,\ f\colon U_P \to U_Q)$ で生成される同値関係による商ディフェオロジーにより定義されることに注意する．余極限の普遍性から $\Psi(u) = Q(u)$ $(u \in U_Q)$ で定義される可微分射 $\Psi\colon Z := \mathrm{colim}_{P\in\mathcal{D}^X} U_P \to X$ が存在する．

次に，射 $\Phi\colon X \to Z$ を $\Phi(x) = (*, i_x)$ で定義する．ただし，$i_x\colon \{*\} = \mathbb{R}^0 \to X$ は $x \in X$ へのプロットである．射 Φ が可微分であることを示す．$P\colon U_P \to X$ を X のプロットとする．このとき，$u \in U_P$ に対して $(u, P) \sim (*, i_{P(u)})$ であるから，射 $\Phi \circ P$ は標準的単射と商写像の合成 $U_P \to \coprod_{P\in\mathcal{D}^X} U_P \to Z$ と考えることができる．よって，商ディフェオロジーの定義から $\Phi \circ P$ は可微分射となり，したがって Φ は可微分写像となる．よって，$\Psi \circ \Phi = id_X$ と $\Phi \circ \Psi = id_Z$ が成立するから結果を得る． □

5.1.1 ディフェオロジカル空間の例

圏 Diff における群対象 G は**ディフェオロジカル群**（diffeological group，以下，diff-群と略す場合がある）と呼ばれる．すなわち，定義により，G 上の積 $G \times G \to G$ と逆元を対応させる写像 $G \to G$ はいずれも可微分である．例えば，リー群[*5)] は基本的な diff-群の例となる．さらに重要な例を以下で与える．M を diff-空間とし，$\mathrm{Diff}(M)$ を M 上の微分同相写像が作る群（微分同相群）[*6)] とする．

*5) 例 5.2 の関手 $m\colon \mathsf{Mfd} \to \mathsf{Diff}$ は積を保つことに注意する．
*6) 積は写像の合成で与えられる．

命題 5.6　M を有限次元多様体とするとき関数ディフェオロジーを持つ写像空間 $C^\infty(M,M)$ の部分 diff-空間 $\mathrm{Diff}(M)$ はディフェオロジカル群である．

はじめに，多様体とは限らない一般の場合 diff-空間に対して微分同相群を考察する．

例 5.7　$(M,\mathcal{D}^M)$ を diff-空間として，包含写像 $i\colon \mathrm{Diff}(M)\to C^\infty(M,M)=:F$ を考える．また，写像 $\mathrm{Inv}\colon \mathrm{Diff}(M)\to\mathrm{Diff}(M)$ を $\mathrm{Inv}(g)=g^{-1}$ で定義する．変数写像の集合 $\mathcal{D}$ を $\mathcal{D}:=i^*(\mathcal{D}^F)\cap(\mathrm{Inv})^*(\mathcal{D}^F)$ と定義すると（例 5.2 (2) 参照），これは $\mathrm{Diff}(M)$ のディフェオロジーとなり，$(\mathrm{Diff}(M),\mathcal{D})$ は diff-群*7) となる．ただし $\mathcal{D}^F$ は F の関数ディフェオロジーである．

実際，$\mathcal{D}$ の定義から積 $m\colon \mathrm{Diff}(M)\times\mathrm{Diff}(M)\to\mathrm{Diff}(M)$ が可微分であることを示せば十分である．α と β を $\mathcal{D}$ に属する変数関数とする．合成 $\alpha\times\beta\colon U_\alpha\times U_\beta\to\mathrm{Diff}(M)\times\mathrm{Diff}(M)\overset{m}{\to}\mathrm{Diff}(M)$ とその随伴 $ad(m\circ(\alpha\times\beta))\colon U_\alpha\times U_\beta\times M\to M$ を考える．任意のプロット $\gamma\in D^M$ に対して，随伴 $ad(\alpha)\colon U_\alpha\times M\to M$ と $ad(\beta)\colon U_\beta\times M\to M$ を用いることで，$U_\alpha\times U_\beta\times U_\gamma$ から M への写像として，

$$ad(m\circ(\alpha\times\beta))\circ(1\times1\times\gamma)=ad(\alpha)\circ(1\times ad(\beta))\circ(1\times1\times\gamma)$$

となることがわかる．右辺は可微分写像であることから結果が従う．

命題 5.6 の証明　例 5.7 により，この命題を示すためには $(\mathrm{Inv})^*(\mathcal{D}^F)\supset i^*(\mathcal{D}^F)$ を示せば十分である．したがって，写像 Inv が関数ディフェオロジーに関して可微分であることを示せばよい．$i^*(\mathcal{D}^F)$ に属するプロット $\alpha\colon U_\alpha\to\mathrm{Diff}(M)$ に対して，合成

$$ad(\mathrm{Inv}\circ\alpha)=ad(\mathrm{Inv})\circ(\alpha\times1)\colon U_\alpha\times M\to\mathrm{Diff}(M)\times M\to M$$

が可微分であることを示す．写像 $\varphi\colon U_\alpha\times M\to U_\alpha\times M$ を $\varphi(x,m):=(x,ad(\alpha)(x,m))$ と定義する．このとき，任意の $x_0\in U_\alpha$ に対して，写像 $ad(\alpha)(x_0,-)\colon M\to M$ はプロットの仮定により，可微分同相写像となる．こうして，逆関数定理により φ は通常の意味において微分同相写像となる．さらに，$\varphi^{-1}(x,n)=(x,ad(\mathrm{Inv})(\alpha\times1)(x,n))$ となることがわかるから，結果として Inv は可微分となる．　□

命題 5.8（[4, 2.1 Example]）　例 5.2 (1) で定義される関手 $m\colon \mathsf{Mfd}\to\mathsf{Diff}$ は充満忠実埋め込みである．

証明　例 5.2 (1) で定義したように，多様体の標準ディフェオロジーにおけるプロットは，局所的に多様体のチャート（座標近傍）を経由する．よっ

*7)　命題 5.6 のディフェオロジーとは異なることに注意する．命題では $i^*(\mathcal{D}^F)$ のみで diff-群になると主張している．

て対応 m は射に関しても well-defined である．次に $m\colon \mathrm{Hom}_{\mathsf{Mfd}}(M,N) \to \mathrm{Hom}_{\mathsf{Diff}}(m(M),m(N))$ を $m(f)=f$ と定義する．この写像が全単射であることを示す．$f\colon m(M)\to m(N)$ を Diff 上の可微分写像とする．このとき，任意のチャートにより定義される写像 $\varphi_i^{-1}\colon \varphi_i(U_i)\to m(M)$ に対して，合成 $f\circ\varphi_i^{-1}$ は $m(N)$ のプロットであり，よって可微分となる．したがって，$f\circ\varphi_i^{-1}$ は局所的に N のチャートとユークリッド空間の開集合の間の可微分写像との合成で表すことができる．こうして f は可微分写像で Mfd の射となる． □

圏 Diff は随伴関手により Top と関連することを以下で解説する．X を位相空間とするとき，**連続ディフェオロジー** D_{CX} が

$$\mathcal{D}_{CX} := \{P\colon U\to X \mid P \text{ は連続，} U \text{ は } \mathbb{R}^N\ (N\geq 0) \text{ の開集合}\}$$

で定義される．さらに関手 $C\colon \mathsf{Top}\to\mathsf{Diff};\ CX := (X,\mathcal{D}_{CX})$ が自然に定義される．

diff-空間 $(M,\mathcal{D}_M)$ に対して，M の部分集合 A が **D-開集合**であることを，任意のプロット $P\in\mathcal{D}_M$ に対して，その逆像 $P^{-1}(A)$ が P の定義域 U_P の開集合であることとして定義する．ただし U_P は標準的な位相（ユークリッド空間から定義される相対位相）を持つ位相空間として考える．このとき，M の D-開集合の族は集合 M に位相（**D-位相**という）を定義する．各 diff-空間に D-位相を定めることで，関手 $D\colon \mathsf{Diff}\to\mathsf{Top}$ が定義され，これは上述の関手 C の左随伴となる（詳細は [104] 参照）．

D-位相と例 5.2 や 5.3 で考察したディフェオロジーとの関係は [56, 2.12] で考察されている．例えば，X を diff-空間とするとき，商ディフェオロジーを持った diff-空間 $X/{\sim}$ において A が D-開集合であるための必要十分条件は A が射影 $D(X)\to X/{\sim}$ により定義される等化位相の下で開集合になることである．

関手 D の性質として重要なものを以下いくつか述べる．

命題 5.9 M を多様体とする．このとき V が $m(M)$ の D-開集合であるための必要十分条件は V が M の開集合になることである．こうして，関手の合成 $D\circ m$ は忘却関手 $U\colon \mathsf{Mfd}\to\mathsf{Top}$ と一致する．

証明 V を $m(M)$ の D-開集合，$\{U_i,\varphi_i\}_i$ を M のアトラス（座標近傍系）とする．各チャートの逆写像は $m(M)$ のプロットであることに注意する．定義により，逆像 $(\varphi_i^{-1})^{-1}(V)=\varphi_i(V\cap U_i)$ は $\varphi_i(U_i)$ で開集合である．$V=\bigcup_i(\varphi_i^{-1})(\varphi_i(V\cap U_i))$ であるから，V は M の開集合となる．

次に，V を M の開集合とする．$m(M)$ の各プロット $P\colon U_P\to m(M)$ は可微分であるから連続となる．したがって，逆像 $P^{-1}(V)$ は U_P で開集合となる． □

補題 5.10 ([18, Lemma 4.1]) X と Y を diff-空間とする．また，$D(X)$ は局所コンパクト，ハウスドルフ空間であるとする．このとき自然な全単射 $D(X \times Y) \to D(X) \times D(Y)$ は同相写像である．

証明 ユークリッド空間の開集合 U と V に対して，$(*)\colon D(U \times V) = D(U) \times D(V)$ が成り立つ．実際，命題 5.9 により，この場合の D-位相は通常の位相と一致するからである．関手 $D\colon \mathsf{Diff} \to \mathsf{Top}$, $Z \times -\colon \mathsf{Diff} \to \mathsf{Diff}$ はいずれも左随伴である．さらに，関手 $W \times -\colon \mathsf{Top} \to \mathsf{Top}$ も W が局所コンパクト，ハウスドルフ空間ならば左随伴である．したがって，これらの関手は余極限と可換である．こうして，

$$\begin{aligned} D(X \times Y) &= D(X \times \operatorname{colim}_{Q \in \mathcal{D}^Y} U_Q) \\ &= \operatorname{colim}_{Q \in \mathcal{D}^Y} \operatorname{colim}_{P \in \mathcal{D}^X} D(U_P \times U_Q) \\ &= \operatorname{colim}_{Q \in \mathcal{D}^Y} D(X) \times D(U_Q) = D(X) \times D(Y) \end{aligned}$$

を得る．ただし，3 番目と 4 番目の等式は $(*)$，そして $D(U_Q)$ と $D(X)$ が局所コンパクト，ハウスドルフ空間であることから従う． □

写像空間の D-位相と他の位相との比較は [17, Section 4 and Appendix] で詳しく考察されている．特に次が成り立つ．

命題 5.11 ([17, Proposition 4.2]) diff-空間の写像空間の関数ディフェオロジーが定める D-位相はコンパクト開位相を含む．すなわち，$\mathcal{O}(D(C^\infty(X,Y)))$ は $\mathrm{Map}(D(X), D(Y))$ のコンパクト開位相が定める $C^\infty(X,Y)$ の相対位相 $\mathcal{O}_{\mathrm{CO}}(C^\infty(X,Y))$ より細かい：$\mathcal{O}_{\mathrm{CO}}(C^\infty(X,Y)) \subset \mathcal{O}(D(C^\infty(X,Y)))$．

証明 $B(K,W) := \{f \in C^\infty(X,Y) \mid f(K) \subset W\}$ をコンパクト開位相の開基とする．ただし K は $D(X)$ のコンパクト集合であり，W は $D(Y)$ の開集合である．$\phi\colon U \to C^\infty(X,Y)$ をプロットとする．このとき，関数ディフェオロジーの定義から随伴 $ad(\phi)\colon U \times X \to Y$ は可微分であり，したがって $ad(\phi)\colon D(U \times X) \to D(Y)$ は連続となる．任意の $u \in \phi^{-1}(B(K,W))$ に対して，$\{u\} \times K \subset ad(\phi)^{-1}(W)$ であり，右辺の集合は $D(U \times X) \cong D(U) \times D(X)$ の開集合となる．この同相は補題 5.10 から従う．K がコンパクトであることと，積位相の定義から U における u の開近傍 V が存在して $V \subset \phi^{-1}(B(K,W))$ となる． □

diff-空間はコンクリート層とも見なすことができる．次にこの事実を解説する．Euc をすべての $N \geq 0$ に対して，定義されるユークリッド空間 $\mathbb{R}^N$ の開集合を対象とし，通常の可微分写像を射として持つ圏とする．

定義 5.12 集合の圏に値を持つ Euc 上の前層がコンクリートであるとは，構造写像により定義される写像

$$\alpha\colon \widehat{X}(U) \to \mathrm{Hom}_{\mathsf{Sets}}(\mathrm{Hom}_{\mathsf{Euc}}(\mathbb{R}^0, U), \widehat{X}(\mathbb{R}^0)),$$

$\alpha(x)(P) := P^*(x)$ が単射であることである．層がコンクリート前層であるとき，**コンクリート層**という．

空でない diff-空間 $(X, \mathcal{D}^X)$ に対して前層 $\widehat{X}$ を $\widehat{X}(U) := \mathcal{D}^X(U) = C^\infty(U, X)$ と定義すると，diff-空間の定義 5.1 の 2 と 3 は $\widehat{X}$ がコンクリート層であることを示している．また，1 は各 $\widehat{X}(U)$ が空でないことを示している．

逆に，$\widehat{X}$ をコンクリート層とする．このとき，$X := \widehat{X}(\mathbb{R}^0)$ が空でないとすると，X の変数写像の部分集合 $\mathcal{D}^X$ を $\mathcal{D}^X := \bigcup_{U \in \mathsf{Euc}} \mathcal{D}^X(U)$, $\mathcal{D}^X(U) = \alpha(\widehat{X}(U))$ と定義すると，diff-空間 $(X, \mathcal{D}^X)$ を得る．実際，層の公理から $\mathcal{D}^X$ が定義 5.1 の 2 と 3 を満たすことは明らかである．また U ($\in \mathsf{Euc}$) 上のすべての定置写像が $\mathcal{D}^X(U)$ に属すことを見るために，次の系列を考える．

$$\widehat{X}(\mathbb{R}^0) \xrightarrow{u^*} \widehat{X}(U) \xrightarrow{\alpha} \mathrm{Hom}_{\mathsf{Sets}}(\mathrm{Hom}_{\mathsf{Euc}}(\mathbb{R}^0, U), \widehat{X}(\mathbb{R}^0)) \cong \mathrm{Hom}_{\mathsf{Sets}}(U, \widehat{X}(\mathbb{R}^0)).$$

ただし，$u\colon U \to \mathbb{R}^0$ は自明な写像である．このとき，前層の Euc の射に関する自然性から，任意の $y \in \mathrm{Hom}_{\mathsf{Euc}}(\mathbb{R}^0, U)$; $y(*) = y$ を考えれば，

$$\alpha(u^*(x))(y) = y^*(u^*(x)) = (u \circ y)^*(x) = (\mathrm{id}_{\mathbb{R}^0})^*(x) = x$$

となる．こうして $\mathcal{D}^X(U)$ は y への定値写像を含む．さらに次の結果を得る．

命題 5.13（[4, Propositions 4.13, 4.15]） 圏 Diff は Euc 上のコンクリート層の圏と同値である．

5.2 スーリオによるドラーム複体

ディフェオロジカル空間 $(X, \mathcal{D}^X)$ に対して，スーリオのドラーム複体 $\Omega^*(X)$（**スーリオ–ドラーム複体**）は次のように定義される．

$$\Omega^p(X) := \left\{ \mathsf{Euc}^{\mathrm{op}} \underset{\wedge^p}{\overset{\mathcal{D}^X}{\Downarrow \omega}} \mathsf{Sets} \;\middle|\; \omega\colon \text{自然変換} \right\}.$$

ただし，Sets は集合の圏である．先出のように，Euc はユークリッド空間の開集合と可微分写像からなる圏であり，$\mathbb{R}^n$ の開集合 U に対して，$\wedge^*(U) = \{h\colon U \longrightarrow \wedge^*(\oplus_{i=1}^n \mathbb{R}dx_i) \mid h\colon \text{可微分写像}\}$ は通常のドラーム複体，$\mathcal{D}^X(U)$ は U 上のプロット全体を意味する．また，$\Omega^*(X)$ の微分代数構造 $d\colon \Omega^*(X) \to \Omega^{*+1}(X)$ は $\wedge^*(U)$ から誘導される．したがって，$d^2 = 0$ となり，**ドラームコホモロジー環**

$$H^*_{\mathrm{de\,Rham}}(X) := \frac{\mathrm{Ker}\, d\colon \Omega^*(X) \to \Omega^{*+1}(X)}{\mathrm{Im}\, d\colon \Omega^{*-1}(X) \to \Omega^*(X)}$$

が定義される．

第 5.1 節で見たように $\mathcal{D}^X$ を小圏と考える場合，スーリオ–ドラーム複体は自然変換の集まりであることから

$$\Omega^*(X) = \lim_{p\in\mathcal{D}^X} \Omega^*(U_p)$$

が成り立つ．命題 5.5 における diff-空間が余極限で表されること，ドラーム複体関手は反変関手であることを考慮すれば，スーリオ–ドラーム複体の定義は自然なものであると考えられる．

注意 5.14 M を多様体とし，$\wedge^*(M)$ を M の通常のドラーム複体とする．このとき，**トートロジカル写像** $\theta\colon \wedge^*(M) \to \Omega^*(M)$ は

$$\theta(\omega) = \{p^*\omega\}_{p\in\mathcal{D}^M}.$$

と定義される．ここで，$\mathcal{D}^M$ は M の標準ディフェオロジーである．このとき，θ はコチェイン代数の同型を誘導する（[48, Section 2] 参照）．実際，M を多様体とするとき $\mathcal{D}^M$ の各プロットは M のチャートを経由するから，微分形式の座標変換による両立性がまさしく自然変換の定義に現れる四角図式の可換性に対応する．

Diff の可微分写像 $f\colon X \to Y$ に対して，微分形式 $\omega \in \Omega^p(Y)$ の引き戻し $f^*(\omega) \in \Omega^p(X)$ を X のプロット P に対して，$f^*(\omega)(P) := \omega(f\circ P)$ と定義する．以下では微分形式（自然変換）$\omega \in \Omega(X)$ に対して，対応する写像 $\omega_U\colon \mathcal{D}^X(U) \to \wedge^p(U)$ を単に ω と表記する場合がある．

diff-空間上の微分形式の取扱いに慣れるために，以下で，0-形式の振舞いを考察する．

命題 5.15（[56, 6.31]） X を diff-空間とする．このときベクトル空間としての同型 $\Omega^0(X) \cong C^\infty(X,\mathbb{R})$ と $H^0_{\mathrm{de\,Rham}}(X) \cong \mathrm{Maps}(\pi_0(X),\mathbb{R})$ が成り立つ．ただし，$\mathrm{Maps}(\pi_0(X),\mathbb{R})$ は X の各連結成分上で定値である写像からなる $C^\infty(X,\mathbb{R})$ の部分空間である．

証明 1 番目の同型を示す．線形写像 $\xi\colon \Omega^0(X) \to C^\infty(X,\mathbb{R})$ を $\xi(\omega)(x) := \omega([0\mapsto x])(0)$ と定義する．ただし，$[0\mapsto x]$ は x に値を持つ X の $\mathbb{R}^0$ 上のプロットである．ξ が well-defined であることを示すためには，任意のプロット $P\colon U \to X$ に対して，合成 $\xi(\omega)\circ P\colon U \to \mathbb{R}$ が可微分であることを示す必要がある．

写像 $\rho\colon \{0\} = V \to U$ を $\rho(0) = r$ と定義すると，任意の $r \in U$ に対して，微分形式の定義から次の可換図式を得る．

$$\begin{array}{ccc}
\mathcal{D}(U) & \xrightarrow{\omega_U} & \wedge^0(U) = C^\infty(U,\mathbb{R}) \\
{\scriptstyle \mathcal{D}(\rho)}\downarrow & & \downarrow {\scriptstyle \Lambda^0(\rho)=:\rho^*} \\
\mathcal{D}(V) & \xrightarrow[\omega_V]{} & \wedge^0(V) = C^\infty(V,\mathbb{R})
\end{array}$$

こうして，次の等式が成立する．

$$\begin{aligned}
(\xi(\omega)\circ P)(r) &= (\omega([0\mapsto P(r)])(0) \\
&= (\omega(P\circ[0\mapsto r]))(0) \\
&= \rho^*(\omega(P))(0) \quad \text{（上の図式の可換性より）} \\
&= \omega(P)(r).
\end{aligned}$$

よって，$\xi(\omega)\circ P$ は可微分である．逆写像 $\eta\colon C^\infty(X,\mathbb{R})\to\Omega^0(X)$ は，X のプロット P に対して，$\eta(f)(P)=f\circ P$ と定義される．実際，上の計算から，

$$(\eta(\xi(\omega)))(P) = \xi(\omega)\circ P = \omega(P)$$

となり，さらに $\xi(\eta(f))(x)=\eta(f)([0\mapsto x])(0)=f(x)$ を得る．

2 番目の同型を示す．微分 $d\colon\Omega^p(X)\to\Omega^{p+1}(X)$ の定義から，$(*)$: $d(\eta(f))(P)=d(\eta(f)(P))=d(f\circ P)$ が成り立つことがわかる．ただし，$f\in C^\infty(X,\mathbb{R})$ であり $P\colon U\to X$ は X のプロットである．よって，$f\in\mathrm{Maps}(\pi_0(X),\mathbb{R})$ ならば $d(\eta(f))=0$ となる．これから，制限写像 $\eta_|$: $\mathrm{Maps}(\pi_0(X),\mathbb{R})\to\mathrm{Ker}\,d$ は単射として定義される．次に，$d(\eta(f))=0$ と仮定する．また，$\gamma\colon\mathbb{R}\to X$ を点 x と x' を繋ぐ可微分な道とする．このとき，$(*)$ から $d(f\circ\gamma)=0$ が従い，f は $\mathrm{Maps}(\pi_0(X),\mathbb{R})$ 上にあることになる．こうして，制限写像 $\eta_|$ は全射であることがわかり，命題が示された． □

次は，スーリオ–ドラーム複体の重要な性質の一つである．

命題 5.16（[56, 6.39]） $\pi\colon X\to Y$ をサブダクション（例 5.3 (1) 参照）とする．このとき，誘導写像 $\Omega^*(\pi)\colon\Omega^*(Y)\to\Omega^*(X)$ は単射である．

証明 $\omega\in\Omega^p(Y)$ に対して，$\pi^*(\omega)=0$ と仮定する．Y の任意のプロット $P\colon U_P\to Y$ に対して，$\omega(P)=0$ となることを示せばよい．π はサブダクションであるから，P は局所的に X に持ち上がる．すなわち，任意の $r\in U_P$ に対して r の U_P における開近傍 V とプロット $Q\colon V\to X$ が存在して $\pi\circ Q=P|_V$ を満たす．微分形式の定義から，包含写像 $i\colon V\to U_P$ に対して可換図式

$$\begin{array}{ccc}
\mathcal{D}(V) & \xrightarrow{\omega_V} & \wedge^p(V) \\
{\scriptstyle i^*}\uparrow & & \uparrow{\scriptstyle i^*} \\
\mathcal{D}(U_P) & \xrightarrow[\omega_{U_P}]{} & \wedge^p(U_P)
\end{array}$$

を得る．よって，$\omega(P|_V) = \omega(P)|_V$ となる．さらに，$\omega(P|_V) = \omega(\pi \circ Q) = \pi^*(\omega)(Q) = 0$ であるから，主張を得る． □

命題 5.17（[56, Exercise 105]） T_Γ を無理数トーラス $\mathbb{R}^n/\Gamma$ とする．ただし，Γ は完全不連結*8) かつ $\mathbb{R}^n$ の稠密部分群とする．標準的射影 $\pi\colon \mathbb{R}^n \to T_\Gamma$ により誘導される写像 $\pi^*: \Omega^*(T_\Gamma) \to \Omega^*(\mathbb{R}^n)$ は可換微分代数の同型写像 $\pi^*: \Omega^*(T_\Gamma) \overset{\cong}{\to} (\wedge^*_{ext}\mathbb{R}^n, d \equiv 0)$ を与える．ただし，$\wedge^*_{ext}V$ は V で生成される外積代数である．

証明　各 $\alpha \in \Omega^*(T_\Gamma)$ に対して，$a := \pi^*(\alpha)$ が定値微分形式であることを示す．ここで，a を注意 5.14 におけるトートロジカル写像 θ を経由し，通常のドラーム複体の元 $\theta^{-1}(a) = a(id_{\mathbb{R}^n})$ と同一視する．元 $\gamma \in \Gamma$ に対して，$\gamma_*\colon \mathbb{R}^n \to \mathbb{R}^n$ を $\gamma_*(x) = x + \gamma$ により定義する．このとき，可換図式

$$\begin{array}{ccc}
\mathcal{D}(\mathbb{R}^n) & \xrightarrow{\;a\;} & \wedge^p(\mathbb{R}^n) \\
{\scriptstyle (\gamma_*)^*}\uparrow & & \uparrow{\scriptstyle (\gamma_*)^*} \\
\mathcal{D}(\mathbb{R}^n) & \xrightarrow[\;a\;]{} & \wedge^p(\mathbb{R}^n)
\end{array}$$

により，$(\gamma_*)^*(a(id_{\mathbb{R}^n})) = (\pi^*)(\alpha((\gamma_*))) = \alpha(\pi \circ \gamma_*) = \alpha(\pi \circ id_{\mathbb{R}^n}) = a(id_{\mathbb{R}^n})$ となることがわかる．したがって $a(id_{\mathbb{R}^n})$ は $\gamma \in \Gamma$ による平行移動の下で不変である．ここで，

$$a(id_{\mathbb{R}^n})(x) = \sum_{i_1,\ldots,i_k} a_{i_1\ldots i_k}(x) e_{i_1} \wedge \cdots \wedge e_{i_k}$$

と表す．ただし，$\{e_{i_j}\}$ は標準基底である．$a(id_{\mathbb{R}^n})$ は Γ-不変であり $(\gamma_*)^*(e_{i_j}) = e_{i_j}$ となるから，$a_{i_1\ldots i_k}(x+\gamma) = a_{i_1\ldots i_k}(x)$ が各 $\gamma \in \Gamma$ と $i_1, \ldots, i_k$ に対して成立する．仮定により，Γ は $\mathbb{R}^n$ で稠密であるから，各 $a_{i_1\ldots i_k}$ は定数となる．こうして π^* の像は $(\wedge^*\mathbb{R}^n, d \equiv 0)$ に含まれる．さらに，命題 5.16 から，$\pi^*\colon \Omega^*(T_\Gamma) \to (\wedge^*\mathbb{R}^n, d \equiv 0)$ は単射である．値域は $\Omega^*(\mathbb{R}^n)$ の可換次数付き微分部分代数であることに注意する．次の補題から π^* の全射性を示すことができる．

補題 5.18（pushing forms onto quotients[56, 6.38]） $\pi\colon X \to X'$ をサブダクションとする．このとき，ある $\beta \in \Omega^*(X')$ が存在して $\alpha = \pi^*(\beta)$ となることと，$\mathrm{dom}(P) = \mathrm{dom}(Q)$ および $\pi \circ P = \pi \circ Q$ を満たす X の任意の 2 つのプロット P と Q に対して $\alpha(P) = \alpha(Q)$ が成り立つことは同値である．

こうして，微分 p-形式 $a \in \wedge^p_{ext}(\mathbb{R}^n)$ と $\pi \circ P = \pi \circ P'$ を満たすプロット $P, P'\colon U \to \mathbb{R}^n$ に対して，$a(P) = a(P')$ が成り立つことを示す．P と P' の性質から $P(r) - P'(r) \in \Gamma$ が任意の $r \in U$ に対して成立する．Γ は完全不連結であるから，$P - P'$ は U 上で局所定値可微分写像となる．よっ

*8)　各連結成分が一点である．

て，U の各連結成分 U_j に対して，$\gamma_j \in \Gamma$ が存在して，$(*)$: $r \in U_j$ に対して $P(r) = P'(r) + \gamma_j$ を満たす．これから，

$$a(P) = P^*(a(id_{\mathbb{R}^n})) = (P')^*(a(id_{\mathbb{R}^n})) = a(P')$$

がわかる．2 番目の等式は上の $(*)$ から従う．実際，$P^*(dx_i) = (P')^*(dx_i)$ が $\mathbb{R}^n$ 上の任意の微分 1 形式 dx_i に対して成り立つ．a は定値微分 p-形式であることに注意する．よって，補題 5.18 から π^* が全射であることがわかる． □

注意 5.19 スーリオ–ドラーム複体に関して，一般にはドラームの定理が成立しない．このことを概説するために，無理数トーラス $\mathbb{T}_\theta := \mathbb{R}/(\mathbb{Z}+\theta\mathbb{Z})$ を思い出す．$\pi\colon \mathbb{R}^2 \to S^1 \times S^1 = \mathbb{T}^2$ を標準的射影とし，$\Delta_\theta := \{(x, \theta x) \mid x \in \mathbb{R}\} \cong \mathbb{R}$ を $\mathbb{R}^2$ の部分群とする．ただし，$\theta \in \mathbb{R} \setminus \mathbb{Q}$ である．このとき無理数トーラスを考える．ここで，$R_\theta := \pi(\Delta_\theta)$ である．また，商写像 π は微分同相 $\Delta_\theta \cong R_\theta$ を誘導する（[56, 1.49] 参照）ことに注意する．このとき，無理数トーラス $\mathbb{T}_\theta$ が $\mathbb{T}^2/R_\theta$ と微分同相になる．実際，微分同相写像 $\eta\colon \mathbb{T}^2/R_\theta \to \mathbb{R}/(\mathbb{Z}+\theta\mathbb{Z}) = \mathbb{T}_\theta$ が $\eta(x,y) = y - \theta x$ によって定義され，η の逆写像 η' は $\eta'(x) = (0,x)$ と定義される．$\mathbb{R}/(\mathbb{Z}+\theta\mathbb{Z})$ もまた商ディフェオロジーを持っていることに注意する．

ここで，ディフェオロジカルバンドル $\mathbb{R} \to \mathbb{T}^2 \to \mathbb{T}_\theta$ を考える（定義は [56, 8.8, 8.11]，プロットによるファイブレーションの特徴付けは [56, 8.9] を参照）．結果[18, Proposition 4.28]から，カンファイブレーション $S^D(\mathbb{R}) \to S^D(\mathbb{T}^2) \to S^D(\mathbb{T}_\theta)$ を得る（$S^D(\ )$ に関しては 5.3 節参照）．このファイブレーションに LSSS を適用して，次数付き代数として $H^*(S^D(\mathbb{T}_\theta);\mathbb{R}) \cong H^*(S^D(\mathbb{T}^2);\mathbb{R})$ となることがわかる．さらに，以下に述べる定理 5.24 から，次数付き代数として $H^*(S^D(\mathbb{T}^2);\mathbb{R}) \cong H^*_{\mathrm{de\,Rham}}(\mathbb{T}^2) \cong \wedge(t_1, t_2)$ がいえる．一方で，上で言及されているように，微分同相 $\mathbb{T}_\theta \cong \mathbb{R}/(\mathbb{Z}+\theta\mathbb{Z})$ が成り立つ．$\mathbb{Z}+\theta\mathbb{Z}$ は完全不連結，$\mathbb{R}$ で稠密な部分群であることに注意する．こうして，命題 5.17 から，次数付き代数として $H^*(\Omega^*(\mathbb{T}_\theta)) \cong \wedge^*_{ext}(\mathbb{R})$ であり，結果として，$H^*(S^{\mathcal{D}}(\mathbb{T}_\theta);\mathbb{R}) \ncong H^*(\Omega^*(\mathbb{T}_\theta))$ となる．

ドラームコホモロジーのホモトピー不変性を示すために．文献 [56] 上で展開されているカルタン–ドラーム計算の一部を利用する．

M を diff-空間とし，$h\colon \mathbb{R} \to \mathrm{Diff}(M)$ を可微分写像で $h(0) = id_M$ を満たすとする．ここで，$\mathrm{Diff}(M)$ は関数ディフェオロジーを持った可微分同相群とする．**リー微分**と呼ばれる線形写像 $\mathcal{L}_h\colon \Omega^p(M) \to \Omega^p(M)$ を $\alpha \in \Omega^p(M)$ と M のプロット P，および $s \in \mathrm{dom}\, P$ $(\subset \mathbb{R}^n)$ とベクトル $v_l \in \mathbb{R}^n$ に対して，

$$(\mathcal{L}_h(\alpha)(P)(s))(v_1, \ldots, v_p) := \frac{d}{dt}\alpha(h(t) \circ P)(s)(v_1, \ldots, v_p)|_{t=0}$$

と定義する（この写像の可微分性は [56, 6.54] 参照）．さらに，積分作用素 $\Phi\colon \Omega^p(M) \to \Omega^p(\mathrm{Paths}(M))$ をプロット $P\colon U \to \mathrm{Paths}(M)$ に対して，

$$\Phi(\alpha)(P)(s)(v_1,\ldots,v_p) := \int_0^1 \alpha(ev_t \circ P)(s)(v_1,\ldots,v_p)dt \tag{5.1}$$

と定義する．ただし，Paths(M) は M 上の道の作る diff-空間（関数ディフェオロジーを持つ）であり，$ev_t\colon \mathrm{Paths}(M) \to M$ は $ev_t(\gamma) = \gamma(t)$ で定義される t での評価写像を表す．Φ はコチェイン写像であることに注意する（[56, 6.79] 参照）．

$\tau\colon \mathbb{R} \to \mathrm{Diff}(\mathrm{Paths}(M))$ を $\tau(u)(\gamma) = \gamma \circ T_u$ で定義する．ただし，$T_u(t) = t + u$ である．このとき，τ は well-defined な可微分写像であり[56, 6.81]，さらに次が成り立つ．

命題 5.20 図式

$$\begin{array}{ccc} \Omega^p(\mathrm{Paths}(M)) & \xrightarrow{\mathcal{L}_\tau} & \Omega^p(\mathrm{Paths}(M)) \\ \Phi\uparrow & \nearrow_{(ev_1)^* - (ev_0)^*} & \\ \Omega^p(M) & & \end{array}$$

は可換である．すなわち，$\mathcal{L}_\tau(\Phi(\alpha)) = (ev_1)^*\alpha - (ev_0)^*\alpha$ が任意の微分 p-形式 α に対して成り立つ．

証明 プロット $P\colon U \to \mathrm{Paths}(M)$ と元 $s \in U$ に対して，ベクトル $v_1, \ldots,$ v_p を省略して書くことで，

$$\begin{aligned} (\mathcal{L}_\tau(\Phi(\alpha))(P)(s)) &= \frac{d}{du}\Phi(\alpha)(\tau(u)\circ P)(s)|_{u=0} \\ &= \frac{d}{du}\Big(u \mapsto \Phi(\alpha)(\tau(u)\circ P)(s)\Big)|_{u=0} \\ &= \frac{d}{du}\Big(u \mapsto \int_0^1 \alpha(ev_t \circ \tau(u) \circ P)(s)dt\Big)|_{u=0} \\ &= \frac{d}{du}\Big(u \mapsto \int_u^{u+1} \alpha(ev_{t'} \circ P)(s)dt'\Big)|_{u=0} \quad (t' := t+u) \\ &= \alpha(ev_1 \circ P)(s) - \alpha(ev_0 \circ P)(s) \\ &= ((ev_1)^*\alpha(P))(s) - ((ev_0)^*\alpha(P))(s) \end{aligned}$$

を得る． □

さて，可微分写像 $F\colon (-\varepsilon, \varepsilon) \to \mathrm{Diff}(M)$ に対して，**縮約**（contraction）$i_F\colon \Omega^p(M) \to \Omega^{p-1}(M)$ を

$$\begin{aligned} &i_F(\alpha)(P)(s)(v_1,\ldots,v_{p-1}) \\ &:= \alpha\Big(ad(F)\circ(1\times P)\Big)(0,s)\left(\begin{pmatrix}1\\ \mathbf{0}\end{pmatrix}, \begin{pmatrix}0\\ v_1\end{pmatrix}, \ldots, \begin{pmatrix}0\\ v_{p-1}\end{pmatrix}\right) \end{aligned}$$

と定義する．微分 p-形式 α の立体的単体 $\sigma \in C^\infty(\mathbb{R}^p, X)$ 上の積分 $\int_\sigma^{\mathrm{IZ}} \alpha$[56, 6.70–6.71] を用いることで（5.3 節参照），ディフェオロジーにおける

リー微分と縮約に関する**カルタン公式**（Cartan's magic formula）を得る*9)．

命題 5.21（[56, 6.72]）$F\colon \mathbb{R} \to \mathrm{Diff}(M)$ を可微分写像とするとき，次が成立する：$\mathcal{L}_F = [d, i_F]$ $(:= d \circ i_F + i_F \circ d)$.

この結果を用いて，ドラームコホモロジーの可微分ホモトピー不変性を証明するための補題が得られる．

補題 5.22 $\tau\colon \mathbb{R} \to \mathrm{Diff}(\mathrm{Paths}(M))$ を命題 5.20 の前で定義された可微分写像とする．このとき，縮約と (5.1) で定義される積分作用 Φ の合成 $K := i_\tau \circ \Phi$ はコチェイン写像 $ev_1^*, ev_0^*\colon \Omega^*(M) \to \Omega^*(\mathrm{Paths}(M))$ の間のホモトピーを与える．すなわち，$K \circ d + d \circ K = ev_1^* - ev_0^*$ が成り立つ．

証明 命題 5.21 により，任意の $\alpha \in \Omega^p(M)$ に対して，

$$
\begin{aligned}
\mathcal{L}_\tau(\Phi(\alpha)) &= i_\tau(d\Phi(\alpha)) + d(i_\tau\Phi(\alpha)) \\
&= i_\tau(\Phi(d\alpha)) + d(i_\tau\Phi(\alpha)) = K(d\alpha) + dK(\alpha)
\end{aligned}
$$

が成り立つ．したがって，命題 5.20 から結果を得る． □

定理 5.23 $f_0, f_1\colon X \to Y$ を可微分ホモトピック写像とする．このとき，コチェイン写像 $f_0^*, f_1^*\colon \Omega^*(Y) \to \Omega^*(X)$ はホモトピックである．

証明 $H\colon X \times \mathbb{R} \to Y$ を f_0 と f_1 の間の可微分ホモトピーとする．随伴 $\varphi\colon X \to \mathrm{Paths}(Y)$ は可微分であり，$ev_i \circ \varphi = f_i$ $(i = 0, 1)$ を満たす．こうして補題 5.22 から，$f_1^* - f_0^* = \varphi^* \circ (ev_1)^* - \varphi^* \circ (ev_1)^* = \varphi^*(K \circ d + d \circ K) = (\varphi^* K) \circ d + d \circ (\varphi^* K)$ を得る． □

5.3 Diff におけるドラームの定理

Diff におけるドラーム定理を述べるために，単体的微分代数*10)をいくつか用意する．

$$
\mathbb{A}^n := \left\{ (x_0, \ldots, x_n) \in \mathbb{R}^{n+1} \;\middle|\; \sum_{i=0}^{n} x_i = 1 \right\}
$$

をユークリッド空間 $\mathbb{R}^{n+1}$ の部分ディフェオロジーを持ったアフィン空間とする．$\mathbb{A}^n$ は多様体 $\mathbb{R}^n$ に $p(x_0, x_1, \ldots, x_n) = (x_1, \ldots, x_n)$ で定義される射影により微分同相であることに注意する．

本節の主定理を述べるためにいくつかの定義や概念を準備する．Δ^n_{aff} を $\mathbb{A}^n$ の部分 diff-空間で基礎集合が n 単体

*9) イグレシアス-ゼムール（Iglesias-Zemmour）による積分 $\int_\sigma^{\mathrm{IZ}} \alpha$ は第 5.3 節で定義される．

*10) 定義 2.33 において値域の圏が微分代数の圏である関手のこと．

$$\Delta^n := \left\{ (x_0, \ldots, x_n) \in \mathbb{R}^{n+1} \;\middle|\; \sum_{i=0}^{n} x_i = 1,\ \forall i,\ x_i \geq 0 \right\}$$

であるものとする．**単体的微分代数** $(A^*_{DR})_\bullet$ を各 $n \geq 0$ に対して $(A^*_{DR})_n := \Omega^*(\mathbb{A}^n)$ で定義する．さらに2つの単体的集合

$$S^D_\bullet(X)_{\mathrm{aff}} := \{\{\sigma\colon \mathbb{A}^n \to X \mid \sigma\colon C^\infty\text{-写像}\}\}_{n\geq 0},$$
$$S^D_\bullet(X)_{\mathrm{sub}} := \{\{\sigma\colon \Delta^n_{\mathrm{aff}} \to X \mid \sigma\colon C^\infty\text{-写像}\}\}_{n\geq 0}$$

を用意する．また，単体的微分代数 $(C^*_{PL})_\bullet := C^*(\Delta[\bullet])$ を考える．ただし $\Delta[n] := \mathrm{hom}_\Delta(\text{-}, [n])$ は標準 n 単体的集合である（例2.32参照）．

K を単体的集合とし，$C^*(K)$ を p 次のコチェインが K_p から $\mathbb{R}$ への写像で，退化単体を0に写す写像からなるコチェイン複体とする．K における単体的集合構造が $C^*(K)$ のコチェイン代数構造を定義する（詳細は例えば，[30, 10 (d)] 参照）．特に，$C^*(K)$ 上の積構造は，$f \in C^p(K)$ と $g \in C^q(K)$ に対して，

$$(f \cup g)(\sigma) = (-1)^{pq} f(d_{p+1} \cdots d_{p+q}\sigma) \cdot g(d_0 \cdots d_0 \sigma)$$

で与えられる**カップ積**である．ただし，$\sigma \in K_{p+q}$ であり d_i は K 上の i 次の面写像を表している．

一般的な単体的コチェイン代数 $A_\bullet$ に対して，コチェイン代数 $A(K)$ を

$$\mathsf{Sets}^{\Delta^{\mathrm{op}}}(K, A_\bullet) := \left\{ \Delta^{\mathrm{op}} \underset{A_\bullet}{\overset{K}{\underset{\longrightarrow}{\overset{\longrightarrow}{\Downarrow \omega}}}} \mathsf{Sets} \;\middle|\; \omega \text{ は自然変換} \right\}$$

で定義する．コチェイン代数構造は $A_\bullet$ から誘導されることに注意する．単体的集合 K に対して，写像 $\nu\colon C^p_{PL}(K) \to C^p(K)$ を $\sigma \in K_p$ に対して $\nu(\gamma)(\sigma) = \gamma(\sigma)(id_{[p]})$ と定義するとこれは，コチェイン代数の自然同型 $C^*_{PL}(K) \xrightarrow{\cong} C^*(K)$ を与える[30, Lemma 10.11]．さらに，diff-空間 X に対して，$A^*_{DR}(S^D_\bullet(X)_{\mathrm{aff}})$ なる形のコチェイン代数を定義することができる．これは，位相空間上のサリバン多項式微分形式のディフェオロジカル版と見なせる[113]．

単体的微分代数 $A_\bullet$ と単体的集合 K に対して，微分代数 $A(K)$ を単体的集合の圏 $\mathsf{Sets}^{\Delta^{\mathrm{op}}}$ の Hom 集合を用いて $A(K) := \mathsf{Sets}^{\Delta^{\mathrm{op}}}(K, A_\bullet)$ と定める．新しいドラーム複体として $A^*_{DR}(S^D_\bullet(X)_{\mathrm{aff}})$ を選ぶ．このとき，2つのドラーム複体を繋ぐ微分代数の射 $\alpha\colon \Omega^*(X) \to A^*_{DR}(S^D_\bullet(X)_{\mathrm{aff}})$ を $\alpha(\omega)(\sigma) = \sigma^*(\omega)$ と定義する（α は**因子写像**と呼ばれる）．次が本節の主定理となる．

定理 5.24（[59, Theorem 9.7], [76, Theorem 2.4]） diff-空間 $(X, \mathcal{D})$ に対して，微分代数の擬同型写像 φ と ψ および微分加群の射 $\int$ が存在して，次はホモトピー可換図式となる．

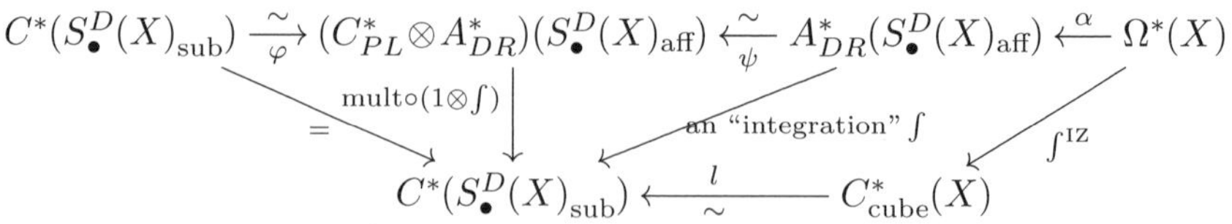

$$
\begin{array}{ccccccc}
C^*(S^D_\bullet(X)_{\mathrm{sub}}) & \xrightarrow[\varphi]{\sim} & (C^*_{PL}\otimes A^*_{DR})(S^D_\bullet(X)_{\mathrm{aff}}) & \xleftarrow[\psi]{\sim} & A^*_{DR}(S^D_\bullet(X)_{\mathrm{aff}}) & \xleftarrow{\alpha} & \Omega^*(X) \\
& \searrow^{=} & \downarrow{\scriptstyle \mathrm{mult}\circ(1\otimes\int)} & \swarrow_{\text{an ``integration'' }\int} & & \swarrow_{\int^{\mathrm{IZ}}} & \\
& & C^*(S^D_\bullet(X)_{\mathrm{sub}}) & \xleftarrow[\sim]{l} & C^*_{\mathrm{cube}}(X) & &
\end{array}
$$

ただし，mult は C^*_{PL} の微分代数 $C^*(S^D_\bullet(X)_{\mathrm{sub}})$ への作用を表す．さらに，$(X, \mathcal{D})$ が岩瀬–泉田の意味のスムース CW-複体[59] または p-階層体 (p-stratifold)[66] ならば α は擬同型写像となる．

この定理について，いくつか解説を加える．diff-空間 X の立方体的特異コチェイン複体は $C^*_{\mathrm{cube}}(X)$ は次のように定義される．diff-空間 X に対して，$C_p(X)$ を $C_p(X) := \{\sum^{\mathrm{finite}}_{\sigma\in C^\infty(\mathbb{R}^p,X)} n_\sigma\sigma \mid n_\sigma \in \mathbb{Z}\}$ で定義されるアーベル群とする．生成元 $\sigma \in C^\infty(\mathbb{R}^p, X)$ は p-キューブと呼ばれる．$\partial\colon C_p(X) \to C_{p-1}(X)$ を

$$
\partial(\sigma) = \sum_{i=1}^{p+1}(-1)^i(\varepsilon^i_0(\sigma) - \varepsilon^i_1(\sigma))
$$

と定義する．ただし，$\varepsilon^i_s(\sigma)(t_1, \ldots, t_p) = \sigma(t_1, \ldots, t_{i-1}, s, t_i, \ldots, t_p)$ である．直接計算により $\partial^2 \equiv 0$ が確かめられる（[56, 6.59] 参照）．もし射影 $pr\colon \mathbb{R}^p \to \mathbb{R}^q$ $(q < p)$ と q-キューブ τ があって $\sigma = \tau \circ pr$ を満たすとき，p-キューブ σ は退化しているという．$C^p_{\mathrm{cube}}(X)$ を準同型写像 $C_p(X) \to \mathbb{R}$ で退化 p-キューブ上で自明になるものが作るベクトル空間とする．こうして，$(C^*_{\mathrm{cube}}(X), \delta := \partial$ の双対) というコチェイン複体を得る．定理 5.24 におけるチェイン写像 $\int^{\mathrm{IZ}}\colon \Omega^*(X) \to C^*_{\mathrm{cube}}(X)$ は次で定義される．

$$
\int^{\mathrm{IZ}}_\sigma \omega = \int_{I^p} \omega(\sigma).
$$

$\omega(\sigma)$ は $\mathbb{R}^p$ 上の p-形式であることに注意する．

次に積分写像 $\int\colon (A^*_{DR})_\bullet \to (C^*_{PL})_\bullet = C^*(\Delta[\bullet])$ を $\gamma \in (A^p_{DR})_n$ に対して，

$$
\left(\int \gamma\right)(\sigma) = \int_{\Delta^p} \sigma^*\gamma \tag{5.2}
$$

と定義する．ただし，$\sigma\colon \Delta^p \to \Delta^n$ は非退化写像 $\sigma\colon [p] \to [n]$ により誘導されるアフィン写像である．アフィン写像 σ は $\mathbb{A}^p$ から $\mathbb{A}^n$ へのアフィン写像 σ に拡張されるから，$\sigma^*\gamma \in (A^p_{DR})_p$ となる．こうして，ストークスの定理から $\int$ はチェイン写像になる[6, V. Sections 4 and 5]．結果として，$\int$ は単体的次数付き微分加群の射となる．

さらに，積分写像 $\int$ はコホモロジー上に環同型を，$\int^{\mathrm{IZ}}$ はコホモロジー上に環準同型写像を誘導する．非輪状モデルの方法の利用やディフェオロジーの意味でのスムース拡張性を検証することで定理 5.24 の証明は完成する．

5.4 木原による Diff のモデル圏構造

圏 Diff のモデル圏構造を紹介するために，まず，**ディフェオロジカル標準的単体**を紹介する．Δ^n を n-単体とする．さらに，$d^i\colon \Delta^{n-1} \to \Delta^n$ を値域の i 番目の頂点をスキップして得られるアフィン写像とする．帰納的に標準的 n-単体 Δ^n に写像の族 $\{\varphi_i\}_{i=0,\dots,n}$ に関するイニシャルディフェオロジー（例 5.3 (1) 参照）を定義する．ただし，$\varphi_i\colon \Delta^{n-1} \times [0,1) \to \Delta^n$ は各 i に対して，

$$\varphi_i(x,t) = (1-t)v_i + td^i(x)$$

と定義されている．定義により，$n \le 1$ に対して，$\Delta^n = \Delta^n_{\mathrm{aff}}$ であることに注意する[*11)]．Δ^n の部分 diff-空間 k ホーン Λ^n_k は

$$\Lambda^n_k := \{(x_0,\dots,x_n) \in \Delta^n \mid \text{ある } i \neq k \text{ に対して，} x_i = 0\}$$

と定義される．さらに，[62, 1.2] における**特異単体的集合関手** $S^D(\ )$ と**幾何学的実現関手** $|\ |_D$ が次で定義される．

$$S^D_n(X) := \mathsf{Diff}(\Delta^n, X), \quad |K|_D := \mathrm{colim}_{\Delta \to K}\, \Delta^n.$$

ただし，X は diff-空間であり K は単体的集合である．木原による Diff のモデル圏構造は次で定義される．

定理 5.25（[62, Theorem 1.3]） Diff の射からなる 3 つの類を次で定める．

1. $f\colon X \to Y$ in Diff が弱同値（$f \in \mathsf{WE}$）とは $S^D(f)\colon S^D(X) \to S^D(Y)$ が $\mathsf{Set}^{\Delta^{\mathrm{op}}}$ において弱同値となることである．
2. $p\colon X \to Y$ in Diff がファイブレーション（$p \in \mathsf{Fib}$）であるとは p が次の包含写像に関して右持ち上げ性質を持つことである：$\Lambda^n_k \to \Delta^n$, $\forall n > 0$, $0 \le k \le n$,
3. $i\colon X \to Y$ in Diff がコファイブレーション（$i \in \mathsf{Cof}$）であるとは i がファイブレーションかつ弱同値射に関して左持ち上げ性質を持つことである．

このとき，(Diff, WE, Fib, Cof) はすべての対象がファイブラントであるモデル圏[*12)]となる．

標準的単体の定義は幾分複雑に思えるかもしれないが，この定義の下，k ホーン Λ^n_k は標準的単体 Δ^n の可微分変位レトラクトになる（[62, Section 8] 参照）．この事実が，定理 5.25 を証明するときの鍵となっている．一方で，結果[62, Proposition A.2]はアフィン空間 $\mathbb{A}^n$ の部分 diff-空間である単体 Δ^n_{aff} は k ホーン Λ^n_k を可微分変位レトラクトには持っていないということを主張している．

---

*11) 標準的単体の公理的な取扱いに関しては [62, Section 1.2] を参照．

*12) 実際，Diff はコンパクト生成モデル圏構造を持つ．

定理 5.26（[63, Theorem 1.5]） 特異単体的集合関手 $S^D(\ )$ と幾何学的実現関手 $|\ |_D$ は次のキレン同値を与える．

$$\mathsf{Sets}^{\Delta^{\mathrm{op}}} \underset{S^D(\ )}{\overset{|\ |_D}{\rightleftarrows}} \mathsf{Diff} \quad (\perp)$$

こうして，定理 2.42 と合わせれば，Diff のホモトピー圏は Top のホモトピー圏とも圏同値になる．

5.5 階層体からディフェオジカル空間へ

階層体（stratifold）とはクレック（Kreck）[66]により導入された多様体の一般化概念であり，孤立特異点を持つ代数多様体，多様体の開錐や接着空間を含む大きなクラスを作る．可微分多様体を環付き空間と見なすとき，その上のベクトル束がつくる圏が大域切断上の有限生成射影加群の圏と同値になるというセール–スワン（Serre–Swan）の定理が階層体に関しても成立することが知られている[2]．

5.5.1 階層体の定義と例

まずシコルスキー（Sikorski）[105]の意味での微分空間（differential space）を思い出す．

定義 5.27 **微分空間** $(S, \mathcal{C})$ とは位相空間 S と S 上の $\mathbb{R}$ 値の連続写像全体が作る $\mathbb{R}$-代数 $C^0(S)$ の**局所検出可能**かつ $\boldsymbol{C^\infty}$**-閉**な部分代数 $\mathcal{C}$ との対からなる．

- **局所検出可能性**：$f \in \mathcal{C}$ であるための必要十分条件は，任意の $x \in S$ に対して，x の開近傍 U および $g \in \mathcal{C}$ が存在して $f|_U = g|_U$ を満たす．
- C^∞**-閉性**：任意の $n \geq 1$ および $\mathcal{C}$ の元からなる n-タプル $(f_1, \ldots, f_n)$ と各微分可能関数 $g\colon \mathbb{R}^n \to \mathbb{R}$ に対して，$h(x) = g(f_1(x), \ldots, f_n(x))$ で定義される写像 $h\colon S \to \mathbb{R}$ は $\mathcal{C}$ に属す．

T_xS を微分空間 $(S, \mathcal{C})$ の点 x 上の**接空間**，すなわち芽の空間 $\mathcal{C}_x$ 上の微分作用素全体が作るベクトル空間として定義する．

定義 5.28（[66]） 微分空間 $(S, \mathcal{C})$ が次の 4 条件を満たすとき**階層体**という．

1. S は第 2 可算公理を満たし，局所コンパクトかつハウスドルフ空間である．
2. 各切片 $sk_k(S) := \{x \in S \mid \dim T_xS \leq k\}$ は S の閉集合．
3. 任意の点 $x \in S$ とその近傍 U に対して，U に属する x における**隆起関数**が存在する．すなわち非負関数 $\rho \in \mathcal{C}$ であり，$\rho(x) \neq 0$ かつ台 $\operatorname{supp}\rho := \overline{\{p \in S \mid \rho(p) \neq 0\}}$ が U に含まれるものが存在する．

4. 階層 $S^k := sk_k(S) - sk_{k-1}(S)$ は k-次元可微分多様体であり，$i\colon S^k \hookrightarrow S$ による制限は各 $x \in S^k$ に対して，芽の同型 $i^*\colon \mathcal{C}_x \overset{\cong}{\to} C^\infty(S^k)_x$ を誘導する．

2 つの階層体 $(S, \mathcal{C})$ と $(S', \mathcal{C}')$ に対して，連続写像 $f\colon S \to S'$ が $\mathbb{R}$-代数の射 $f^*\colon \mathcal{C}' \to \mathcal{C}$ を誘導するとき，すなわち，任意の $\varphi \in \mathcal{C}', \varphi \circ f \in \mathcal{C}$ を満たすとき f を**階層体の射**といい，$f\colon (S, \mathcal{C}) \to (S', \mathcal{C}')$ と表す．階層体とその間の射により**階層体の圏** Stfd が定義される．

例 5.29（[66, Example 9]） 1) 多様体 M に対して，

$$\mathcal{C}_M := \{f \in C^0(M) \mid f \text{ は可微分}\}$$

と定義すると，$(M, \mathcal{C}_M)$ は階層体となる．
2) M を可微分多様体，M の開錐を $CM^\circ := M \times [0, 1)/M \times \{0\} \ni [M \times \{0\}] = *$ とし，

$$\mathcal{C} := \left\{ f\colon CM^\circ \to \mathbb{R} \;\middle|\; \begin{array}{l} f_{|M \times (0,1)} \text{ は可微分関数，} f_{|U} \text{ は} \\ * \text{ のある開近傍 } U \text{ 上で定値関数} \end{array} \right\}$$

と定義する．このとき $(CM^\circ, \mathcal{C})$ は非自明切片 $S^{k+1} = M \times (0, 1)$ と $S^0 = *$ を持つ階層体である．
3) $(S, \mathcal{C})$ を次元 k 以下の階層体とする．また W を境界 ∂W を持つ多様体で $\dim W > k$ さらにカラー $c\colon \partial W \times [0, \epsilon) \overset{\cong}{\to} W$ を持つとする．さらに $f\colon (\partial W, \mathcal{C}_{\partial W}) \to (S, \mathcal{C})$ を階層体の射とする．このとき，次の階層体（パラメトライズド階層体（p-階層体））$S' = (S \cup_f W, \mathcal{C}')$ を得る．ただし，C' は $C^0(S')$ の部分代数で

$$C' = \left\{ g\colon S' \to \mathbb{R} \;\middle|\; \begin{array}{l} g_{|S} \in \mathcal{C},\ g_{|W \setminus \partial W} \text{ は可微分であり，ある正数 } \delta < \varepsilon \\ \text{が存在して } gc(w, t) = gf(w)\ \forall w \in \partial W, \forall t < \delta \end{array} \right\}$$

と定義されている．

関手 $k\colon \mathsf{Stfd} \to \mathsf{Diff}$ を $k(S, \mathcal{C}) = (S, \mathcal{D}_\mathcal{C})$，さらに，階層体の射 $\phi\colon S \to S'$ に対して $k(\phi) = \phi$ と定義する．ただし，

$$\mathcal{D}_\mathcal{C} = \{u\colon U \to S \mid U \text{ は } \mathbb{R}^q \text{ で開集合}（q \geq 0），\phi \circ u \in C^\infty(U)\ \forall \phi \in \mathcal{C}\}$$

である．このとき，k は well-defined であることが確かめられる．$\mathcal{D}_\mathcal{C}$ の元プロットは集合の間の射であることに注意する．すなわち，$\mathcal{D}_\mathcal{C}$ を考える上で S の位相は考えていない．

関手 $j\colon \mathsf{Mfd} \to \mathsf{Stfd}$ を $j(M) := (M, \mathcal{C}_M)$ と定義するとき次が成立する．

命題 5.30 関手の合成 $k \circ j\colon \mathsf{Mfd} \to \mathsf{Stfd} \to \mathsf{Diff}$ は命題 5.8 の埋め込み $m\colon \mathsf{Mfd} \to \mathsf{Diff}$ と一致する：$k \circ j = m$.

証明　$\mathcal{D}^M = \mathcal{D}_{\mathcal{C}_M}$ を示す．それぞれの定義から，$\mathcal{D}^M \subset \mathcal{D}_{\mathcal{C}_M}$ は明らかである．逆に，任意の $u\colon U \to M \in \mathcal{D}_{\mathcal{C}_M}$ と $x \in U$ に対して，$u(x)$ の近傍で定義されるチャート φ_λ と $\mathbb{R}^{\dim M}$ の各座標への射影 pr_i を考える．$u(x)$ の近傍で定義される写像 $\widetilde{pr_i \circ \varphi_\lambda}$ を M 全体の可微分写像に拡張することで $\widetilde{pr_i \circ \varphi_\lambda} \circ u \in C^\infty(U)$ とできる．したがって，$u\colon U \to M$ は可微分写像となり，$u \in \mathcal{D}^M$ となる． □

5.6 ディフェオジカル空間の懸垂とそのスーリオ–ドラーム複体のモデル

接着空間の代数的モデルの構成方法（3.5.2 節参照）を単体的ドラーム複体を用いて応用することで，多様体 M から得られる diff-空間としての懸垂 ΣM のドラームコホモロジーの元を M および $\mathbb{R}$ 上の微分 1-形式 dt で表示することができる．懸垂 ΣM を階層体として考えることから始めよう．

まず，$j_t\colon M \to M \times I$ を $j_t(x) = (x, t)$ $(t = 0, 1)$ で定義される包含写像，$f\colon M \amalg M \to * \amalg *$ を自明な写像とする．このとき，圏 Diff における M の（非簡約）懸垂 ΣM を Stfd における可微分写像 $M \times I \xleftarrow{(j_0, j_1)} M \amalg M \xrightarrow{f} * \amalg *$ による p-階層体を考え，関手 $k\colon \mathsf{Stfd} \to \mathsf{Diff}$ による像として定義する（k については 5.5 節参照）．すなわち，

$$\Sigma M := k((M \times I) \cup_{M \amalg M} (* \amalg *))$$

とする．このとき，[78, Theorem A.3] から，ΣM は $k(M \times I) \cup_{M \amalg M} (* \amalg *)$ に可微分ホモトピー同値であることがわかる．

定理 5.24 における因子写像 α と命題 3.17 の証明中の Θ（ただし A_{PL} は単体的ドラーム複体関手 $A := A_{DR}(S^D_\bullet(\ )_{\mathrm{aff}})$ に置き換えられる）は次の擬同型を与える．

$$\Theta \circ \alpha\colon \Omega^*(\Sigma M) \xrightarrow{\simeq} A(k(M \times I)) \times_{A(M) \times A(M)} (A(*) \times A(*)) =: A^I_{\Sigma M}.$$

実際，この結果は，[78, Propositions 5.6, 2.8, Lemma A.9] から従う．こうして次のように [30, Proposition 13.9] の証明を改良することで ΣM の可換代数モデルを得る．

命題 5.31（[78, Proposition B.1]）　連結多様体 M に対して，$\Omega^*(M) \otimes \Omega^*(\mathbb{R})$ の可換微分部分代数 $\mathcal{C}_{\Sigma M}$ を $\mathcal{C}_{\Sigma M} := (\Omega'(M) \otimes dt) \oplus \mathbb{R}$ と定義する．ただし，コチェイン複体 $\Omega'(M)$ は $\Omega^{>0}(M) = \operatorname{Im} d^0 \oplus \Omega'(M)$ により定義されている．このとき，次の擬同型が存在する：$\varphi\colon \mathcal{C}_{\Sigma M} \xrightarrow{\simeq} A^I_{\Sigma M}$．結果として可換代数の同型 $\Upsilon\colon H^*(\Omega^*(\Sigma M)) \xrightarrow{\cong} (\widetilde{H}^*(M) \otimes dt) \oplus \mathbb{R}$ を得る．ここで，$\mathbb{R}$ は単位元 1 で生成される $H^*(\Omega^*(\Sigma M))$ の部分代数である．

この命題により ΣM の可換微分代数モデルが M のドラーム複体を用いて表示できたことになる．

位相空間がフォーマルであるという定義（定義 3.25）において A_{PL} を A_{DR} で置き換え，サリバンモデルの基礎体を $\mathbb{R}$ とすることでディフェオロジカル空間がフォーマルであることが定義できる．この意味で次が成立する．

定理 5.32 ディフェオロジカル空間 ΣM はフォーマルである．

実際，次の実線からなる図式を考える．

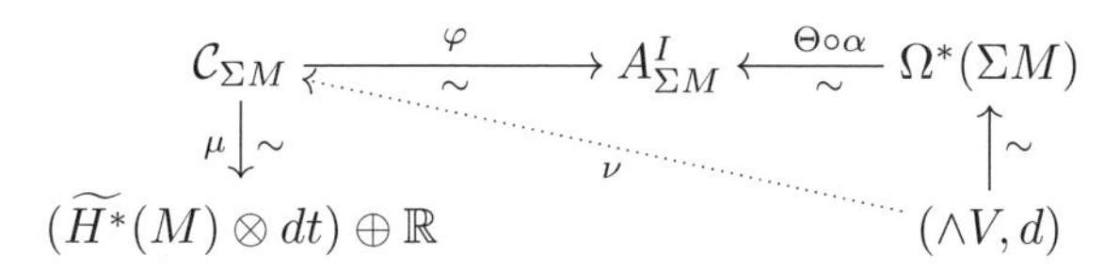

ここで，$(\wedge V, d)$ は可換微分代数 $\Omega^*(\Sigma M)$ のサリバン極小モデルである．$\Omega'(M)$ は $\widetilde{H^*}(M)$ を直和因子として含むからベクトル空間としての自然な射影は擬同型を与え，$\Omega'(M)\otimes dt$ の積構造は自明であることから代数の疑同型 μ を与える．点線の CDGA の射 ν は命題 3.6（リフティング補題）から得られ，三角図式をホモトピー可換にする．したがって ν も擬同型を与えるから ΣM はフォーマルとなる．

5.7 ディフェオロジカル空間の圏と関連する圏

この節では今まで解説してきた圏や関手の関係をまとめる[18], [62], [63], [104]．

Stfd, $\mathsf{Sets}^{\Delta^{\mathrm{op}}}$, CDGA, Top をそれぞれ，階層体，単体的集合，可換次数付き微分 $\mathbb{Q}$-代数，位相空間の圏とする．このとき次の図式は可換であり，関手 $S(\ )$ と $|\ |$ は Diff 経由で分解する．

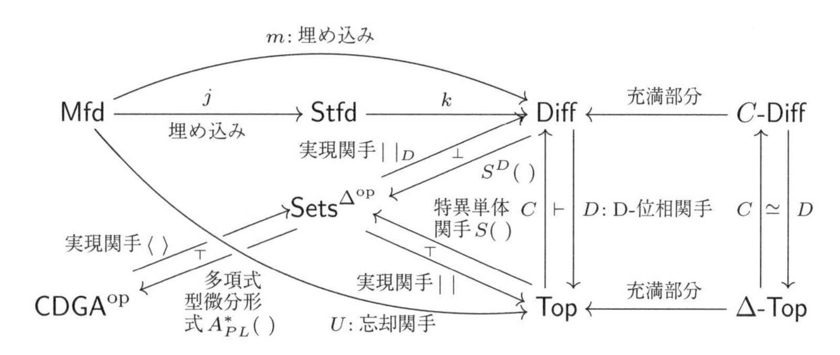

ただし，C-Diff は関手 C の像と同型な対象からなる Diff の充満部分圏である．また，Δ-Top を D の像と同型な対象からなる Top の充満部分圏とする．D の像である対象は確かに Δ-生成位相空間となる[17, Proposition 3.10]．こうして，結果[89, Lemma II.6.4]から，それらの関手は制限され C-Diff と Δ-Top の圏同値を与える．すべての CW-複体が Δ-Top に含まれるという事実には注意し

たい[104, Corollary 3.4].

命題 5.30 で見たように，$k \circ j$ は命題 5.8 の埋め込み m と一致する．また第 5.1.1 節で定義した関手 C と D の随伴性は [104, Proposition 3.1] から従う．さらに $D = D \circ C \circ D$, $C \circ D \circ C = C$ となることがわかる．

関手 S^D と $|\ |_D$ は第 5.4 節における木原による特異単体関手と実現関手である（第 5.3 節参照）．その随伴性は圏 $\mathsf{Sets}^{\Delta^{\mathrm{op}}}$ と Top の間の特異単体的集合関手 S と幾何学的実現関手 $|\ |$ のそれと同様に示せる．実際，

$$
\begin{aligned}
\mathrm{Hom}_{\mathsf{Diff}}(|K|_D, Y) &\cong \lim_{\Delta[n]\to K} \mathrm{Hom}_{\mathsf{Diff}}(\Delta^n, Y) \\
&\cong \lim_{\Delta[n]\to K} S^D_n(Y) \quad (S^D_n(Y) \text{ の定義から}) \\
&\cong \lim_{\Delta[n]\to K} \mathrm{Hom}_{\mathsf{Sets}^{\Delta^{\mathrm{op}}}}(\Delta[n], S^D(Y)) \quad (\text{米田の補題より}) \\
&\cong \mathrm{Hom}_{\mathsf{Sets}^{\Delta^{\mathrm{op}}}}(K, S^D(Y))
\end{aligned}
$$

となる．幾何学的実現関手は定義により $|K|_D = \mathrm{colim}_{\Delta[n]\to K} \Delta^n$ で与えられていることに注意する．

5.8 文献案内・補遺

圏 Diff での有理ホモトピー論の展開も気になるところである．定理 5.32 で見るように，第 3 章の様々な結果を Diff で利用することができる．この方面の考察は [78] で始まったばかりであるといえる．例えば，定理 3.5 の結果は定理 5.26 を考慮すれば圏 Top を圏 Diff で置き換えても成立する[78, Theorem 1.1]．さらに，任意の基本群を持つ起点付き連結，ファイバーワイズ有理ディフェオロジカル空間のホモトピー圏と，サリバン極小代数の一般化である，ゴメス・タトー–ハルペリン–タンレ（Gómez-Tato–Halperin–Tanré）の極小局所系が作るホモトピー圏の同値性も確立されている[78, Theorem 1.2]．これにより，ディフェオロジカル空間の有理ホモトピー論の枠組みはある程度整ったといえよう．

自由ループ空間に関しても Diff で自然に議論できる．例えば，diff-空間 M に対してその自由ループ空間 $L^\infty M$ を圏 Diff において引き戻し図式 (3.4) を用いて定義したものとすると，結果[77, Theorem 6.4]は実射影空間 $\mathbb{R}P^k$ の自由ループ空間 $L^\infty \mathbb{R}P^k$ の単体的ドラームコホモロジーが，チェンの反復積分写像を用いて S^k の体積形式で環として決定できることを示している．$L^\infty M$ は S^1 から M への可微分写像全体に関数ディフェオロジーを入れた $C^\infty(S^1, M)$ とは弱同値である[77, Lemma C.1]ことに注意する．

付録 A
アイレンバーグ–ムーアスペクトル系列とその計算

60 年代後半に現れたアイレンバーグ–ムーアスペクトル系列（EMSS）は 70 年代にバウム（Baum）やクレイネス（Kraines），スミス（Smith）[107] らにより精錬されていき，さらに一般コホモロジーへの応用へと広がっていくことになる．リー群の等質空間，基点付きループ空間，自由ループ空間のコホモロジーの計算が進んだのはこの EMSS のお陰であるといえる．

有理ホモトピー論（第 3 章参照）やマンデル理論（第 3.7 節参照）からすると，特異コチェイン複体（微分代数）は局所化，完備化の下で空間を分類するのに十分な幾何学的情報を含んでいる．したがって一般に，スペクトル系列の E_2-項，E_3-項，$\cdots$ にも収束先のホモトピー，（コ）ホモロジーでは消える情報がたくさん詰まっているのではないだろうか*1)．

A.1 アイレンバーグ–ムーアスペクトル系列

この節では，はじめに 2 つのアイレンバーグ–ムーアスペクトル系列（バー，コバー型）を紹介し，E_2-項の計算に役立つコシュール分解を説明する．次にコホモロジー環が単生成である単連結空間 M を考え，その自由ループ空間 LM のコホモロジー環を EMSS を用いて具体的に計算する．また EMSS の E_2-項の計算の応用として，自由ループファイブレーションの（係数 $\mathbb{K}$ に関して）**全体的非 0-コホモローグ**（totally non-cohomologous to zero（TNCZ））*2) の問題を考察する．

---

*1) 残念ながら非自明な微分を持つ EMSS は本書では出てこない．主張 A.13 で示すように，EMSS の E_2-項の計算から LSSS の非自明な微分を見つけることもできる．また非自明な微分を持つ EMSS とその計算，応用に興味を持つ読者は [70], [108] を参照していただきたい．

*2) 一般に単連結空間 B を底空間，連結空間をファイバーに持つファイブレーション $F \to E \to B$ を考える．環 $\mathbb{K}$ に関して F が TNCZ であるとは $i^* \colon H^*(E;\mathbb{K}) \to H^*(F;\mathbb{K})$ が全射であることである．F が TNCZ であることとそのファイブレーションが E_2-項で潰れることは同値である[92, Theorem 5.10]．

記号と仮定　$\mathbb{K}$ は任意標数の体を表し，特に断らない限り，$H^*(M)$ と $C^*(M)$ はそれぞれ空間 M の $\mathbb{K}$-係数特異コホモロジーと特異コチェイン複体（カップ積を持つ $\mathbb{K}$-代数）とする．以下空間 M は連結なものを考えることにする．また特に断らない限り，体 $\mathbb{K}$ が与えられたとき任意の i に対して $\dim H^i(M) < \infty$ を仮定する．

以下で考えるスペクトル系列 $\{E_r^{*,*}, d_r\}$ はコホモロジー的である，すなわち

$$d_r\colon E_r^{p,q} \to E_r^{p+r,q-r+1}$$

をみたすものとする．$p \leq 0$ かつ $q \geq 0$ 以外（$p \geq 0$ かつ $q \geq 0$ 以外）で $E_2^{p,q} = 0$ となるとき，そのスペクトル系列を**第 2 象限型**（**第 1 象限型**）という．例えば LSSS は第 1 象限型である．

いくつかの空間から（余）単体的的手法を用いて収束先の幾何学的モデルを作り，そのモデルから入るフィルトレーションに（一般）ホモロジー論を適用して完全対を構成し，そこからスペクトル系列を構成することができる*3)．

一方，2 重複体 $K := \{K^{*,*}, d, \delta\}$（$\operatorname{bideg} d = (0,1)$, $\operatorname{bideg}\delta = (1,0)$）を考える．このとき K のフィルトレーションを $F^pK = \bigoplus_{i \geq p} K^{i,*}$ と定めることで複体の完全系列 $0 \to F^{p+1}K \to F^pK \to F^pK/F^{p+1}K \to 0$ からホモロジー長完全列を作り，そこから完全対を作ることでスペクトル系列を構成することができる．また，K のフィルトレーションから直接 E_r-項（$r = 1, 2, \ldots, \infty$）を作りスペクトル系列 $\{E_r^{*,*}, d_r\}$ を構成することも可能である*4)．特に

$$(E_1^{p,q}, d_1) = (H^q(F^pK/F^{p+1}K, \overline{d}), \overline{\delta}) \tag{A.1}$$

であることに注意する．ここで $\overline{d}, \overline{\delta}$ は d, δ から自然に誘導される微分である．これらの構成方法を次の節で見るように空間の代数的モデルに適用することで，EMSS を構成することができる*5)．

定理 A.1（バー型 EMSS[42], [107]）　$p\colon E \to B$ を F をファイバーとする単連結空間 B 上のファイブレーションとする．写像 $f\colon X \to B$ による p の引き戻し図式

$$\begin{array}{ccc}
F & = & F \\
\downarrow & & \downarrow \\
E_{f,p} & \xrightarrow{g} & E \\
{\scriptstyle q}\downarrow & & \downarrow{\scriptstyle p} \\
X & \xrightarrow[f]{} & B
\end{array}$$

*3)　例えば，[92, Theorem 2.8] 参照．

*4)　このスペクトル系列は完全対から得られるものと同型である．

*5)　次の定理 A.1 と定理 A.2 のホモロジー版の EMSS は基礎体を一般の単項イデアル整域環に置き換えてもよい．その構成方法[42]は以下で紹介されるバー分解から得られる 2 重複体を用いるのではなく，より一般的な半自由分解（後述）を用いる．

を考える．このとき $H^*(E_{f,p})$ に代数として収束する第 2 象限型スペクトル系列 $\{E_r^{*,*}, d_r\}$ が存在し，2 重次数付き代数として

$$E_2^{*,*} \cong \mathrm{Tor}^{*,*}_{H^*(B)}(H^*(X), H^*(E))$$

が成り立つ．ここで $H^*(X)$ と $H^*(E)$ はそれぞれ誘導写像 $f^*\colon H^*(B) \to H^*(X)$ と $p^*\colon H^*(B) \to H^*(E)$ により，右 $H^*(B)$-加群，左 $H^*(B)$-加群と見なしている．

コトージョン積を用いて述べられる次がもう一つの EMSS である．

定理 A.2（コバー型 EMSS[27], [42]）　$p\colon E \to B$ をファイブレーション，G を E に右から作用する位相群とし，任意の $g \in G$, $x \in E$ に対して $p(xg) = p(x)$ を満たすとする．さらに任意の $b \in B$, $x \in p^{-1}(b)$ に対して写像 $G \to p^{-1}(b)$; $g \mapsto xg$ は弱ホモトピー同値であると仮定する．また空間 Y に位相群 G が左から作用しているとする．このとき $H^*(E \times_G Y)$ に代数として収束する第 1 象限型スペクトル系列 $\{E_r^{*,*}, d_r\}$ が存在し，2 重次数付き代数として

$$E_2^{*,*} \cong \mathrm{Cotor}^{*,*}_{H^*(G)}(H^*(E), H^*(Y))$$

が成り立つ．ここで $H^*(E)$ と $H^*(Y)$ は G の作用から誘導される写像によりそれぞれ右 $H^*(G)$-余加群，左 $H^*(G)$-余加群と見なしている（Cotor に関しては A.1.2 節参照）．

A.1.1　アイレンバーグ–ムーア写像

定理 A.1 のスペクトル系列の構成方法をより詳しく述べるためにいくつか概念を準備する．

定義 A.3　A を体 $\mathbb{K}$ 上の微分代数，M を（左）A-微分加群とする*6)．M が次の条件 (i) と (ii) を満たす部分 A-微分加群の増加フィルトレーション $0 = F(-1) \subset F(0) \subset F(1) \subset \cdots \subset F(k) \subset \cdots$ を持つとき F を**半自由加群**という．

(i) $F = \bigcup_k F(k)$.

(ii) 各 k に対して，$\mathbb{K}$ 上ベクトル空間 V_k が存在して，A-微分加群として同型 $F(k)/F(k-1) \cong A \otimes (V_k, 0)$ が成り立つ．

A-加群 L に対して，半自由加群 F からの擬同型 $F \xrightarrow{\sim} L$ を M の**半自由分解**（semi-free resolution）という．バー分解も半自由分解であるので，一般に A-加群 L の半自由分解は存在する*7)．ここで定理 A.1 で述べられている EMSS の代数構造を明らかにするために，引き戻しの代数的モデルを明らかに

*6)　すなわち，A-加群構造 $A \otimes M \to M$ が微分と可換である．

*7)　A または L に適切な条件を課せば極小な半自由分解の存在も保証される[29]．

しよう[*8)].

定理 A.4（[27], [107]）　X を連結空間，B を単連結さらに，X, B の整係数ホモロジーは有限型とする．このとき，写像 q，自然な射影 $g\colon E_{f,p} \to E$，および $C^*(E_{f,p})$ 上のカップ積 $\cup$ は擬同型

$$\mathrm{EM} := q^* \circ \varepsilon \cup g^* \colon C^*(X) \otimes^{\mathbb{L}}_{C^*(B)} C^*(E) := P^\bullet \otimes_{C^*(B)} C^*(E) \xrightarrow{\simeq} C^*(E_{f,p})$$

を誘導する．ここで，$P^\bullet \xrightarrow{\varepsilon} C^*(X)$ は $C^*(X)$ の右 $C^*(B)$-加群としての半自由分解である．

以下，定理の擬同型 EM を**アイレンバーグ–ムーア写像**と呼び，ホモロジー $H(C^*(X) \otimes^{\mathbb{L}}_{C^*(B)} C^*(E))$ を通常のトージョン積の記号を用いて $\mathrm{Tor}^*_{C^*(B)}(C^*(X), C^*(E))$ と表示する．半自由分解のフィルトレーションからトージョン積を計算するテンソル積は 2 重複体として定義され，定理 A.1 の EMSS を得る．

注意 A.5　第 4.2 節に現れる Ext 群やここで定義される Tor 群の性質に関しては，[30, Section 6] を参照．例えば，[30, Theorem 6.10] から，それぞれの群は半自由分解の取り方によらないことがわかる．

特異コチェイン複体上のカップ積を思い出すのと同時に，定理 A.1 のスペクトル系列の代数構造に言及する．まず次の図式を考える．

$$\begin{array}{ccc}
C^*(X) \otimes^{\mathbb{L}}_{C^*(B)} C^*(E) \otimes C^*(X) \otimes^{\mathbb{L}}_{C^*(B)} C^*(E) & \xrightarrow[\simeq]{\mathrm{EM}\otimes\mathrm{EM}} & C^*(E_{f,p}) \otimes C^*(E_{f,p}) \\
\Big\downarrow{\scriptstyle \pi} & & \Big\downarrow{\scriptstyle \gamma} \\
C^*(X) \otimes C^*(X) \otimes^{\mathbb{L}}_{C^*(B)\otimes C^*(B)} C^*(E) \otimes C^*(E) & & \\
\Big\downarrow{\scriptstyle \gamma\otimes_\gamma \gamma} & & \\
(C_*(X) \otimes C_*(X))^\vee \otimes^{\mathbb{L}}_{(C_*(B)\otimes C_*(B))^\vee} (C_*(E) \otimes C_*(E))^\vee & \xrightarrow[\simeq]{\mathrm{EM}} & (C_*(E_{f,p}) \otimes C_*(E_{f,p}))^\vee \\
{\scriptstyle EZ^\vee \otimes_{EZ^\vee} EZ^\vee}\Big\uparrow{\scriptstyle \simeq} & & {\scriptstyle EZ^\vee}\Big\uparrow{\scriptstyle \simeq}\Big\downarrow{\scriptstyle AW^\vee} \\
C^*(X \times X) \otimes^{\mathbb{L}}_{C^*(B\times B)} C^*(E \times E) & \xrightarrow[\mathrm{EM}]{\simeq} & C^*(E_{f,p} \times E_{f,p}) \\
{\scriptstyle \Delta^* \otimes_{\Delta^*} \Delta^*}\Big\downarrow & & \Big\downarrow{\scriptstyle \Delta^*} \\
C^*(X) \otimes^{\mathbb{L}}_{C^*(B)} C^*(E) & \xrightarrow[\mathrm{EM}]{\simeq} & C^*(E_{f,p})
\end{array}$$

ここで Δ は対角写像，γ は自然な入射である．また EZ と AW はそれぞれアイレンバーグ–ジルバー（Eilenberg–Zilber）写像とアレキサンダー–ホイットニー（Alexander–Whitney）写像を表している．$EZ^\vee$ は代数の射であることに注意する．定義により，左縦の写像が定理 A.1 のスペクトル系列 $\{E_r^{*,*}, d_r\}$

*8)　[42] では定理 A.2 のスペクトル系列の双対版が示されている．その双対版のスペクトル系列は余代数として特異ホモロジー $H_*(E \times_G Y)$ に収束しているから，その双対である定理 A.2 のスペクトル系列は代数構造を持つことになる．

の代数構造を定め，さらに特異コチェイン代数はカップ積に関してホモトピー可換であることから上の図式の可換性がいえる．これより $\{E_r^{*,*}, d_r\}$ は代数として $H^*(E_{f,p})$ に収束することが示せる．特に重要な点は，式 (A.1) により E_1-項において左縦の写像が $H(\Delta^* \otimes_{\Delta^*} \Delta^*) \circ H(EZ^\vee \otimes_{EZ^\vee} EZ^\vee)^{-1}$ という項を持つことであり，これより E_2-項に定義される積は可換代数上の圏で定義されるトージョン関手の通常の積と一致することがわかる．

A.1.2 EMSS の計算

一般にスペクトル系列を用いて収束先の不変量の計算を進める場合，一番はじめの問いは

E_2-項はどのように計算されるであろうか？

であろう．この小節では EMSS についてこの問いを考察し，スペクトル系列の計算を進める．

一般に $\eta\colon A \to \mathbb{K}$ を添加写像に持つ微分代数 A と右 A-微分加群 N に対して，N の右 A-微分加群としてのバー分解

$$(B^\bullet(N, A), d + \partial) \xrightarrow{\varepsilon} N \to 0$$

は N の射影的分解を与える．各項と微分は次のようにして与えられる．

$$B^{-p}(N, A) := N \otimes \overline{A}^{\otimes p} \otimes A, \quad \text{ただし } \overline{A} := \operatorname{Ker} \eta$$

$$\begin{aligned}
d_p(b[a_1 \mid \cdots \mid a_p]a) &= d_N b[a_1 \mid \cdots \mid a_p]a \\
&\quad + \sum_{i=1}^{p} \overline{b}[\overline{a_1} \mid \cdots \mid \overline{a_{i-1}} \mid d_A(a_i) \mid a_{i+1} \mid \cdots \mid a_p]a \\
&\quad + \overline{b}[\overline{a_1} \mid \cdots \mid \overline{a_p}]d_A a, \\
\partial_p(b[a_1 \mid \cdots \mid a_p]a) &= (-1)^{\deg b} b a_1[a_2 \mid \cdots \mid a_p]a \\
&\quad + \sum (-1)^{\deg b} b[\overline{a_1} \mid \cdots \mid \overline{a_{i-1}} \mid \overline{a_i} a_{i+1} \mid \cdots \mid a_p]a \\
&\quad + (-1)^{\deg b} b[\overline{a_1} \mid \cdots \mid \overline{a_{p-1}}]a_p a,
\end{aligned}$$

ここで $\overline{c} = (-1)^{\deg c + 1} c$ である．したがって左 A-微分加群 L に対して，定義より

$$\operatorname{Tor}_A(N, L) = H(B^\bullet(N, A) \otimes_A L)$$

であるから，原理的にはこのバー分解を特異コホモロジーに適用して定理 A.1 の E_2-項を計算できることになるが，あまりにも情報が多すぎる．そこで特別ではあるが重要な場合に E_2-項を計算する経済的な射影分解，コシュール分解を紹介する．

定義 A.6 次の形の次数付き可換代数 A を **GCI 代数**（graded complete intersection algebra）という．

$$A = \wedge(y_1, \ldots, y_l) \otimes \mathbb{K}[x_1, \ldots, x_n]/(\rho_1, \ldots, \rho_m),$$

ただし $\rho_1, \ldots, \rho_m$ は正規列である．すなわち任意の j に対して ρ_j は多項式環 $\mathbb{K}[x_1, \ldots, x_n]$ の分解元でありかつ $\mathbb{K}[x_1, \ldots, x_n]/(\rho_1, \ldots, \rho_{j-1})$ の非零因子である．

以下，次数付きの元 z により生成される**分割巾代数**（divided power algebra）を $\Gamma[z]$ で表す．定義より $\Gamma[z]$ はベクトル空間としては

$$\Gamma[z] = \mathbb{K}\langle \gamma_r(z) \mid r \geq 0 \rangle$$

であり積は

$$\gamma_i(z)\gamma_j(z) = \binom{i+j}{i}\gamma_{i+j}(z)$$

で与えられる $\mathbb{K}$-代数である．ただし $\deg \gamma_r(z) = r \deg z$ である．$\gamma_0(z)$ がこの代数の単位元 1 であり，$\gamma_1(z) = z$ とする．また $\Gamma[z_1, \ldots, z_k] := \Gamma[z_1] \otimes \cdots \otimes \Gamma[z_k]$ とおく．

注意 A.7 体 $\mathbb{K}$ の標数を p とする．$p > 0$ のとき $\mathbb{K}$-代数として次の同型が成り立つ．

$$\Gamma[z] \cong \bigotimes_{r \geq 1} \mathbb{K}[\gamma_r(z)]/(\gamma_r(z)^p).$$

よって $\Gamma[z]$ は無限生成代数となる．$p = 0$ の場合は $\Gamma[z]$ は z 上の多項式環 $\mathbb{K}[z]$ に同型である．

命題 A.8（[69], [110]） A を定義 A.6 の GCI 代数とする．このとき $\mathbb{K}$ の右 A-加群としての射影的分解 $\mathcal{K} \xrightarrow{\varepsilon} \mathbb{K} \to 0$ で次を満たすものが存在する．

$\mathcal{K} = \Gamma[s^{-1}y_1, \ldots, s^{-1}y_l] \otimes \wedge(s^{-1}x_1, \ldots, s^{-1}x_n) \otimes \Gamma[\tau\rho_1, \ldots, \tau\rho_m] \otimes A$ であり，非自明な微分は

$$d(\gamma_r(s^{-1}y_i)) = \gamma_{r-1}(s^{-1}y_i) \otimes y_i,$$
$$d(s^{-1}x_j) = x_j,$$
$$d(\gamma_r(\tau\rho_i)) = \gamma_{r-1}(\tau\rho_i) \otimes \xi_i$$

で与えられる．ただし $\xi_i \in \wedge(s^{-1}x_1, \ldots, s^{-1}x_n) \otimes \mathbb{K}[x_1, \ldots, x_n]$ は $d(\xi_i) = \rho_i$ を満たす元である．また 2 重次数は $\mathrm{bideg}\, s^{-1}y_i = (-1, \deg y_i)$, $\mathrm{bideg}\, s^{-1}x_j = (-1, \deg x_j)$, $\mathrm{bideg}\, \tau\rho_i = (-2, \deg \rho_i)$ で与えられる．この結果，2 重次数付き代数として

$$\begin{aligned}\mathrm{Tor}_A^{*,*}(\mathbb{K},\mathbb{K}) &\cong H(\mathcal{K}\otimes_A \mathbb{K})\\ &= \Gamma[s^{-1}y_1,\ldots,s^{-1}y_l]\otimes\wedge(s^{-1}x_1,\ldots,s^{-1}x_n)\otimes\Gamma[\tau\rho_1,\ldots,\tau\rho_m]\end{aligned}$$

が成り立つ．

この命題に関して少し解説を加える．$\mathbb{K}$ には A が自明に作用している．したがって上の命題の微分代数 $\mathcal{K}$ の微分の形から $\mathcal{K}\otimes_A\mathbb{K}$ 上の誘導される微分は自明であることがわかり，(ii) のようにトージョン積 $\mathrm{Tor}_A^{*,*}(\mathbb{K},\mathbb{K})$ が計算されるのである．

命題 A.9（[69], [110]） A を定義 A.6 の GCI 代数とする．このとき A の右 $A\otimes A$-加群としての射影的分解 $\mathcal{F}\overset{\mu}{\to}A\to 0$ で次を満たすものが存在する．

(i) $\mathcal{F}=\Gamma[\nu_1,\ldots,\nu_l]\otimes\wedge(u_1,\ldots,u_n)\otimes\Gamma[w_1,\ldots,w_m]\otimes A\otimes A$ であり，微分は

$$\begin{aligned}&d(A\otimes A)=0,\\ &d(\gamma_r(\nu_i))=\gamma_{r-1}(\nu_i)\otimes(y_i\otimes 1-1\otimes y_i),\\ &d(u_j)=x_j\otimes 1-1\otimes x_j,\\ &d(\gamma_r(w_i))=\gamma_{r-1}(w_i)\otimes\left(\sum_{j=1}^{n}u_j\zeta_{ij}\right)\end{aligned}$$

で与えられる．ただし μ は A の積を表し，ζ_{ij} は $\mathbb{K}[x_1,\ldots,x_n]\otimes\mathbb{K}[x_1,\ldots,x_n]$ の元であり，

$$\rho_i\otimes 1-1\otimes\rho_i=\sum_{j=1}^{n}(x_j\otimes 1-1\otimes x_j)\zeta_{ij},\quad \mu(\zeta_{ij})=\frac{\partial\rho_i}{\partial x_j}$$

を満たす．2 重次数は $\mathrm{bideg}\,\nu_i=(-1,\deg y_i)$，$\mathrm{bideg}\,u_j=(-1,\deg x_j)$，$\mathrm{bideg}\,w=(-2,\deg\rho_i)$ で与えられる．したがって，2 重次数付き代数として

$$\begin{aligned}\mathrm{Tor}_{A\otimes A}^{*,*}(A,A) &\cong H(\mathcal{F}\otimes_{A\otimes A}A)\\ &= H(\Gamma[\nu_1,\ldots,\nu_l]\otimes\wedge(u_1,\ldots,u_n)\otimes\Gamma[w_1,\ldots,w_m]\otimes A, D)\end{aligned}$$

が成り立つ．ただし非自明な微分は

$$D(w_i)=\sum_{j=1}^{n}u_j\frac{\partial\rho_i}{\partial x_j}$$

により与えられる．

注意 A.10 $\mathrm{Tor}_{A\otimes A}(A,A)$ は A が次数付き可換代数であるため，定義より A のホッホシルトホモロジー $HH_*(A,A)$ にほかならない．また $\mu(x_j\otimes 1-1\otimes x_j)=0=\mu(y_i\otimes 1-1\otimes y_i)$ であるから，命題 A.9 におけるコシュール複体 $\mathcal{F}$ に対して $\mathcal{F}\otimes_{A\otimes A}A$ 上では $D(u_j)=0=D(\gamma_r(\nu_i))$ となる．

命題 A.9 に表れる元 ζ_{ij} の存在については [110, Lemma 3.4] が参照になる．例えば $\rho_i = x_j^k$ のとき，

$$\rho_i \otimes 1 - 1 \otimes \rho_i = (x_j \otimes 1 - 1 \otimes x_j)(x_j^{k-1} \otimes 1 + x_j^{k-2} \otimes x_j + \cdots + 1 \otimes x_j^{k-1})$$

より $\zeta_{ij} = x_j^{k-1} \otimes 1 + x_j^{k-2} \otimes x_j + \cdots + 1 \otimes x_j^{k-1}$ であり，確かに $\mu(\zeta_{ij}) = kx_j^{k-1} = \frac{\partial \rho_i}{\partial x_j}$ である．

命題 A.8 と命題 A.9 を応用して EMSS の計算例を考察する．ここで考察する空間をまず明らかにしておこう．

（いつものように）空間 X から Y への写像全体の集合にコンパクト開位相を入れた空間を $\mathrm{map}(X,Y)$，基点を保つ写像からなる部分空間を $\mathrm{map}_*(X,Y)$ と表す．特に M の**自由ループ空間**，**基点付きループ空間**はそれぞれ $LM := \mathrm{map}(S^1, M)$, $\Omega M := \mathrm{map}_*(S^1, M)$ と定義される．さらに $M^I = \mathrm{map}(I, M)$, $PM = \{\gamma \in \mathrm{map}(I, M) \mid \gamma(1) = *\}$ とおく．このとき次の可換図式を得る．

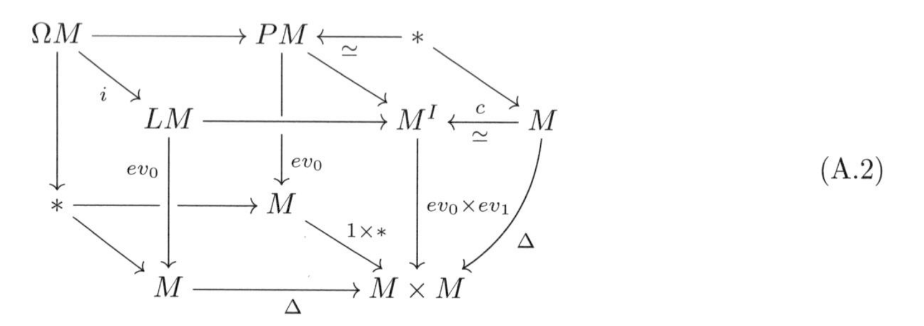

(A.2)

ここで，$\Delta(m) = (m,m)$, $(1 \times *)(m) = (m, *)$ そして ev_t は $ev_t(\gamma) = \gamma(t)$ で定義される t での評価写像である．ev_0, $ev_0 \times ev_1$ はファイブレーションであり前，後面の四角形からなる可換図式は引き戻し図式となっていることに注意する．

後面の引き戻し図式に定理 A.1 を適用して得られる EMSS を $\{\widehat{E}_r^{*,*}, \widehat{d}_r\}$ とする．したがって

$$\widehat{E}_2^{*,*} \cong \mathrm{Tor}^{*,*}_{H^*(M)}(\mathbb{K}, \mathbb{K}) \overset{\mathrm{alg}}{\Longrightarrow} H^*(\Omega M)$$

が成り立つ．前面の引き戻し図式からは EMSS $\{E_r^{*,*}, d_r\}$ で

$$E_2^{*,*} \cong \mathrm{Tor}^{*,*}_{H^*(M)\otimes H^*(M)}(H^*(M), H^*(M)) \overset{\mathrm{alg}}{\Longrightarrow} H^*(LM)$$

を満たすものが得られる．また写像 $i \times *$ と EMSS の自然性から得られるスペクトル系列の間の射を $\{j_r\}\colon \{E_r^{*,*}, d_r\} \to \{\widehat{E}_r^{*,*}, \widehat{d}_r\}$ とおく．

仮定 A.11 M を単連結空間で，$H^*(M) \cong \mathbb{K}[x]/(x^{n+1})$, $\deg x = m$（m は偶数）を満たすものとする．また体 $\mathbb{K}$ の標数は $n+1$ を割り切るとする．

このとき $H^*(\Omega M)$ と $H^*(LM)$ を次数付き代数として決定しよう．体の標数の仮定と命題 A.9 から

$$
\begin{aligned}
E_2^{*,*} &\cong H\left(\wedge(u)\otimes\Gamma[w]\otimes H^*(M), D(w)=\frac{\partial(x^{n+1})}{\partial x}=0\right)\\
&\cong \wedge(u)\otimes\Gamma[w]\otimes H^*(M),
\end{aligned}
$$

ただし，$\operatorname{bideg} u=(-1,m)$, $\operatorname{bideg} w=(-2,(n+1)m)$, $\operatorname{bideg} x=(0,\deg x)$ $(x\in H^*(M))$ となる．$x^{n+1}=\rho$ であることに注意する．また命題 A.8 から（$\mathbb{K}$ の標数に関係なく）

$$
\widehat{E}_2^{*,*}\cong\wedge(s^{-1}x)\otimes\Gamma[\tau(x^{n+1})]
$$

が成り立つ．ただし，$\operatorname{bideg} s^{-1}x=(-1,m)$, $\operatorname{bideg}\tau(x^{n+1})=(-2,(n+1)m)$ である．

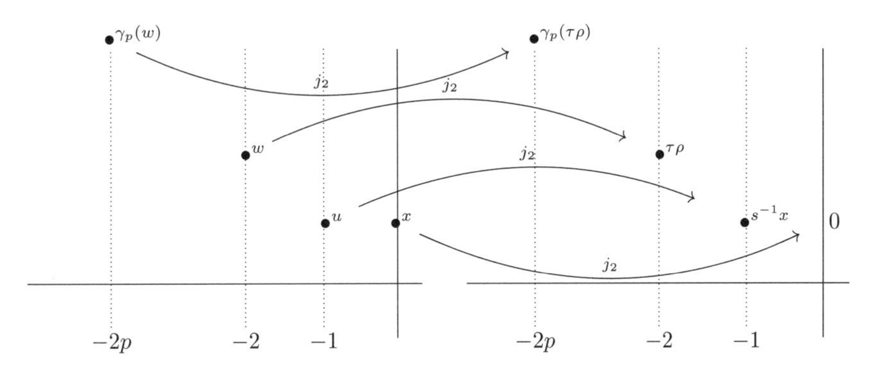

仮に EMSS $\{E_r,d_r\}$ において，ある E_r-項で初めて非自明な微分が現れたとする．u, x はいずれも**パーマネントサイクル**（permanent cycle）なので，その微分で写される元は $\gamma_{p^s}(w)$ という形の元であると仮定してよい．したがって d_r による像は一般的に

$$
d_r(\gamma_{p^s}(w))=\lambda u\gamma_{p^{s-1}}(w)^{k_1}\cdots\gamma_p(w)^{k_{s-1}}\gamma_1(w)^{k_s}x^t+\cdots
$$

と表せる．ただし λ は $\mathbb{K}$ の元で，k_i, t は 0 以上の整数である．左辺の全次数は奇数より右辺の各項は必ず u という因子を含まなければならないことに注意する．また両辺の全次数を比べると

$$
\begin{aligned}
&2p^s(m(n+1)-1)+1\\
&=(m-1)+2(m(n+1)-1)p^{s-1}k_i+\cdots+2(m(n+1)-1)k_s+mt
\end{aligned}
$$

という等式を得ることができ，フィルトレーションの次数（横軸次数）を比較すると

$$
2p^s-1>1+2k_1p^{s-1}+\cdots+2k_s
$$

という不等式を得る．$2p^s>2+2k_1p^{s-1}+\cdots+2k_s$ に $(m(n+1)-1)$ を掛けて考察すると，上の等式に矛盾した不等式が得られる．このような単純

な次数の比較で EMSS $\{E_r, d_r\}$ が E_2-項で潰れることがわかる．バー分解とコシュール分解を比較することで，$j_2(u) = s^{-1}x$, $j_2(\gamma_r(w)) = \gamma_r(\tau(x^{n+1}))$, $j_2(x) = 0$（詳しくは [69, Lemma 1.3] 参照）となることが示せる．こうして EMSS の自然性により $\{\widehat{E}_r^{*,*}, \widehat{d}_r\}$ も E_2-項で潰れる．よって 2 重次数付き代数として

$$E_2^{*,*} \cong E_\infty^{*,*}, \quad \widehat{E}_2^{*,*} \cong \widehat{E}_\infty^{*,*}$$

が成り立つ．

次に E_∞-項から $H^*(LM)$ を代数として復元するために拡張問題を考える．スペクトル系列の収束性から

$$E_\infty^{p,q} \cong F^p H^{p+q} / F^{p+1} H^{p+q}$$

がいえている．E_∞-項で $\gamma_{p^s}(w)^p = 0$ ということより，$\gamma_{p^s}(w)^p$ が $F^{-2p^{s+1}+1}H^*(LM)$ に入ることはいえる．しかし $\gamma_{p^s}(w)^p = 0$ が $H^*(LM)$ 上で成り立つことは一般にはいえない．実際は第 A.2 節で見るように，EMSS 上のスティーンロッド作用素を考察することで $\gamma_{p^s}(w)^p$ は $F^{-2p^s}H^*(LM)$ に属すことがわかる（注意 A.23）．これから先と同様に全次数とフィルトレーションの次数を比較して $H^*(LM)$ 上で $\gamma_{p^s}(w)^p = 0$ が示せる．こうしてコホモロジーの代数構造を完全に復元することができて次を得る*9)．

$$H^*(LM) \cong \mathrm{Total}\, E_\infty^{*,*} \cong \wedge(u) \otimes \Gamma[w] \otimes H^*(M)$$
$$(p \neq 2 \text{ または } \deg x \neq 2),$$
$$H^*(\Omega M) \cong \mathrm{Total}\, \widetilde{E}_\infty^{*,*} \cong \wedge(s^{-1}x) \otimes \Gamma[\tau(x^{n+1})].$$

ただし，$\deg u = \deg s^{-1}x = \deg x - 1$, $\deg w = \deg \tau(x^{n+1}) = (n+1)\deg x - 2$ であり，$\mathrm{Total}\, E^{*,*}$ は $(\mathrm{Total}\, E^{*,*})^r := \bigoplus_{i+j=r} E^{i,j}$ で定義される 2 重次数付き代数 $E^{*,*}$ から誘導される次数付き代数を意味する．

先に考察したスペクトル系列の射 $\{j_r\}$ に対して j_∞ は誘導写像 $i^* \colon H^*(LM) \to H^*(\Omega M)$ から引き起こされる E_∞-項の写像と一致するから

$$i^*(\gamma_i(w)) = \gamma_i(\tau(x^{n+1})), \quad i^*(u) = s^{-1}x, \quad i^*(x) = 0$$

がいえる．EMSS のエッジ準同型写像（例えば [42, Corollary 3.6] 参照）を考えれば $H^*(M)$ の生成元 x に対して $ev_0^*(x) = x$ がいえる．これより $i^*(x) = i^* \circ ev_0^*(x) = 0$ となることもわかる．

---

*9) 実際は，次数の評価比較だけでは完全に復元できない場合があり，それが括弧の条件として表れる（[85, Proof of Theorem 2.2, Remark 2.6] 参照）．空間の代数的モデルの一つである TV-モデルの利用により，ここでの仮定 A.11 の下では括弧の条件なしでこの同型が成立することがいえる（[101] 参照）．

注意 A.12 EMSS $\{\widehat{E}_r^{*,*}, \widehat{d}_r\}$ が E_2-項で潰れることは，上述のような全次数，フィルトレーションの次数を比較することでも示すことができる．よって体 $\mathbb{K}$ の標数の仮定なしに

$$H^*(\Omega M) \cong \wedge(s^{-1}x) \otimes \Gamma[\tau(x^{n+1})]$$

がいえる．上の計算で重要な点は，EMSS が単に個々のコホモロジー環の構造を明らかにするばかりではなく，生成元が写像から誘導される環準同型写像により何処に写されるのかも明確にしているところにある．この意味でも一般に連続写像から誘導されるスペクトル系列間の写像の考察は重要であろう．

上の計算から導かれる簡単な事実をここでまとめておく．一般に単連結空間 B 上のファイブレーション $F \xrightarrow{i} E \xrightarrow{p} B$ が体 $\mathbb{K}$ に関して TNCZ とすると，その定義から誘導写像 i^* は全射になる．すなわちこのファイブレーションの LSSS は E_2-項で潰れる．これより $H^*(B)$-加群として $H^*(E) \cong H^*(B) \otimes H^*(F)$ が成り立ち，同時に誘導写像は $p^*\colon H^*(B) \to H^*(E)$ は単射になる．$H^*(B)$-加群として $H^*(E) \cong H^*(B) \otimes H^*(F)$ ならば上述の LSSS は E_2-項で潰れる．では

p^* の単射性から TNCZ はいえるであろうか？

この問題の反例はヒルシュ（Hirsch）により古く 50 年代から知られていたが，“身近” なファイブレーションもその反例を与えることが示されたのは 70 年代後半から 80 年代初頭である．以下の議論は [110] におけるスミスの考察に基づく．

主張 A.13 M を単連結空間で，$H^*(M) \cong \mathbb{K}[x]/(x^{n+1})$, $\deg x = m$（m は偶数）をみたすものとする．このとき，自由ループファイブレーション $\mathcal{FB}$: $\Omega M \xrightarrow{i} LM \xrightarrow{ev_0} M$ が体 $\mathbb{K}$ に関して TNCZ であるための必要十分条件は $\mathbb{K}$ の標数が $n+1$ を割ることである．

証明 $\mathbb{K}$ の標数が $n+1$ を割ると仮定する．このとき仮定 A.11 の下での計算から次数付き代数として $H^*(LM) \cong H^*(M) \otimes H^*(\Omega M)$ がわかる．これより $\mathcal{FB}$ の LSSS は TNCZ となる*10)．

逆に $\mathbb{K}$ の標数が $n+1$ を割り切らないとする．$H^*(LM)$ に収束する EMSS を考える．命題 A.9 より，この場合は

$$D(w) = \frac{\partial x^{n+1}}{\partial x} = (n+1)x^n u \neq 0$$

であるから，$\dim H^{\deg x^n u - 1}(LM) < \dim(H^*(M) \otimes H^*(\Omega M))^{\deg x^n u - 1}$ となり $\mathcal{FB}$ は $\mathbb{K}$ に関して TNCZ ではない． □

---

*10) 先の同型はベクトル空間としての同型で十分．

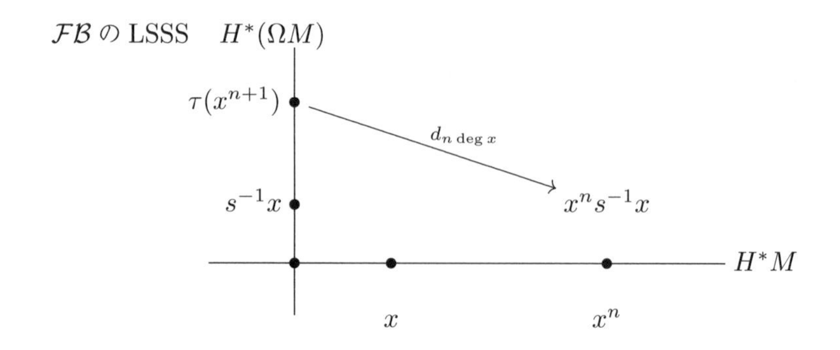

注意 A.14 $n+1$ を $\mathbb{K}$ の標数が割らない場合は，LM の $\mathbb{K}$-係数コホモロジー環はより複雑な形を持つ（第 A.3 節の計算や [85, Thoerem 2.2] を参照）．

注意 A.15 単連結空間 M でその $\mathbb{K}$-係数コホモロジー環が単生成外積代数である場合を考える，すなわち $H^*(M) \cong \wedge(y)$（$\deg y$ は奇数）とする．例えば $M = S^{2n+1}$ $(n \geq 1)$ が考えられる．このとき定理 A.1 と命題 A.8，命題 A.9 をそれぞれ用いて，代数としての同型

$$H^*(\Omega M) \cong \Gamma[s^{-1}y], \quad H^*(LM) \cong \wedge(y) \otimes \Gamma[\nu]$$

を得る．ただし，$\deg s^{-1}y = \deg \nu = \deg y - 1$ である．考える 2 つの EMSS $\{\widehat{E}_r^{*,*}, \widehat{d}_r\}$ と $\{E_r^{*,*}, d_r\}$ が E_2-項で潰れることと拡張問題が全次数とフィルトレーションの次数計算で解けることは先の計算と同様である*11)．

注意 A.16 一般に $H^*(\Omega M)$ に収束する EMSS $\{\widehat{E}_r^{*,*}, \widehat{d}_r\}$ には微分ホップ代数の構造が入る．さらに事実：「$d_r(c) = 0$, $|c| < |a|$ ならば $d_r(a)$ は原始的である」を用いることで微分を特定できる場合がある．

また $H^*(\Omega M)$ が次数付き可換ホップ代数であることからホップ–ボレルの定理[89, 7.11 Theorem]を利用して E_∞-項から拡張問題を解くことができる場合もある（例えば [70] 参照）．

注意 A.17 もちろん空間的な特徴を利用してループ空間のコホモロジーの計算も可能である．例えばファイブレーション $S^1 \to S^{2n+1} \to \mathbb{C}P^n$ からファイブレーション $\Omega S^{2n+1} \to \Omega\mathbb{C}P^n \to S^1$ を得る．このファイブレーションがホモトピー切断を持つことからホモトピー同値

$$\Omega\mathbb{C}P^n \simeq S^1 \times \Omega S^{2n+1}$$

を得ることができる．よって $M = \mathbb{C}P^n$ の場合，注意 A.15 とこのホモトピー同値を用いて $H^*(\Omega\mathbb{C}P^n)$ を決定できる．すなわち注意 A.12 の結果を得ることができる．

---

*11） 詳細は [85, Theorem 2.1] 参照．

EMSS と LSSS が E_2-項で潰れるという条件はそれぞれ密接に関連する．例えば単連結空間 B 上のファイブレーション $F \to E \xrightarrow{p} B$ の LSSS が E_2-項で潰れる場合，$H^*(B)$-加群として $H^*(E) \cong H^*(B) \otimes H^*(F)$ が成り立つ．またファイブレーションはプルバック図式

$$\begin{array}{ccc} F & \longrightarrow & E \\ \downarrow & & \downarrow p \\ * & \longrightarrow & B \end{array}$$

と見なせるから定理 A.1 から $H^*(F)$ に収束する EMSS $\{E_r^{*,*}, d_r\}$ で

$$E_2^{*,*} \cong \mathrm{Tor}^{*,*}_{H^*(B)}(\mathbb{K}, H^*(E)) \stackrel{\mathrm{alg}}{\Longrightarrow} H^*(F)$$

となるものが得られる．今の場合は $H^*(E)$ は $H^*(B)$-射影的加群（実際は自由加群）であるからトージョン積の定義から，$p < 0$ ならは $E_2^{p,*} = 0$ となり，EMSS $\{E_r^{*,*}, d_r\}$ は E_2-項で潰れる．EMSS は第 2 象限型であることに注意する．こうして次を示すことができた．

命題 A.18　単連結空間 B 上のファイブレーション $F \to E \xrightarrow{p} B$ の LSSS が E_2-項で潰れるならば，同じファイブレーションから得られる定理 A.1 の EMSS も E_2-項で潰れる．

次の第 A.2 節でバー型，コバー型 EMSS の応用として一つ定理（定理 A.32）を証明する．そのときに用いるスペクトル系列の自明性に関する命題をここで述べておく．3 つのスペクトル系列の関係を次の命題は示している．

再び図式 (A.2) の前面の EMSS を $\{E_r^{*,*}, d_r\}$，後面の EMSS を $\{\widehat{E}_r^{*,*}, \widehat{d}_r\}$ とおく．また左面の LSSS を $\{\overline{E}_r^{*,*}, \overline{d}_r\}$ とおく．このとき次が成り立つ．

命題 A.19（[69, Proposition 1.7]）　M を単連結空間であり $H^*(M)$ は定義 A.6 の CGI 代数であると仮定する．さらに任意の i, j に対して $\mathbb{K}[x_1, \ldots, x_n]/(\rho_1, \ldots, \rho_m)$ 上 $\frac{\partial \rho_i}{\partial x_j} = 0$ とする．このとき EMSS $\{E_r^{*,*}, d_r\}$ が E_2-項で潰れるための必要十分条件は EMSS $\{\widehat{E}_r^{*,*}, \widehat{d}_r\}$ と LSSS $\{\overline{E}_r^{*,*}, \overline{d}_r\}$ が E_2-項で潰れることである．

さてここでコバー型 EMSS の E_2-項の計算（コバー分解と捻れテンソル積）[80, Section 5] について簡単に言及しておく．

A を微分ホップ代数，N, L をそれぞれ右，左微分 A-余加群とする．コテンソル積の導来関手

$$\mathrm{Cotor}_A(N, L)$$

は（その定義より）L の左 A-余加群としての入射的分解にコテンソル $N \,\square_A -$ を適用し（すなわち，$N \,\square_A I := \mathrm{Ker}(\nabla_N \otimes 1 - 1 \otimes \nabla_I \colon N \otimes I \to N \otimes A \otimes I)$，

ただし，∇_N と ∇_I はそれぞれ，N と I の余加群構造である)，ホモロジーをとることで得られる．一般に L の左 A-余加群としての入射的分解としては，

$$0 \to L \to A \otimes L \to A \otimes A \otimes L \to \cdots$$

という形のコバー分解[27]を考えることができるが，トージョン積と同様，コシュール分解のようなより経済的な入射分解がほしい．体 $\mathbb{K}$ を自明な左 A-余代数とするとき，$\mathbb{K}$ に対するそのような分解の候補として上げられるのが“捻れテンソル積”である．

A の捻れテンソル積は適切な次数つきベクトル空間 V が与えるテンソル代数 $T(sV)$，およびそのあるイデアル I を用いて左 A-余加群としては $A \otimes T(sV)/I$ で定義される．そしてその微分代数構造は適切な線形写像 $\theta\colon A \to sV$ を用いて“捻られて”定義される．

捩じれテンソル積で与えられる $\mathbb{K}$ の入射分解は，リー群 G の分類空間 BG のコホモロジー環を定理 A.2 を用いて計算する場合に威力を発揮した．ここでは捻れテンソル積の一番簡単な場合を考えることにする．

例 A.20　G を $H^*(G) \cong \wedge(x_1, \ldots, x_l) =: A$ をみたすリー群とする．ただし $\deg x_j$ は奇数であり x_i は原始的な元とする；すなわち A の余積 Δ に関して $\Delta(x_i) = x_i \otimes 1 + 1 \otimes x_i$ である．ユニタリ群 $U(n)$ はこのような例である．このとき普遍 G バンドル $G \to EG \to BG$ を考える．$BG = EG \times_G *$ であるから定理 A.2 を適用すると EMSS $\{E_r^{*,*}, d_r\}$ で

$$E_2^{*,*} \cong \mathrm{Cotor}^{*,*}_{H^*(G)}(\mathbb{K}, \mathbb{K}) \overset{\mathrm{alg}}{\Longrightarrow} H^*(BG)$$

となるものを得ることができる．$\mathbb{K}$ の左 A-余加群としての入射分解で

$$0 \to \mathbb{K} \to A \otimes (\mathbb{K}[sx_1, sx_2, \ldots, sx_l], \partial)$$

の形を持つものが存在する．ただし $\partial(sx_j) = x_j$, $\mathrm{bideg}\, sx_j = (1, \deg x_j)$ である．したがって

$$\begin{aligned}\mathrm{Cotor}^{*,*}_{H^*(G)}(\mathbb{K}, \mathbb{K}) &\cong H(\mathbb{K} \mathbin{\square_A} A \otimes \mathbb{K}[sx_1, \ldots, sx_l], 1 \mathbin{\square_A} \partial = 0) \\ &\cong \mathbb{K}[sx_1, \ldots, sx_l]\end{aligned}$$

となる．各 sx_j の全次数は偶数より，この EMSS は E_2-項で潰れ，2 重次数付き代数として同型 $E_2^{*,*} \cong E_\infty^{*,*}$ を得る．

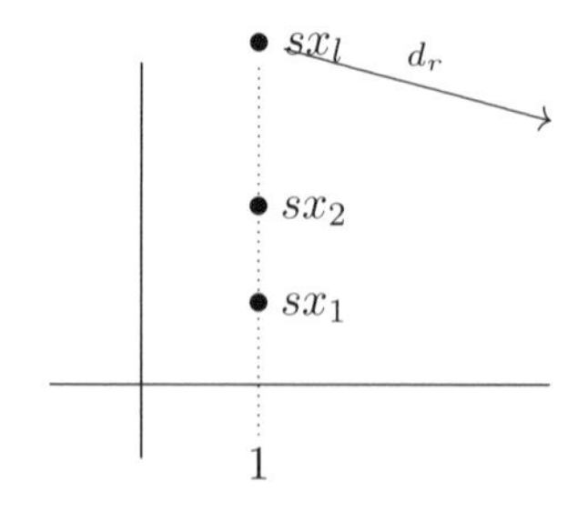

E_∞-項は多項式環であるから拡張問題も解けて，結局 $\mathbb{K}$-代数として次を得る．

$$H^*(BG) \cong \mathbb{K}[sx_1, \ldots, sx_l], \quad \deg sx_i = \deg x_i + 1.$$

注意 A.21 ファイブレーション $\Omega BG \to PBG \to BG$ と次の事実を用いれば定理 A.1 のスペクトル系列を適用して，$H^*(G) \cong \wedge(s^{-1}sx_1, \ldots, s^{-1}sx_l)$ を得ることができ，もとの $H^*(G)$ に戻る．

A.2 EMSS の応用と EMSS 上の作用素

この節では EMSS 上のスティーンロッド作用素に関する命題をまず述べる．その EMSS の計算への直接的な応用を解説した後，加群微分子とスティーンロッド代数との両立性を用いて，連結リー群 G の分類空間 BG の自由ループ空間のコホモロジー環を計算する．また，基点付きループ空間のコホモロジーの余可換性についても考察する．

定理 A.22（[14], [98], [103], [106], [109]） 基礎体 $\mathbb{K}$ は有限体 $\mathbb{F}_p$ であるとする．ただし p は素数とする．このとき定理 A.1 の EMSS はスティーンロッド代数 $\mathcal{A}(p)$ の作用を持つ．すなわち $E_r^{*,*}$ 項は $\mathcal{A}(p)$-代数構造を持ち，各微分 d_r はスティーンロッド作用素と可換である．さらに $\mathcal{A}(p)$-代数として同型 $E_\infty^{*,*} \cong E_0^{*,*}(H^*(E_{f,p}))$ が成り立つ．特に

$$\begin{cases} \beta^\varepsilon \wp^i_{EM} \colon E_r^{l,s} \to E_r^{l,s+2i(p-1)+\varepsilon} & (p \neq 2) \\ Sq^i_{EM} \colon E_r^{l,s} \to E_r^{l,s+i} & (p = 2) \end{cases}$$

が成立する．また E_1-項では，バー分解を用いて $\wp^k_{EM}$ の作用は次のように表される．

$$\wp^k_{EM}(a[x_1 \mid \cdots \mid x_m]b) = \sum_{l+i_1+\cdots+i_m+s=k} \wp^l a[\wp^{i_1} x_1 \mid \cdots \mid \wp^{i_m} x_m]\wp^s b.$$

注意 A.23 第 A.1 節における仮定 A.11 の下での計算を思い出す．その計算で $\gamma_{p^s}(w)^p$ が $F^{-2p^s}H^*(LM)$ に属すことを用いているが，これは E_∞-項で

$$\gamma_{p^s}(w)^p = \wp_{EM}^{(1/2)p^s(\deg \rho_i - 2)} \gamma_{p^s}(w)$$

が成り立ち，右辺は定理 A.22 より $F^{-2p^s}H^*(LM)$ に入っていることから示せる．スティーンロッド作用素は EMSS 上「縦」作用を引き起こしていることに注意されたい．

EMSS の E_2-項をバー分解を用いて表示した場合は，定理 A.22 よりその上で働くスティーンロッド作用素を明確に記述できることになる．しかし代数構造を見る場合は，命題 A.8，命題 A.9 で与えたコシュール分解のほうが適している．そこで「バー」の言語を「コシュール」の言語にまたは逆に翻訳する辞

書が必要になる．その一部をここで紹介する．

補題 A.24（[69, Lemma 1.5], [85, Lemma 2.8]） A を定義 A.6 の GCI 代数とし，$\mathcal{K} \xrightarrow{\varepsilon} \mathbb{K} \to 0$ を命題 A.8 のコシュール分解とする．このとき擬同型 $\Psi\colon B^\bullet(\mathbb{K}, A) \to \mathcal{K}$ で

$$\Psi([x_i \mid \cdots \mid x_i]a) = \gamma_r(s^{-1}x_i)a$$

をみたすものが存在する．

定理 A.22 と補題 A.24 を用いて，ある基点付きループ空間のコホモロジーの具体的な計算を行う．

例 A.25 M を単連結空間で $\mathcal{A}(2)$-代数として $H^*(X;\mathbb{F}_2) \cong H^*(SU(3);\mathbb{F}_2) \cong \wedge(e_3, e_5)$ であるとする．すなわち $Sq^2e_3 = e_5$ が成立すると仮定する．このとき次数付き代数として

$$\begin{aligned} H^*(\Omega M;\mathbb{F}_2) &\cong H^*(\Omega SU(3);\mathbb{F}_2) \\ &\cong \bigotimes_{i\geq 1} \mathbb{F}_2[\gamma_{2^i}(s^{-1}e_3)]/(\gamma_{2^i}(s^{-1}e_3)^4), \end{aligned} \tag{A.3}$$

（ただし $\deg s^{-1}e_3 = 2$）となることを以下で示そう．

自由ループファイブレーション $\Omega M \to PM \to M$ に定理 A.1 を適用して得られる EMSS を $\{E_r^{*,*}, d_r\}$ とする．この EMSS は $H^*(\Omega M)$ に代数として収束し，2 重次数付き代数として

$$\begin{aligned} E_2^{*,*} &\cong \mathrm{Tor}_{H^*(M)}(\mathbb{F}_2, \mathbb{F}_2) \cong \Gamma[s^{-1}e_3, s^{-1}e_5] \\ &\cong \bigotimes_{i\geq 1} \mathbb{F}_2[\gamma_{2^i}(s^{-1}e_3)]/(\gamma_{2^i}(s^{-1}e_3)^2) \otimes \bigotimes_{i\geq 1} \mathbb{F}_2[\gamma_{2^i}(s^{-1}e_5)]/(\gamma_{2^i}(s^{-1}e_5)^2) \end{aligned}$$

が成り立つ．ただし，$\mathrm{bideg}(\gamma_{2^i}(s^{-1}e_n)) = (-2^i, 2^i(n-1))$ である．どの生成元も全次数は偶数であることから，この EMSS は E_2-項で潰れる．よって $E_2^{*,*} \cong E_\infty^{*,*}$ である．

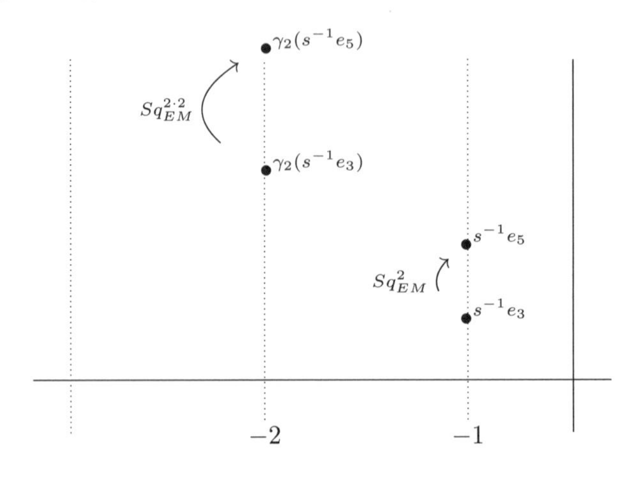

$\gamma_{2^i}(s^{-1}e_3)^2$ および $\gamma_{2^i}(s^{-1}e_5)^2$ に関する拡張問題を解く．補題 A.24 より

$$\gamma_{2^i}(s^{-1}e_3)^2 = [e_3 \mid \cdots \mid e_3] \quad (2^i \text{ 回})$$

となるから，定理 A.22 より E_∞-項で

$$Sq_{EM}^{2^i \cdot 2}\gamma_{2^i}(s^{-1}e_3) = Sq_{EM}^{2^i \cdot 2}[e_3 \mid \cdots \mid e_3] = [Sq^2 e_3 \mid \cdots \mid Sq^2 e_3] + \text{“剰余項”}$$

と表せる．またスティーンロッド作用素の非安定性（$\deg x < i$ のとき $Sq^i x = 0$）より“剰余項”は零となる．こうして $H^*(\Omega M)$ 上では

$$\gamma_{2^i}(s^{-1}e_3)^2 = Sq^{2^i \cdot 2}\gamma_{2^i}(s^{-1}e_3) = \gamma_{2^i}(s^{-1}e_5) + \eta$$

と表せる．ただし $\eta \in F^{-2^i+1}H^*(\Omega M; \mathbb{F}_2)$ である．第 A.1 節で考察した，全次数とフィルトレーションの次数の比較により $\eta = 0$，さらに $H^*(\Omega M; \mathbb{F}_2)$ 上で $\gamma_{2^i}(s^{-1}e_5)^2 = 0$ が示せる．こうして拡張問題がすべて解けて，(A.3) を得る．

以上の計算からわかるように，$H^*(\Omega SU(3); \mathbb{F}_2)$ は $SU(3)$ のコホモロジーの情報のみを用いて計算できることになる．

注意 4.24 で述べたように，リー群の分類空間のループ余積の計算においては加群微分子が重要な役割を果たす．実際，後述するようにリー群の分類空間の自由ループ空間のコホモロジー環がこの加群微分子で完全に決定される（(A.6) 参照）．この道具について解説する．

定義 A.26 A から次数付き左 A-加群 L への次数 -1 の準同型 $\mathcal{D}\colon A \to L$ が A の任意の元 a, b に対して，次を満たすときこの写像 $\mathcal{D}$ を L に値を持つ A の**加群微分子**（module derivation）という．

$$\mathcal{D}(ab) = (-1)^{(\deg a+1)\deg b} b\mathcal{D}(a) + (-1)^{\deg a} a\mathcal{D}(b).$$

命題 A.27（[65]） 評価写像 $ev\colon S^1 \times LX \to X$ を $ev(t, \gamma) = \gamma(t)$ と定義し，S^1 に沿った積分写像 $\int_{S^1}\colon H^*(S^1 \times LX) \to H^{*-1}(LX; \mathbb{F}_p)$ を $\int_{S^1}(e \otimes v) = v$ で定義する．ただし e は $id \in \pi_1(S^1)$ からフレビッツ準同型を経由して得られる $H^1(S^1)$ の生成元である．このとき合成写像

$$\mathcal{D}_X := \int_{S^1} \circ\, ev^*\colon H^*(X) \to H^{*-1}(LX; \mathbb{F}_p)$$

は $H^*(LX; \mathbb{F}_p)$ に値を持つ $H^*(X)$ の加群微分子であり，スティーンロッド代数の作用と可換である．

仮定 A.28 $H^*(BG; \mathbb{K}) \cong \mathbb{K}[x_1, \ldots, x_n] =: A$，ただし $\mathbb{K}$ の標数が 2 でないときは各 i に対して $\deg x_i$ は偶数．

この仮定の下 $H^*(LBG; \mathbb{K})$ を考察しよう．定理 A.1 の $H^*(LBG; \mathbb{K})$ に代数として収束する EMSS を $\{E_r^{*,*}, d_r\}$ とする．このとき命題 A.9 より 2 重次

数付き代数として次の同型を得る．

$$E_2^{*,*} \cong \mathrm{Tor}^{*,*}_{A\otimes A}(A, A) \cong \wedge(u_1, \ldots, u_n) \otimes \mathbb{K}[x_1, \ldots, x_n].$$

ただし，$\mathrm{bideg}\, u_i = (-1, \deg x_i)$ である．

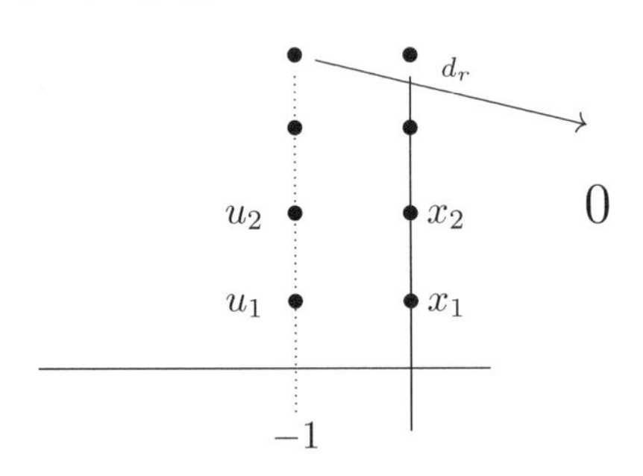

生成元のフィルトレーション次数は 0 または -1 であるからこの EMSS は E_2-項で潰れて，$E_\infty^{*,*} \cong E_2^{*,*}$ となる．よって $H^*(BG;\mathbb{K})$-代数としての同型

$$H^*(LBG;\mathbb{K}) \cong \Delta(u_1, \ldots, u_n) \otimes \mathbb{K}[x_1, \ldots, x_n] \tag{A.4}$$

を得る．ただし，$\Delta(u_1, \ldots, u_n)$ は 2-単純系を表す．すなわち $u_1^{\varepsilon_1} \cdots u_n^{\varepsilon_n}$（$\varepsilon_i$ は 0 または 1）で生成される $\mathbb{K}$ 上のベクトル空間で $\varepsilon_i + \varepsilon_i' = 0$ または 1 のときのみ，$u_1^{\varepsilon_1} \cdots u_n^{\varepsilon_n} \cdot u_1^{\varepsilon_1'} \cdots u_n^{\varepsilon_n'} = u_1^{\varepsilon_1+\varepsilon_1'} \cdots u_n^{\varepsilon_n+\varepsilon_n'}$ である．したがって，$H^*(LBG;\mathbb{K})$ は次数付き可換なので $\mathbb{K}$ の標数が 2 でないならば拡張問題は解けて，代数として

$$H^*(LBG;\mathbb{K}) \cong \wedge(u_1, \ldots, u_n) \otimes \mathbb{K}[x_1, \ldots, x_n], \tag{A.5}$$

$\deg u_i = \deg x_i - 1$ となる．$\mathbb{K}$ が素体 $\mathbb{F}_2$ のとき拡張問題を解くのは些か難しい．u_i^2 の行き先を決めなければならないからである．そこで次の事実を用いる．

事実 A.29（[65]） 任意の i に対して $u_i = \mathcal{D}_{BG} x_i$.

これで EMSS から定まる生成元をある意味，幾何的に特徴付けたことになる．こうして命題 A.27 から

$$u_i^2 = Sq^{\deg x_i - 1} u_i = Sq^{\deg x_i - 1}\mathcal{D}_{BG} x_i = \mathcal{D}_{BG} Sq^{\deg x_i - 1} x_i$$

となる．$\mathcal{D}_{BG}$ は加群微分子であるから $Sq^{\deg x_i - 1}$ の作用で u_i^2 の行き先が決まる．すなわち u_i^2 は $\mathcal{D}_{BG} x_j$ と x_j $(j = 1, \ldots, n)$ で表記できることになる．よって拡張問題がすべて解けて $\mathbb{F}_2$-代数としての同型

$$H^*(LBG;\mathbb{F}_2) \cong \frac{\mathbb{F}_2[\mathcal{D}_{BG} x_1, \ldots, \mathcal{D}_{BG} x_n] \otimes \mathbb{F}_2[x_1, \ldots, x_n]}{((\mathcal{D}_{BG} x_i)^2 + \mathcal{D}_{BG} Sq^{\deg x_i - 1} x_i)} \tag{A.6}$$

を得る．

次に $H^*(\mathrm{map}(\Sigma_{g,p+q}, BG); \mathbb{K})$ の代数構造を仮定 A.28 の下で決定しよう．

事実 A.30（例えば[15]参照） $\Sigma_{g,p+q} \simeq \vee^{-\chi(\Sigma_{g,p+q})+1} S^1$，ただし $-\chi(\Sigma_{g,p+q}) = 2g+p+q-2$.

このことに注意すると $F(\Sigma_{g,p+q}, BG) \simeq \mathrm{map}(\vee^N S^1, BG)$ となる，ただし $N = -\chi(\Sigma_{g,p+q}) + 1$ である．そこで次の押し出し図式を考える．

$$\begin{array}{ccc} \vee^N S^1 & \longleftarrow & S^1 \\ \uparrow & & \uparrow \\ \vee^{N-1} S^1 & \longleftarrow & * \end{array}$$

この図式に関手 map(-, BG) を施して，引き戻し図式

$$\begin{array}{ccc} \mathrm{map}(\vee^N S^1, BG) & \longrightarrow & LBG \\ \downarrow & & \downarrow ev_0 \\ \mathrm{map}(\vee^{N-1} S^1, BG) & \longrightarrow & BG \end{array}$$

を得る．この図式に定理 A.1 を適用して，$H^*(\mathrm{map}(\vee^N S^1, BG); \mathbb{K})$ に代数として収束する EMSS $\{E_r^{*,*}, d_r\}$ で

$$E_2^{*,*} \cong \mathrm{Tor}^{*,*}_{H^*(BG;\mathbb{K})}(H^*(\mathrm{map}(\vee^{N-1} S^1, BG); \mathbb{K}), H^*(LBG; \mathbb{K}))$$

となるものを得る*12)．先の同型 (A.4) より $H^*(LBG; \mathbb{K})$ は $\mathbb{K}$ の標数によらず自由 $H^*(BG)$-加群である．したがって，$j < 0$ のとき $E_2^{j,*} = 0$, $E_2^{0,*} \cong H^*(\mathrm{map}(\vee^{N-1} S^1, BG); \mathbb{K}) \otimes_{H^*(BG;\mathbb{K})} H^*(LBG; \mathbb{K})$ となり，$\{E_r^{*,*}, d_r\}$ は E_2-項で潰れ，さらに拡張問題も解けて，帰納的な考察で次の代数としての同型を得る．

$$\begin{aligned} & H^*(\mathrm{map}(\vee^N S^1, BG); \mathbb{K}) \\ \cong\ & H^*(\mathrm{map}(\vee^{N-1} S^1, BG); \mathbb{K}) \otimes_{H^*(BG;\mathbb{K})} H^*(LBG; \mathbb{K}) \\ \cong\ & \bigotimes^{N}_{H^*(BG;\mathbb{K})} H^*(LBG; \mathbb{K}). \end{aligned}$$

同型 (A.5) と (A.6) により最後の代数は決定できる．

EMSS の微分に関して特に，アイレンバーグ–マックレーン（Eilenberg–MacLane）空間のコホモロジーを利用した微分の決定方法は [108], [111] が参考になる．例えば次の定理が成り立つ．

---

*12） [71] ではここでの考え方をさらに進めて，向き付け可能（不可能）閉曲面を定義域に BG を値域に持つ写像空間のコホモロジー環が考察されている．実際，閉曲面を $\vee^k S^1$ にデスクを貼付ける接着空間と考えて押し出し図式から上述のようなプルバック図式を構成し EMSS を適用している．

定理 A.31（[111]） M を単連結空間で代数としての同型 $H^*(M;\mathbb{F}_2) \cong \bigotimes_{i=1}^n \mathbb{F}_2[x_i]/(x_i^{2^{n_i}})$ が成り立つとする．もし Sq^1 が $H^*(M;\mathbb{F}_2)$ 上で自明ならば，引き戻し図式

$$\begin{array}{ccc} LM & \longrightarrow & M^I \\ \downarrow & & \downarrow{\scriptstyle ev_0 \times ev_1} \\ M & \underset{\Delta}{\longrightarrow} & M \times M \end{array}$$

に対する定理 A.1 の $H^*(LM;\mathbb{F}_2)$ 収束する EMSS は E_2-項で潰れる．

この定理とバー型，コバー型の EMSS を用いて基点付きループ空間コホモロジーの余可換性に関する定理を示してこの節を終える．

一般にリー群 G が与えられるとホップ–ボレルの定理[96, 7.11 Theorem]により $H^*(G;\mathbb{F}_p) \cong \bigotimes_{i=1}^n \mathbb{F}_p[x_i]/(x_i^{p^{n_i}})$ と表せる．また ΩG はホモトピー可換よりホップ代数 $H^*(\Omega G;\mathbb{F}_p)$ は余可換である．一般に M がホップ空間でなくても $H^*(M)$ の代数構造から $H^*(\Omega M)$ の余可換性を示すことができる場合がある．

定理 A.32 M を単連結空間 $H^*(M;\mathbb{F}_2) \cong \bigotimes_{i=1}^n \mathbb{F}_2[x_i]/(x_i^{2^{n_i}})$ が成り立つとする．このとき，もし Sq^1 が $H^*(M;\mathbb{F}_2)$ 上で自明ならば，$H^*(\Omega M;\mathbb{F}_2)$ は余可換である．

この定理を証明するためにまず次の事実を思い出す．

事実 A.33 ホモトピー同値写像 $\eta\colon EG \times_{Ad} G \xrightarrow{\simeq} EG \times_{Ad} \Omega BG \xrightarrow{\simeq} LBG$ が存在する．ここで $Ad\colon G \times G \to G$ は G の G への随伴作用 $Ad(g)h = ghg^{-1}$ を表す（例えば [24, Corollary 3.4] 参照）．

M に対してミルナー（Milnor）[95]の考察からある位相群 G が存在して，ホップ空間として $\Omega M \simeq G$ となる．この位相群 G にボレル構成を適用すると事実 A.33 により次のファイブレーションを得る．

$$\begin{array}{ccccc} \Omega M \simeq G & & & & \\ \downarrow{\scriptstyle j} & & & & \\ EG \times_{Ad} G & \xrightarrow{\simeq} & EG \times_{Ad} \Omega BG & \xrightarrow{\simeq} & LBG \simeq LM \\ \downarrow & & & & \\ M \simeq BG & & & & \end{array}$$

こうしてボレル構成 $EG \times_{Ad} G$ に定理 A.2 を適用して第 1 象限型 EMSS $\{{}_cE_r^{*,*}, {}_cd_r\}$ で

$${}_cE_2^{*,*} \cong \mathrm{Cotor}^{*,*}_{H^*(\Omega M)}(\mathbb{K}, H^*(\Omega M)) \overset{\mathrm{alg}}{\Longrightarrow} H^*(EG \times_{Ad} G) \cong H^*(LM)$$

となるものを得る．

定理 A.32 の証明 定理 A.31 より $H^*(LM)$ に収束する第 2 象限型 EMSS $\{E_r^{*,*}, d_r\}$ は E_2-項で潰れる．したがって命題 A.19 より $\{\overline{E}_r^{*,*}, \overline{d}_r\}$ は E_2-項

で潰れる．すなわち上の図式における縦のファイブレーションは $\mathbb{F}_2$ に関して TNCZ である．こうして誘導写像 $j^*\colon H^*(EG \times_{Ad} G) \to H^*(G)$ は全射となる．第 1 象限型 EMSS $\{{}_cE_r^{*,*}, {}_cd_r\}$ のエッジ準同型写像を考えると次の可換図式を得る．

$$\begin{array}{ccc} H^*(EG \times_{Ad} G) & \xrightarrow{\quad j^* \quad} & H^*(G) \\ \downarrow & & \| \\ {}_cE_\infty^{0,*} \rightarrowtail \cdots \rightarrowtail & {}_cE_2^{0,*} \rightarrowtail & {}_cE_1^{0,*} \end{array}$$

j^* は全射より微分 $d_1 = Ad^*\colon H^*(G) \to H^*(G) \otimes \overline{H}^*(G)$ は自明でなければならない．すなわちこれは第一座標への射影 $G \times G \to G$ を pr_1 とすると $pr_1^* = Ad^*$ を意味する．Ad は随伴作用であるから $H^*(\Omega M) \cong H^*(G)$ は余可換である． □

注意 A.34　$M = \mathbb{C}P^{2^n}$ はその $\mathbb{F}_p$-係数（p は奇素数）のコホモロジーの代数構造を考えれば前出のホップ–ボレルの定理から M はホップ空間ではないことがわかる．しかし定理 A.32 より $H^*(\Omega M; \mathbb{F}_2)$ は余可換である．

A.3　次数付き微分代数のホモロジーの計算方法

スペクトル系列の計算では，微分代数のホモロジーを扱う場面によく直面する．この節では例を用いてそのようなホモロジーを代数として計算する手法を紹介する*13)．この手法は有理ホモトピー論における空間 M のサリバン極小モデルからそのホモロジー，すなわち M の有理係数コホモロジー環を計算する場合にも応用できる．また，サリバン極小モデルのコホモロジーの計算には Kohomology[120] というソフトも利用可能である．自由ループ空間のコホモロジーの計算（定理 3.14 参照）も適切な次元まで行うことが可能である．

この節では基礎体は $\mathbb{Q}$ とする．第 3 章の記号を思い出す．次数付きベクトル空間 V で生成される可換自由代数を $\wedge(V)$ と表す．すなわち $\wedge V = \mathbb{Q}[V^{\mathrm{even}}] \otimes E(V^{\mathrm{odd}})$ となる．次の微分代数 (A, d) を考える．

$$(A, d) = (\wedge(\alpha, \rho, \overline{\alpha}, \overline{\rho}), d(\alpha) = d(\overline{\alpha}) = 0, d(\rho) = \alpha^2, d(\overline{\rho}) = 2\alpha\overline{\alpha}).$$

ただし，$\deg \alpha = 2m$, $\deg \rho = 4m-1$, $\deg \overline{\alpha} = 2m-1$, $\deg \overline{\rho} = 4m-2$ である．

注意 A.35　この微分代数 (A, d) は S^{2m} のサリバン極小モデル $(\wedge(\alpha, \rho), d(\rho) = \alpha^2)$ から得られる，LS^{2m} のサリバンモデルである（定理 3.14 参照）．したがって代数として $H^*(LS^{2m}; \mathbb{Q}) \cong H(A, d)$ が成立する．

---

*13)　この計算手法は [82, Section 7] で詳しく述べられている．

この節の目的は $H(A,d)$ の代数構造，生成元を明らかにすることである．早速そのコホモロジー環の計算を始めよう．

ステップ 1（A の元に重みをつけて A にフィルトレーションを導入する）：まず，$\mathrm{weight}(\overline{\alpha})=1$, $\mathrm{weight}(z)=0$ $(z=\rho,\overline{\rho},\alpha)$ として重みを付ける．生成元の積で表される元は $\mathrm{weight}(uv)=\mathrm{weight}(u)+\mathrm{weight}(v)$ として生成元の各重みの和で定義する．微分を保つ A の減少フィルトレーション $F=\{F^i\}$ を次で定義する*14)．

$$F^i := \{u \in A \mid \mathrm{weight}(u) \geq i\}.$$

このとき，誘導されたスペクトル系列 $\{E_r, d_r\}$ の E_0-項である微分代数 $(E_0=\sum F^i/F^{i+1}, d_0)$ のホモロジー，すなわち E_1-項は次の形を持つ．

$$(E_1,d_1) \cong (\mathbb{Q}[\alpha]/(\alpha^2) \otimes \wedge(\overline{\alpha}) \otimes \mathbb{Q}[\overline{\rho}], d_1(\overline{\rho}) = 2\alpha\overline{\alpha}).$$

$d(\overline{\rho})=2\alpha\overline{\alpha}$ はフィルトレーションを一つ上げる．よって，$E_0=\sum F^i/F^{i+1}$ 上では $d(\overline{\rho})=0$ となることに注意する（このステップではフィルトレーションから誘導されるスペクトル系列の各項の微分で非自明なものが「一つ」になるようにそのフィルトレーションを定める）．

ステップ 2（代数構造を表す「軸」を書いて，その上にベクトル空間としての基底をすべて並べる）．

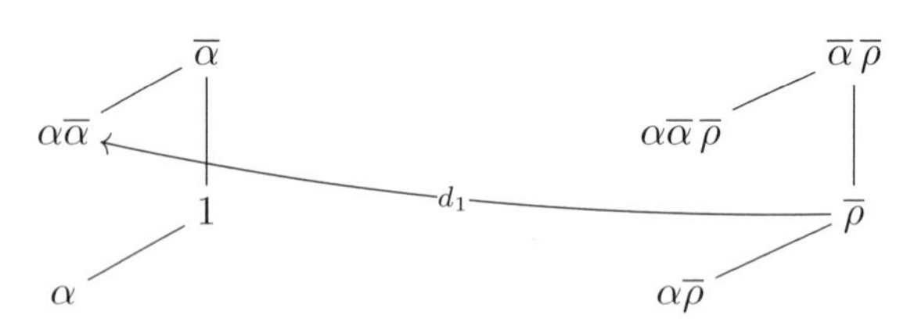

$\cdots\cdots$

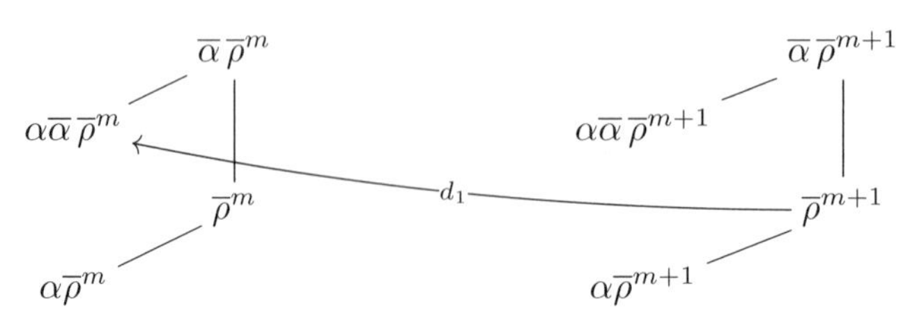

ステップ 3（代数構造に注意しながらスペクトル系列を計算する）：どの基底がホモロジー上で消えるかが軸の図式からわかり

$$E_2 \cong \frac{\mathbb{Q}[\alpha]\otimes\wedge(\overline{\alpha})}{(\alpha\overline{\alpha},\alpha^2)} \oplus \mathbb{Q}\langle \overline{\alpha}\,\overline{\rho}^l \mid l \geq 1\rangle \oplus \mathbb{Q}\langle \alpha\overline{\rho}^l \mid l \geq 1\rangle$$

*14)　すなわち $dF^i \subset F^i$ が成り立つ．

を得る．ただし (B,ε) が単位元を持つ添加代数で，N が単位元を持たない代数とするとき $B\oplus N$ の代数構造は $1\cdot n=n$, $mn=0$ $(n\in N,\ m\in \operatorname{Ker}\varepsilon)$ で与えられる．フィルトレーションを 2 つ上げる微分はないから E_r-項の微分は自明（$r\geq 2$）となる．こうして 2 重次数付き代数として $E_2\cong E_\infty$ である．

ステップ 4（拡張問題を解く）：$\{E_r,d_r\}$ は $H^*(A,d)$ に収束するから E_∞ の計算から，ベクトル空間としての同型写像

$$\varphi\colon H^*(A,d)\xrightarrow{\cong}\operatorname{Total}E_\infty=\frac{\mathbb{Q}[\alpha]\otimes\wedge(\overline{\alpha})}{(\alpha\overline{\alpha},\alpha^2)}\oplus\mathbb{Q}\langle\overline{\alpha}\,\overline{\rho}^l\mid l\geq 1\rangle\oplus\mathbb{Q}\langle\alpha\overline{\rho}^l\mid l\geq 1\rangle$$

が存在することがわかる．

$d(\overline{\alpha}\,\overline{\rho}^l)=\overline{\alpha}\cdot l\cdot\rho^{l-1}\cdot 2\alpha\overline{\alpha}=0$ より $\overline{\alpha}\,\overline{\rho}^l$ は A のサイクルである．しかし A 上で

$$d(\alpha\overline{\rho}^l)=l\cdot 2\alpha\overline{\rho}^{l-1}\alpha\overline{\alpha}=2l\alpha^2\overline{\alpha}\,\overline{\rho}^{l-1}\neq 0$$

であるから $\alpha\overline{\rho}^l$ はサイクルではない．そこでこの元を代表する本当のサイクルを見つける．$d(2l\rho\overline{\alpha}\,\overline{\rho}^{l-1})=2l\alpha^2\overline{\alpha}\,\overline{\rho}^{l-1}$ より，

$$\alpha\overline{\rho}^l-2l\rho\overline{\alpha}\,\overline{\rho}^{l-1}$$

は A 上のサイクルである．$\operatorname{weight}(\overline{\alpha})=1$ であるから，項 $2l\rho\overline{\alpha}\,\overline{\rho}^{l-1}$ は $\alpha\overline{\rho}^l$ より下のフィルトレーションに入っていて E_∞-項では見えていなかったことになる．

積についての拡張問題をすべて解くと次のようになる．

$$\begin{aligned}
&d\left(\frac{1}{2}\overline{\rho}\right)=\alpha\overline{\alpha},\\
&d(\rho)=\alpha^2,\\
&d(\rho\overline{\rho}^l)=\alpha(\alpha\overline{\rho}^l-2l\rho\overline{\alpha}\,\overline{\rho}^{l-1}),\\
&d\left(\frac{1}{2(l+1)}\overline{\rho}^{l+1}\right)=\overline{\alpha}(\alpha\overline{\rho}^l-2l\rho\overline{\alpha}\,\overline{\rho}^{l-1}),\\
&d\left(\frac{1}{2(2l+1)}\overline{\rho}^{2l+1}\right)=\overline{\alpha}\,\overline{\rho}^l(\alpha\overline{\rho}^l-2l\rho\overline{\alpha}\,\overline{\rho}^{l-1}).
\end{aligned}$$

これより自然に代数の準同型写像

$$\eta\colon\frac{\mathbb{Q}[\alpha]\otimes\wedge(\overline{\alpha})}{(\alpha\overline{\alpha},\alpha^2)}\oplus\mathbb{Q}\langle\overline{\alpha}\,\overline{\rho}^l\mid l\geq 1\rangle\oplus\mathbb{Q}\langle\alpha\overline{\rho}^l-2l\rho\overline{\alpha}\,\overline{\rho}^{l-1}\mid l\geq 1\rangle\to H(A,d)$$

が定義される．$\varphi^{-1}\circ\eta$ はベクトル空間の同型射であるから，η は代数の同型射となり $H(A,d)$ の生成元および代数構造が決定できた．

この結果から，LS^{2m} はフォーマルでないことがわかる．実際，サリバン極小代数からの擬同型 $\varphi\colon(A,d)\xrightarrow{\simeq}(H^*(LS^{2m};\mathbb{Q}),0)$ が存在したとする．このとき，注意 A.35 により $H^*(LS^{2m};\mathbb{Q})\cong H(A,d)$ であるから，したがって，$m\neq 1$ の場合は $H^{4m-2}(LS^{2m};\mathbb{Q})=0$ となる．$\deg\overline{\rho}=4m-2$ に注

意すれば，$H^*(\varphi)(\overline{\alpha}\,\overline{\rho})=0$ となってしまう．$m=1$ のときは，次数を考慮すれば，φ は α を α に，$\overline{\alpha}$ を $\overline{\alpha}$ に写す*15)．さらに $\varphi(\overline{\rho})=k\alpha$ とすると，$H(\varphi)(\overline{\alpha}\,\overline{\rho})=k\overline{\alpha}\alpha=0$ となり，やはり φ が擬同型であることに反する．こうして，LS^{2m} はフォーマルではない．

注意 A.36 自由ループファイブレーション $\Omega S^{2m}\xrightarrow{i}LS^{2m}\to S^{2m}$ のサリバンモデル[30, Proposition 15.5]を考えると，$H^*(\Omega S^{2m};\mathbb{Q})\cong\wedge(\alpha)\otimes\mathbb{Q}[\overline{\rho}]$ が示せ，さらに上の計算における $H^*(LS^{2m};\mathbb{Q})$ の非分解元 $\overline{\alpha}\,\overline{\rho}^l$ は i^* で $H^*(\Omega S^{2m};\mathbb{Q})$ の分解元 $\overline{\alpha}\,\overline{\rho}^l$ に写されることがわかる．

例 A.37 微分代数 $(\mathcal{E},D)$ を次で定義する．

$$\mathcal{E}:=\wedge(\alpha,\rho,\overline{\alpha},\overline{\rho},u),$$
$$D(\overline{\rho})=2\alpha\overline{\alpha},\quad D(\alpha)=u\overline{\alpha},\quad D(\overline{\alpha})=0,\quad D(\rho)=\alpha^2-u\overline{\rho}.$$

ただし $\deg u=2$, $\deg\alpha=2m$, $\deg\rho=4m-1$, $\deg\overline{\alpha}=2m-1$, $\deg\overline{\rho}=4m-2$ である．このとき $(\mathcal{E},D)$ はボレル構成 $ES^1\times_{S^1}LS^{2m}$ のサリバンモデルである*16)．ただし作用 $S^1\times LS^{2m}\to LS^{2m}$ は $(t\cdot\gamma)(s)=\gamma(s+t)$ で定義されていることに注意する．

重みを $\mathrm{weight}(\alpha)=\mathrm{weight}(\rho)=\mathrm{weight}(\overline{\rho})=0$, $\mathrm{weight}(\overline{\alpha})=1$, $\mathrm{weight}(u)=2$ と定義して，上述のようなステップ 1 からステップ 4 を進めると，得られるスペクトル系列は E_4-項で潰れて結果として代数の同型

$$H^*(ES^1\times_{S^1}LS^{2m};\mathbb{Q})\cong H(\mathcal{E},D)\cong\frac{\wedge(\overline{\alpha},\overline{\alpha}\,\overline{\rho},\overline{\alpha}\,\overline{\rho}^2,\ldots)\otimes\mathbb{Q}[u]}{(\overline{\alpha}\,\overline{\rho}^m\cdot\overline{\alpha}\,\overline{\rho}^n,u\cdot\overline{\alpha},u\cdot\overline{\alpha}\,\overline{\rho}^s)}$$

を得る．

*15) 必要ならば係数を調整してこのようにできる．

*16) 一般的に単連結空間 X に対して $ES^1\times_{S^1}LX$ のサリバンモデルは LX のモデル（定理 3.14）を用い，ファイブレーション $LX\to ES^1\times_{S^1}LX\to BS^1$ に定理 3.12 を適用して構成される[117, Theorem A]．

参考文献

[1] M. Abouzaid, Symplectic cohomology and Viterbo's theorem, in "Free Loop Spaces in Geometry and Topology": edited by Janko Latschev and Alexandru Oancea, IRMA Lectures in Mathematics and Theoretical Physics 24, 2015.

[2] T. Aoki and K. Kuribayashi, On the category of stratifolds, Cahiers de Topologie et Géométrie Différentielle Catégoriques **58** (2017), 131–160.

[3] Y. Asao, Loop homology of some global quotient orbifolds, Algebr. Geom. Topol. **18** (2018), 613–633.

[4] J.C. Baez and A.E. Hoffnung, Convenient categories of smooth spaces, Trans. Amer. Math. Soc. **363** (2011), 5789–5825.

[5] D. Barnes and C. Roitzheim, Foundations of stable homotopy theory, Cambridge Studies in Advanced Mathematics 185, Cambridge University Press, Cambridge, 2020.

[6] H.J. Baues, Algebraic homotopy, Cambridge Studies in Advanced Mathematics 15, Cambridge University Press, Cambridge, 1989.

[7] K. Behrend, G. Ginot, B. Noohi and P. Xu, String topology for stacks, Astérisque, no. 343, xiv+169, Société Mathématique de France, 2012.

[8] A.J. Blumberg, R.L. Cohen and C. Teleman, Open-closed field theories, string topology, and Hochschild homology, "Alpine perspectives on algebraic topology", edited by C. Ausoni, K. Hess, and J. Scherer, Contemp. Math. 502, 53–76, American Mathematical Society, 2009.

[9] A.K. Bousfield and V.K.A.M. Gugenheim, On PL de Rham theory and rational homotopy type, Mem. Amer. Math. Soc. 179, American Mathematical Society, 1976.

[10] A.K. Bousfield and D.M. Kan, Homotopy limits, completions and localizations, Lecture Notes in Mathematics. 304. Berlin-Heidelberg-New York: Springer-Verlag, 1972.

[11] E.H. Brown Jr. and R.H. Szczarba, On the rational homotopy type of function spaces, Trans. Amer. Math. Soc. **349** (1997), 4931–4951.

[12] U. Buijs and A. Murillo, Basic constructions in rational homotopy theory of function spaces, Ann. Inst. Fourier (Grenoble) **56** (2006), 815–838.

[13] M. Chas and D. Sullivan, String topology, preprint (math.GT/0107187).

[14] D. Chataur and K. Kuribayashi, An operadic model for a mapping space and its associated spectral sequence, J. Pure Appl. Algebra **210** (2007), 321–342.

[15] D. Chataur and L. Menichi, String topology of classifying spaces, J. Reine Angew. Math. **669** (2012), 1–45.

[16] K.-T. Chen, Iterated path integrals, Bull. Amer. Math. Soc. **83** (1977), 831–879.

[17] J.D. Christensen, G. Sinnamon and E. Wu, The D-topology for diffeological spaces, Pacific J. Math. **272** (2014), 87–110.

[18] J.D. Christensen and E. Wu, The homotopy theory of diffeological spaces, New York J. Math. **20** (2014), 1269–1303.

[19] R.L. Cohen and V. Godin, A polarized view of string topology, Topology, geometry and quantum field theory, 127–154, London Math. Soc. Lecture Note Ser., 308, Cambridge University Press, Cambridge, 2004.

[20] R.L. Cohen, J. Klein and D. Sullivan, The homotopy invariance of the string topology loop product and string bracket, J. Topol. **1** (2008), 391–408.

[21] R.L. Cohen and J.D.S. Jones, A homotopy theoretic realization of string topology, Math. Ann. **324** (2002), 773–798.

[22] R.L. Cohen, J.D.S. Jones and J. Yan, The loop homology algebra of spheres and projective spaces. (English summary) Categorical decomposition techniques in algebraic topology (Isle of Skye, 2001), 77–92, Progr. Math., 215, Birkhäuser, Basel, 2004.

[23] T. Coyne and B. Noohi, Singular chains on topological stacks, I, Adv. in Math. **303** (2016), 1190–1235.

[24] M.C. Crabb and W.A. Sutherland, Counting homotopy types of gauge groups, Proc. Lond. Math. Soc. **81** (2000), 747–768.

[25] P. Deligne, P. Griffiths, J. Morgan and D. Sullivan, Real homotopy theory of Kähler manifolds, Invent. Math. **29** (1975), 245–274.

[26] W.G. Dwyer and J. Spalinski, Homotopy theories and model categories. Handbook of algebraic topology, 73–126, North-Holland, Amsterdam, 1995.

[27] S. Eilenberg and J.C. Moore, Homology and fibrations. I. Coalgebras, cotensor product and its derived functors, Comment. Math. Helv. **40** (1966), 199–236.

[28] A.D. Elmendorf, I. Kriz, M.A. Mandell and J.P. May, Rings, modules, and algebras in stable homotopy theory, with an appendix by M. Cole, Mathematical Surveys and Monographs 47, American Mathematical Society, Providence, RI, 1997.

[29] Y. Félix, S. Halperin and J.-C. Thomas, Gorenstein spaces. Adv. Math. **71** (1988), 92–112.

[30] Y. Félix, S. Halperin and J.-C. Thomas, Rational Homotopy Theory, Graduate Texts in Mathematics 205, Springer-Verlag, 2000.

[31] Y. Félix, S. Halperin and J.-C. Thomas, Rational Homotopy Theory II, World Scientific, 2015.

[32] Y. Félix, J. Oprea and D. Tanré, Algebraic Model in Geometry, Oxford Graduate Text in Math., Oxford, 2008.

[33] Y. Félix and J.-C. Thomas, Rational B-V algebra in string topology, Bull. Soc. Math. France **136** (2008), 311–327.

[34] Y. Félix and J.-C. Thomas, String topology on Gorenstein spaces, Math. Ann. **345** (2009), 417–452.

[35] Y. Félix, J.-C. Thomas and M. Vigué-Poirrier, Rational string topology, J. Eur. Math. Soc. (JEMS) **9** (2007), 123–156.

[36] E. Getzler, Batalin-Vilkovisky algebras and two-dimensional topological field theories, Comm. Math. Phys. **159** (1994), 265–285.

[37] P.G. Goerss and J.F. Jardine, Simplicial homotopy theory, reprint of the 1999 edition, Modern Birkhäuser Classics, Birkhäuser Verlag, Basel, 2009.

[38] V. Godin, Higher string topology operations, preprint, `arXiv:0711.4859`.

[39] A. Gómez-Tato, S. Halperin and D. Tanré, Rational homotopy theory for non-simply connected spaces, Trans. Amer. Math. Soc. **352** (2000), 1493–1525.

[40] K. Gruher and P. Salvatore, Generalized string topology operations, Proc. Lond. Math. Soc. (3) **96** (2008), 78–106.

[41] G. Grégory, T. Tradler and M. Zeinalian, A Chen model for mapping spaces and the surface product, Ann. Sci. Éc. Norm. Sup. **43** (2010), 811–881.

[42] V.K.A.M. Gugenheim and J.P. May, On the theory and applications of differential torsion products, Mem. Amer. Math. Soc. 142, American Mathematical Society, 1974.

[43] C. Guldberg, Labelled string topology for classifying spaces of compact Lie groups: A 2-dimensional homological field theory with D-branes, Thesis for the Master degree in Mathematics Department of Mathematical Sciences, University of Copenhagen, 2011.

[44] S. Halperin, Lectures on minimal models, Mém. Soc. Math. France (N.S.) No. **9-10** (1983), 1–261.

[45] S. Halperin and J.M. Lemaire, Notions of category in differential algebra, Algebraic Topology: Rational Homotopy, Springer Lecture Notes in Math., 1318, Springer, Berlin, New York, 1988, pp. 138–154.

[46] T. Haraguchi and K. Shimakawa, A model structure on the category of diffeological spaces, preprint, `arXiv:1311.5668v7` [math.AT].

[47] A. Haefliger, Rational homotopy of space of sections of a nilpotent bundle, Trans. Amer. Math. Soc. **273** (1982), 609–620.

[48] G. Hector, E. Macías-Virgós and E. Sanmartín-Carbón, de Rham cohomology of diffeological spaces and foliations, Indag. Math. **21** (2011), 212–220.

[49] R. Hepworth, String topology for Lie groups, J. Topol. **3** (2010), 424–442.

[50] R. Hepworth and A. Lahtinen, On string topology of classifying spaces, Adv. Math. **281** (2015), 394–507.

[51] K. Hess, A history of rational homotopy theory, History of Topology, Elsevier Science B.V., 1999, pp. 757–796.

[52] P. Hilton, G. Mislin and J. Roitberg, Localization of nilpotent groups and spaces, North Holland Mathematics Studies 15, North Holland, New York, 1975.

[53] Y. Hirato, K. Kuribayashi and N. Oda, A function space model approach to the rational evaluation subgroups, Math. Z. **258** (2008), 521–555.

[54] H. Hopf, Über die Topologie der Gruppenmannigfaltigkeiten und ihre Verallgemeinerungen, Ann. Math. **42** (1941), 22–52.

[55] M. Hovey, Model categories, Mathematical Surveys and Monographs 63, American Mathematical Society, 1999.

[56] P. Iglesias-Zemmour, Diffeology, Math. Surveys and Monographs, 185, American Mathematical Society, Providence, RI, 2012.

[57] K. Irie, A chain level Batalin-Vilkovisky structure in string topology via de Rham chains. Int. Math. Res. Not. **2018** (2018), 4602–4674.

[58] K. Irie, Chain level loop bracket and pseudo-holomorphic disks, J. Topol. **13** (2020), 870–938.

[59] N. Iwase and N. Izumida, Mayer-Vietoris sequence for differentiable/diffeological spaces, Algebraic Topology and Related Topics, Birkhäuser Basel, 2019, 123–151.

[60] J.D.S. Jones, Cyclic homology and equivariant homology, Invent. Math. **87** (1987), 403–423.

[61] B. Keller, Deriving DG categories, Ann. Sci. Éc. Norm. Sup. (4) **27** (1994), 63–102.

[62] H. Kihara, Model category of diffeological spaces, J. Homotopy Relat. Struct. **14** (2019), 51–90.

[63] H. Kihara, Smooth homotopy of infinite-dimensional C^∞-manifolds, Mem. Amer. Math. Soc. 1436, American Mathematical Society, 2023.

[64] J. Kock, Frobenius algebras and 2D topological quantum field theories, London Mathematical Society Student Texts 59, Cambridge University Press, Cambridge, 2004.

[65] A. Kono and K. Kuribayashi, Module derivations and cohomological splitting of adjoint bundles, Fund. Math. **180** (2003), 199–221.

[66] M. Kreck, Differential Algebraic Topology, From Stratifolds to Exotic Spheres, Graduate Studies in Math. 110, American Mathematical Society, 2010.

[67] I. Kriz and J.P. May, Operads, algebras, modules and motives, Astérisque, no. 233, Société Mathématique de France, 1995.

[68] A.P.M. Kupers, String topology operations, M.Sc. thesis, Utrecht University, 2011.

[69] K. Kuribayashi, On the mod p cohomology of the spaces of free loops on the Grassmann and Stiefel manifolds, J. Math. Soc. Japan **43** (1991), 331–346.

[70] K. Kuribayashi, The cohomology ring of the space of loops on Lie groups and homogeneous spaces, Pacific J. Math. **163** (1994), 361–391.

[71] K. Kuribayashi, Eilenberg-Moore spectral sequence calculation of function space cohomology, manuscripta math. **114** (2004), 305–325.

[72] K. Kuribayashi, A rational model for the evaluation map, Georgian Math. Journal **13** (2006), 127–141.

[73] K. Kuribayashi, The Hochschild cohomology ring of the singular cochain algebra of a space, Ann. Inst. Fourier (Grenoble) **61** (2011), 1779–1805.

[74] K. Kuribayashi, The ghost length and duality between chain and cochain type levels, Homology, Homotopy and Applications **18** (2016), 107–132.

[75] K. Kuribayashi, On the whistle cobordism operation in string topology of classifying spaces, Documenta Mathematica **25** (2020), 125–142.

[76] K. Kuribayashi, Simplicial cochain algebras for diffeological spaces, Indag. Math. **31** (2020), 934–967.

[77] K. Kuribayashi, On multiplicative spectral sequences for nerves and the free loop spaces, Topology and its Applications **352** (2024), 108958.

[78] K. Kuribayashi, Local systems in diffeology, Journal of Homotopy and Related Structures, **19** (2024), 475–523.

[79] K. Kuribayashi, L. Menichi and T. Naito, Behavior of the Eilenberg–Moore spectral sequence in derived string topology, Topology and its Applications **164** (2014), 24–44.

[80] K. Kuribayashi, L. Menichi and T. Naito, Derived string topology and the Eilenberg-Moore spectral sequence, Israel Journal of Math. **209** (2015), 745–802.

[81] K. Kuribayashi and L. Menichi, The Batalin-Vilkovisky algebra in the string topology of classifying spaces, Canadian Journal of Math. **71** (2019), 843–889.

[82] K. Kuribayashi, M. Mimura and T. Nishimoto, Twisted tensor products related to the cohomology of the classifying spaces of loop groups, Mem. Amer. Math. Soc., 849, American Mathematical Society, 2006.

[83] K. Kuribayashi, T. Naito, S. Wakatsuki and T. Yamaguchi, A reduction of the string bracket to the loop product, Algebr. Geom. Topol. **24**:5 (2024), 2619–2654.

[84] K. Kuribayashi, T. Naito, S. Wakatsuki and T. Yamaguchi, Cartan calculi on the free loop spaces, J. Pure Appl. Algebra **228** (2024), 107708.

[85] K. Kuribayashi and T. Yamaguchi, The cohomology algebra of certain free loop spaces, Fund. Math. **154** (1997), 57–73.

[86] J. Latschev and A. Oancea, Free Loop Spaces in Geometry and Topology: edited by Janko Latschev and Alexandru Oancea, IRMA Lectures in Mathematics and Theoretical Physics 24, 2015.

[87] A.D. Lauda and H. Pfeiffer, Open-closed string: Two-dimensional extended TQFTs and Frobenius algebras, Topology and its Applications **155** (2008), 623–666.

[88] E. Lupercio, B. Uribe and M.A. Xicoténcatl, Orbifold string topology, Geom. Topol. **12** (2008), 2203–2247.

[89] S. Mac Lane and I. Moerdijk, Sheaves in geometry and logic. A first introduction to topos theory, Universitext. Springer-Verlag, New York, 1994.

[90] M. Mandell, E_∞ algebras and p-adic homotopy theory. Topology **40** (2001), no. 1, 43–94.

[91] J.P. May and K. Ponto, More concise algebraic topology, Localization, completion, and model categories, Chicago Lectures in Mathematics, University of Chicago Press, 2012.

[92] J. McCleary, A user's guide to spectral sequences, second ed., vol. 58 of Cambridge Studies in Advanced Mathematics, Cambridge University Press, Cambridge, 2001.

[93] L. Menichi, String topology for spheres, Comment. Math. Helv. **84** (2009), 135–157.

[94] L. Menichi, Batalin-Vilkovisky algebra structures on Hochschild cohomology, Bull. Soc. Math. France **137** (2009), 277–295.

[95] J. Milnor, Construction of universal bundles. I, Ann. Math. **63** (1956), 272–284.

[96] J.W. Milnor and J.C. Moore, On the structure of Hopf algebras, Ann. Math. **81** (1965), 211–264.

[97] G.W. Moore and G. Segal, D-branes and K-theory in 2D topological field theory, preprint, `hep-th/0609042`.

[98] M. Mori, The Steenrod operations in the Eilenberg-Moore spectral sequence, Hiroshima Math. J. **9** (1979), 17–34.

[99] A. Murillo, The virtual Spivak fiber, duality on fibrations and Gorenstein spaces, Trans. Amer. Math. Soc. **359** (2007), 3577–3587.

[100] T. Naito, Computational examples of rational string operations on Gorenstein spaces. Bull. Belg. Math. Soc. Simon Stevin **22** (2015), 543–558.

[101] B. Ndombol and J.-C. Thomas, On the cohomology algebra of free loop spaces, Topology **41** (2002), 85–106.

[102] D. Quillen, Homotopical algebra, Lect. Notes Math. 43, Springer (1967)

[103] D.L. Rector, Steenrod operations in the Eilenberg-Moore spectral sequence, Comment. Math. Helv. **45** (1970), 540–552.

[104] K. Shimakawa, K. Yoshida and T. Haraguchi, Homology and cohomology via enriched bifunctors, Kyushu Journal of Mathematics **72** (2018), 239–252. `arXiv:1010.3336`.

[105] R. Sikorski, Differential modules, Colloq. Math. **24** (1971), 45–79.

[106] W.M. Singer, Steenrod squares in spectral sequences, Mathematical Surveys and Monographs 129, American Mathematical Society, Providence, RI, 2006.

[107] L. Smith, Homological algebra and the Eilenberg-Moore spectral sequence, Trans. Amer. Math. Soc. **129** (1967), 58–93.

[108] L. Smith, The cohomology of stable two stage Postnikov systems, Illinois J. Math. **11** (1967), 310–329.

[109] L. Smith, On the Künneth theorem. I. The Eilenberg-Moore spectral sequence, Math. Z. **116** (1970), 94–140.

[110] L. Smith, On the characteristic zero cohomology of the free loop space, Amer. J. Math. **103** (1981), no. 5, 887–910.

[111] L. Smith, The Eilenberg-Moore spectral sequence and the mod 2 cohomology of certain free loop spaces, Illinois J. Math. **28** (1984), 516–522.

[112] J.-M. Souriau, Groupes différentiels, Lecture Notes in Math. 836, Springer, 1980, 91–128.

[113] D. Sullivan, Infinitesimal computations in topology, Publications mathématiques de l'I.H.É.S. **47** (1977), 269–331.

[114] H. Tamanoi, Batalin-Vilkovisky Lie algebra structure on the loop homology of complex Stiefel manifolds, Int. Math. Res. Not. **2006** (2006), 097193.

[115] H. Tamanoi, Loop coproducts in string topology and triviality of higher genus TQFT operations. J. Pure Appl. Algebra **214** (2010), 605–615.

[116] D. Tanré, Homotopie rationelle: modèles de Chen, Quillen, Sullivan, Lecture Notes in Mathematics 1025, Springer-Verlag, 1983.

[117] M. Vigué-Poirrier and D. Burghelea, A model for cyclic homology and algebraic K-theory of 1-connected topological spaces, J. Differential Geom. **22** (1985), 243–253.

[118] S. Wakatsuki, Description and triviality of the loop products and coproducts for rational Gorenstein spaces, preprint, `arXiv:1612.03563`.

[119] S. Wakatsuki, Coproducts in brane topology, Algebr. Geom. Topol. **19** (2019), 2961–2988.

[120] S. Wakatsuki, `https://github.com/shwaka/kohomology`.

[121] G.W. Whitehead, Elements of homotopy theory, Springer-Verlag Graduate Studies in Mathematics 62, 1978.

[122] W. Ziller, The free loop space of globally symmetric spaces, Invent. Math. **41** (1977), 1–22.

[123] 河野 明，玉木 大，一般コホモロジー，岩波書店，2008.

[124] 河野 俊丈，反復積分の幾何学，シュプリンガー現代数学シリーズ 14，丸善出版，2009.

[125] 栗林 勝彦，写像空間と評価写像の代数的模型について，日本数学会 2008 年会 トポロジー分科会特別講演予稿集，2008. `http://marine.shinshu-u.ac.jp/~kuri/survey/topology08.pdf`.

[126] 栗林 勝彦，有理ホモトピー論と圏論，数理科学 No. 632，特集「幾何学における圏論的思考—幾何学の新展開に迫る」(2016)，29–35.

[127] 栗林 勝彦，導来ストリングトポロジー—スペクトル系列および空間の代数的モデルからの考察—，数学 71 巻 3 号 (2019)，225–251.

[128] 栗林 勝彦，導来ストリングトポロジー—分類空間の 2 次元開閉位相的場の理論へ—，日本数学会 2020 年会 総合講演・企画特別講演アブストラクト，2020.

[129] 玉木 大，ファイバー束とホモトピー，森北出版，2020.

[130] 戸田 宏，三村 護，ホモトピー論（紀伊國屋数学叢書 3)，紀伊國屋書店，2008.

[131] 戸田 宏，三村 護，リー群の位相（上，下)（紀伊國屋数学叢書 14-A，14-B)，紀伊國屋書店，1978，1979.

索　引

ア

カ

サ

タ

ハ

マ

ヤ

ラ

ワ

著者略歴

栗林 勝彦
くりばやし　かつひこ

1991 年　京都大学大学院理学研究科数学専攻博士後期課程
修了，理学博士
群馬工業高等専門学校講師，岡山理科大学理学部
講師，助教授，信州大学理学部助教授，教授を経て
2014 年　信州大学学術研究院（理学系）教授
専門　トポロジー

SGC ライブラリ-196
圏論的ホモトピー論への誘い
空間の代数的モデルへの探求

2024 年12月25日 ©　　初　版　発　行

著　者　栗林 勝彦　　　発行者　森 平 敏 孝
印刷者　中 澤　眞
製本者　小 西 惠 介

発行所　**株式会社　サ イ エ ン ス 社**
〒151–0051　東京都渋谷区千駄ヶ谷 1 丁目 3 番 25 号
営業　☎（03）5474–8500（代）　振替 00170–7–2387
編集　☎（03）5474–8600（代）
FAX　☎（03）5474–8900　　表紙デザイン：長谷部貴志

組版 (同)プレイン　印刷 (株)シナノ　製本 (株)ブックアート

ISBN978-4-7819-1619-4

PRINTED IN JAPAN

サイエンス社のホームページのご案内
https://www.saiensu.co.jp
ご意見・ご要望は
sk@saiensu.co.jp　まで．

SGC ライブラリ-189: for Senior & Graduate Courses

サイバーグ-ウィッテン方程式

ホモトピー論的手法を中心に

笹平　裕史　著

定価 2310 円

本書ではサイバーグ-ウィッテン方程式の4次元トポロジーへの応用を解説する．この方程式は，物理の超弦理論のサイバーグ-ウィッテン理論から現れた4次元多様体上の偏微分方程式である．とくにホモトピー論的手法を用いたサイバーグ-ウィッテン方程式の応用を行う．

サイエンス社

SGC ライブラリ-184：for Senior & Graduate Courses

物性物理と トポロジー

非可換幾何学の視点から

窪田　陽介　著

定価 2750 円

本書は，物性物理学における物質のトポロジカル相（topological phase）の理論の一部について，特に数学的な立場からまとめたものである．とりわけ，トポロジカル相の分類，バルク・境界対応の数学的証明の２つを軸として，分野の全体像をなるべく俯瞰することを目指した．

サイエンス社

SGC ライブラリ-192 : for Senior & Graduate Courses

組合せ最適化への招待

モデルとアルゴリズム

垣村　尚徳　著

定価 2640 円

組合せ最適化は，ルート探索やスケジューリングなど実社会に現れる課題を解決するために有用であるが，そこでは適切な定式化（モデリング）と効率的な計算方法（アルゴリズム）の設計が求められる．本書では，組合せ最適化の理論的な基礎に焦点を当て，特に，組合せ最適化問題の解きやすさ・解きにくさの背後にある理論的な性質を知ることを目指した．

サイエンス社